中国轻工业“十三五”规划教材
高等职业教育食品智能加工技术专业教材

果蔬加工技术（第二版）

王丽琼　主编

中国轻工业出版社

图书在版编目(CIP)数据

果蔬加工技术/王丽琼主编．—2版．—北京：中国轻工业出版社，2024.8

中国轻工业“十三五”规划教材　高等职业教育食品加工技术专业教材

ISBN 978-7-5184-2833-5

Ⅰ.①果…　Ⅱ.①王…　Ⅲ.①果蔬加工—高等职业教育—教材　Ⅳ.①TS255.3

中国版本图书馆CIP数据核字(2019)第289974号

责任编辑：伊双双　罗晓航
策划编辑：伊双双　　责任终审：劳国强　　封面设计：锋尚设计
版式设计：砚祥志远　　责任校对：吴大朋　　责任监印：张京华

出版发行：中国轻工业出版社(北京鲁谷东街5号，邮编：100040)
印　　刷：三河市国英印务有限公司
经　　销：各地新华书店
版　　次：2024年8月第2版第5次印刷
开　　本：720×1000　1/16　印张：18.25
字　　数：370千字
书　　号：ISBN 978-7-5184-2833-5　定价：45.00元
邮购电话：010－85119873
发行电话：010－85119832　　010－85119912
网　　址：http://www.chlip.com.cn
Email：club@chlip.com.cn

241514J2C205ZBW

本书编写人员

主　编　王丽琼（北京农业职业学院）

副主编　韩贵成（北京市裕农优质农产品种植有限公司）
林少华（北京农业职业学院）
华景清（苏州农业职业技术学院）

参　编　师进霖（云南省玉溪农业职业技术学院）
林　芳（新疆伊犁职业技术学院）
闫宁环（内蒙古化工职业学院）
乌　兰（北京农业职业学院）
柳　青（北京农业职业学院）
李鹏林（北京农业职业学院）
谷力章（北京丘比食品有限公司）
杜雪雷（北京华禧轩食品有限公司）

前　言(第二版)

“果蔬加工技术”课程是农产品加工技术专业、园艺产品加工专业、绿色食品生产与检验专业、食品加工技术专业等相关专业的主干课。2012 年出版的《果蔬加工技术》距今已 7 年，得到了许多高职院校的肯定，但随着科技与时代的进步，教材中有的内容已滞后。为了响应高职高专教学改革与时俱进的要求，体现果蔬加工的新知识、新技术、新动向，本教材在第一版的基础上做了以下几方面的修订：

本教材修订和补充了果蔬罐头、果蔬汁、果酱、酱腌菜、果蔬粉等果蔬加工制品的新标准，果蔬汁加工技术模块中增加了鲜榨汁内容；丰富和增加了鲜切果蔬加工技术模块；增加了果蔬粉加工技术模块。各模块相关内容进行了相应新知识、新技术的替换和补充。因果蔬原料不同，果蔬加工方法也略有不同，因而教材中每个模块任务后面又增加了实验实训内容，便于各院校根据实际情况选择实施。在教材最后增加了果蔬加工相关网站，便于读者查阅果蔬加工相关资料进行学习。

本教材安排了十个模块、九个任务。具体内容主要涵盖果蔬加工岗前培训、果蔬原料要求及处理、果蔬罐制品加工、果蔬汁加工、果蔬糖制品加工、蔬菜腌制品加工、果蔬速冻制品加工、果蔬干制品加工、鲜切果蔬加工、果蔬粉加工等，以方便各高等职业院校根据本校实践条件及区域特点选用。

本教材编写将立德树人、家国情怀、文化自信、食品安全理念融入教学内容，以体现新颖、实用为原则，注重学生岗位职业能力和实践动手能力的培养，以加工主要果蔬产品为载体，以完成任务为主线，使学生在完成任务的过程中掌握主要果蔬加工的技术方法和操作要点，重视对学生自主学习能力、创新能力和团队合作能力的培养。其中，自测训练安排理论和技能部分，其中技能部分比例安排较高，知识拓展中引入一些与学习内容相关，同时又与生活很贴近的小知识，增加了教材的趣味性。

本教材在编写过程中得到了北京市裕农优质农产品种植有限公司、北京丘比食品有限公司、北京华禧轩食品有限公司、北京宝颐晨食品有限公司等食品企业的大力支持，给我们提供了一些素材和建议，在此深表感谢！

由于作者水平有限，加之时间仓促，收集和组织材料有限，错误和不足之处在所难免，敬请同行专家和广大读者批评指正。

编者

2019 年 12 月

前　言(第一版)

编者根据《教育部关于加强高职高专教育人才培养工作意见》和《关于加强高职高专教育教村建设的若干意见》等精神编写了这本教材，除可作为食品类、园艺类高职高专的必修课教材外，亦可作为果蔬加工相关人员岗前、就业、转岗的培训教材。

本教材特色之一在于采用了任务驱动的形式编写。本教材采用模块、任务的形式编写，以任务为基本单元，以完成任务的过程为主线，将知识点和技能点穿插其中。教材通过提出任务、了解任务、任务实施、完成任务并评价任务达到知识点的传承，真正意重学生在“做中学”、“学中做”的认知规律，学生通过完成一个个任务，可以较好地掌握了本门课程的知识和能力。

本教材特色之二在于任务实施编写是以果蔬生产企业中果蔬加工实际生产工艺过程为主线，按果蔬加工相关岗位技能需求进行实施，确保学生所学技能能满足果蔬企业发展的实际需要，体现了教材的与时俱进，有一定的先进性和前瞻性。

本教材每个任务都明确了学习目标、任务具体描述，通过知识链接方便学生学习，任务完成后还有自测训练，让学生了解自己学习的效果、相关小贴土内容能增加学生对日常生活中与果蔬加工相关知识的了解。

全书共分为九个模块，王丽琼编写模块一、模块二、模块三、模块六，华景清编写模块五任务一、模块九，李鹏林编写模块四、模块八，闫宁环编写模块五的任务二，林芳编写模块七的任务一、任务二，师进霖编写模块七的任务三、任务四。王丽琼负责全书的统编定稿。

书稿编写过程中、承蒙北京丘比食品有限公司提供了一些建议，在此深表感谢！

由于作者水平有限，加之时间仓促，收集和组织材料有限，错误和不足之处在所难免，敬请同行专家和广大读者批评指正。

编者

2012 年 1 月 8 日

目 录

模块一
岗前培训

学习目标

1. 使学生了解果蔬加工研究的内容、果蔬加工的意义。

2. 了解国内外果蔬加工的发展现状及趋势。重点是我国果蔬加工的发展状况、存在问题及今后发展趋势。

学习单元一
果蔬加工在国民经济和食品工业中的意义

果蔬加工就是通过各种加工工艺处理,使果蔬达到长期保存、经久不坏、随时取用,加工处理中要求最大限度地保存其营养成分,改进食用价值,使加工品的色、香、味俱佳,组织形态更趋完美。利用食品工业的各种加工工艺和方法处理新鲜果品蔬菜而制成的产品,称为果蔬加工品。

果蔬加工业是我国农产品加工业中具有明显比较优势和国际竞争力的行业,也是我国食品工业重点发展的行业。果蔬加工业的发展不仅是保证果蔬产业迅速发展的重要环节,也是实现采后减损增值,建立现代果蔬产业化经营体系,保证农民增产增收的基础。

一、果蔬加工研究的内容

果蔬加工技术是一门应用性强的学科,以生物学和食品工程学科为基础,以果品、蔬菜产品的加工为研究对象,涉及学科广泛,解决的是果蔬农产品深加工产业化进程中的关键问题。通过学习果蔬加工的基本原理,掌握主要果蔬产品加工工艺，在保证果蔬产品原料质量的基础上，积极开发果蔬产品的深加工，增加农产品的附加值，使果蔬产品贮藏加工业的发展成为农村经济发展、农民致富的新增长点。

“果蔬加工技术”课程旨在使学生在学习完微生物学、生物化学、物理化学等课程的基础上，进一步深入学习和理解果蔬加工的基本原理，果蔬加工原料预处理，果蔬罐藏、制汁、速冻、干制、糖制、蔬菜腌制等加工技术的基本原理，懂得应用这些基本理论去分析和解决果蔬加工生产中的具体问题，使生产过程更好地符合客观规律，进一步提高果蔬加工产品的质量和产率。同时使学生具有果蔬加工基本技能，合理控制加工工艺使生产过程连续化、自动化的能力，以及探讨新工艺、新技术、新设备的研究和设计能力。

二、果蔬加工的意义

（一）果蔬产品具有极高的营养价值

果蔬是食品的重要组成部分，特别是蔬菜在每日膳食中所占的比例很大。蔬菜和水果主要提供维生素 C、胡萝卜素、矿物质及膳食纤维，还提供有机酸、芳香物质及色素；蔬菜和水果基本不含脂肪，糖类及蛋白质含量也较少，提供具有食疗和保健作用的生理活性物质。除少数含淀粉及糖分较多的果蔬外，一般果蔬都供能较少，属于碱性食物。

果蔬中所含的纤维素、半纤维素和果胶是人们膳食纤维的主要来源，它们在体内虽不参与代谢作用，但可促进肠道蠕动，有利于通便，还可阻止或减少胆固醇的吸收。

果蔬是维生素 C、胡萝卜素和核黄素的重要来源。人体所需的维生素 C 主要由蔬菜和水果来提供，常见的蔬菜中含维生素 C 较多的有青椒（柿子椒）、菜花、苦瓜、雪里蕻和芥菜等；常见的水果中维生素 C 含量最多的是猕猴桃、红枣、山楂、柑橘类、草莓等。果蔬中含有丰富的钙、磷、铁、钾、钠、镁、铜和锰等矿物质，是人体矿物质的重要来源。

蔬菜和水果中含有多种抗变异原性、抗氧化性、促进抗体生成及正常细胞增殖、活化巨噬细胞、抗癌、抗紫外线等生理活性成分。如蓝莓被称为果蔬中“第一号抗氧化剂”，具有防止功能失调、辅助改善短期记忆及提高老年人的平衡性和协调性等作用；红葡萄中含有白藜芦醇，能够抑制胆固醇在血管壁的沉积，防止动脉中血小板的凝聚，有利于防止血栓的形成，还具有抗癌作用；坚果中含有类黄酮，能抑制血小板的凝聚、抑菌、抗肿瘤；柑橘中含有胡萝卜素等微量元素，能抑制血栓形成、抑菌、抗肿瘤；南瓜中含有环丙基结构的降糖因子，对治疗糖尿病具有辅助作用；蒜中含有硫化合物，具有辅助降血脂、抗癌、抗氧化等作用；番茄中含有番茄红素，具有抗氧化作用；胡萝卜中含有胡萝卜素，具有抗氧化作用，能消除人体内自由基；生姜中含有姜醇和姜酚等，具有辅助降血脂、抗肿瘤等作用；菠菜中含有叶黄素，具有减缓中老年人眼睛自然退化的作用。从果蔬中分离、提取、浓缩这些功能成分，制成胶囊或将这些功能成分添加到各种食品中，已成为当前果蔬加工的一个新趋势。

（二）提高产品附加值

新鲜果蔬经商品化处理和深加工可增值2～3倍。此外，有些产品新鲜状态食用价值低，加工后利用价值大为提高，如橘皮、芥菜类蔬菜等。因此，采用适当的加工处理，可以显著提高产品附加值，从而实现果蔬产业良好的经济效益。目前，世界罐制品的75%为蔬果罐制品；日本、韩国及西欧国家中速冻、腌制和脱水蔬菜占蔬菜产量的20%。

因此，开展果蔬采后处理、贮藏加工等保藏理论和技术研究意义重大，是提高产品附加值的根本保障。

（三）调节市场、均衡地区和季节供应

生物性、强烈的地区性、明显的季节性是农业生产的三大特点，造就了各地区独特的品质资源和产品，尤其是珍稀资源的产品，其季节差异和差价比更大。大部分水果的采收时间主要在8～10月。鲜食和直接贮藏不能消化大量果蔬。因此，果蔬加工成为贮藏的另外一种形式。一个地区的市场、季节供应要均衡发展，就必须通过保藏处理来实现。

（四）增加就业机会，促进地方经济和区域性高效农业产业的健康发展

及时针对目前我国的优势和特色农业产业，积极发展果蔬加工业，不仅能够大幅提高产后附加值，增强出口创汇能力，还能够带动相关产业的快速发展，大量吸纳农村剩余劳动力，增加就业机会，促进地方经济和区域性高效农业产业的健康发展，实现农民增收、农业增效，促进农村经济与社会的可持续发展，从根本上缓解“三农”问题，具有十分重要的战略意义。

学习单元二

国内外果蔬加工的发展现状及趋势

一、国外果蔬加工的特点

（一）已实现了果蔬产、加、销一体化经营

具有加工品种专用化、原料基地化、质量体系标准化、生产管理科学化、加工技术先进化及大公司规模化、网络化、信息化经营等特点。同时，发展中国家果蔬加

工业近年来也得到长足发展。

每一种类或品种果蔬安排在最适宜地区集中栽种,为生产优质的果蔬商品奠定了良好的基础。如美国佛罗里达州是以种植加工果汁用的柑橘、杧果、荔枝、草莓等鲜食水果为主,主要的蔬菜种植基地有加利福尼亚州、佛罗里达州等地。

(二)深加工产品越来越多样化

发达国家各种果蔬深加工产品日益繁荣,产品质量稳定,产量不断增加,产品市场覆盖面不断地扩大。在质量、档次、品种、功能以及包装等各方面已能满足各种消费群体和不同消费层次的需求。多样化的果蔬深加工产品不但丰富了人们的日常生活,也拓展了果蔬深加工空间。

(三)技术与设备越来越高新化

近年来,生物技术、膜分离技术、高温瞬时杀菌技术、真空浓缩技术、微胶囊技术、微波技术、真空冷冻干燥技术、无菌贮藏与包装技术、超高压技术、超微粉碎技术、超临界流体萃取技术、膨化与挤压技术、基因工程技术及相关设备等已在果蔬加工领域得到普遍应用。先进的无菌冷灌装技术与设备、冷打浆技术与设备等在美国、法国、德国、瑞典、英国等发达国家果蔬深加工领域被迅速应用,并得到不断改进。这些技术与设备的合理采用,使发达国家加工增值能力明显得到提高。

(四)产品标准体系和质量控制体系越来越完善

重视生产过程中食品安全体系的建立,普遍通过了 ISO－9000 质量管理体系认证,实施科学的质量管理,采用良好生产操作规范(GMP)进行厂房、车间设计,同时在加工过程中实施了危害分析和关键控制点(HACCP)规范,使产品的安全、卫生与质量得到了严格的控制与保证。国际上对食品的卫生与安全问题越来越重视,世界卫生组织(WHO)、联合国粮农组织(FAO)、国际标准化组织(ISO)、FAO/WHO 国际联合食品法典委员会(CAC)、欧洲经济委员会(ECE)、国际果汁生产商联合会(IFJU)、国际葡萄与葡萄酒局(OIV)、经济合作与发展组织(CRCD)等有关国际组织和许多发达国家都积极开展了果蔬及其加工品标准的制定工作。

(五)资源利用越来越合理

在果蔬加工过程中,往往产生大量废弃物,如风落果、不合格果以及大量的果皮、果核、种子、叶、茎、花、根等下脚料。无废弃开发,已成为国际果蔬加工业新热点。发达国家农产品加工企业都是从环保和经济效益两个角度对加工原料进行综合利用,将农产品转化成高附加值的产品。如日本、美国、欧洲等发达国家利用米糠生产米糠营养素、米糠蛋白等高附加值产品,其增值 60 倍以上;利用麦麸开发戊聚糖、谷胱甘肽等高附加值产品,增值程度达 3～5 倍;美国利用废弃的柑橘果籽榨取32%的食用油和44%的蛋白质,从橘子皮中提取和生产柠檬酸,已形成规模化生产;在新西兰,猕猴桃皮提取的蛋白分解酶,既可用于防止啤酒冷却时的浑浊,又可用于肉质改良,还可以在医药方面作为消化剂和酶制剂;美国ADM公司在农产品加工利用方面具有较强的综合利用能力,已实现完全清洁生产(无废生产),使上述原料得到综合有效利用。

(六)食品物流专业化

一些发达国家的企业已不再是自己进行运输、销售,而是通过物流公司,对自己的产品进行不断地流通。

二、我国果蔬加工的现状及存在问题

(一)现状

我国是农业大国,果蔬资源十分丰富,是全球最大的水果和蔬菜生产、输出国。据农业部相关资料表明,我国2017年水果年产量2.5亿t(苹果、柑橘、香蕉),蔬菜产量8亿t,均居世界首位。我国是世界上最大的果蔬生产国和果蔬制品加工基地。

目前,我国果蔬种植以及加工已经逐渐形成产业带。现如今果蔬加工业已经进入了快速发展的阶段,各个地区之间根据自身的特点及优势,结合市场的需求,发展了具有地方特点的果蔬加工业。山东省在蔬菜、水果与坚果加工行业实力突出,其产值约占全国总产值的50%,其余省份如福建、辽宁、四川和浙江等占比均远远小于山东。此外,山东省在蜜饯制作、果蔬罐制品领域均独占鳌头,足见山东果蔬加工产业在全国的优势地位;福建和广东两省果蔬加工产业也较为发达,福建省在蜜饯制作业和果蔬罐制品业实力较为突出,而广东省的主要优势则体现在果蔬汁及其饮料制造业;番茄酱的加工主要位于产量较大的新疆;北京和河北省等地区则主要生产桃浆及直饮型饮料等果蔬加工产品;海南省和云南省的热带水果加工业较为发达;速冻果蔬则分布在东南沿海地区;我国的脱水蔬菜加工主要分布在宁夏、甘肃等省区。

近年来,果菜汁与果菜汁饮料制造业逐渐兴起一股"产业西移"之风,位于中西部的陕西、山西和河南等省份在浓缩苹果汁领域异军突起;西北的新疆、宁夏、内蒙古的番茄汁、酸枣汁等特色林果产品逐步得到开发和较快发展。未来中西部地区将会根据自身产品优势进一步合理布局果蔬加工业。

就目前而言,我国果蔬加工制品主要包括初加工与深加工两类。初加工产品以各种净菜、鲜切菜、速冻蔬菜、脱水蔬菜、保鲜蔬菜、速冻水果、果仁以及坚果初加工、各种炒货为主。果蔬深加工制品以泡菜、榨菜、干菜、腌菜、酱菜、果蔬粉、果蔬罐制品、果蔬汁及其饮料、果脯、蜜饯为主。出口方面，我国果蔬加工制品已经出口至亚洲、欧洲、大洋洲、南美洲和北美洲的超过50个国家和地区，出口产品种类丰富。蔬菜类出口制品主要有各类鲜切菜和冷冻蔬菜、干制蔬菜、腌制蔬菜以及蔬菜种子等。其中，鲜切菜和冷冻蔬菜占我国蔬菜制品出口的大部分。此外，我国的蘑菇罐头、番茄酱罐头、菠萝罐头、果酱罐头以及柑橘罐头等果蔬罐制品在国际市场上享有盛名，具有较强的市场竞争力。果菜汁及其饮料的出口主要包括苹果汁、橙汁等。

另一方面，我国果蔬先进技术不断渗透融合，如计算机、生物技术、新包装材料、纳米技术等在贮藏加工业中得到了有效利用；建立了一批加工用果蔬生产基地；培育了专门适合加工的果蔬品种，如专用番茄、桃、柑橘等。我国果蔬深精加工业得到了长足发展，步入了新的历史阶段。

（二）存在问题

1. 果蔬商品化处理低，流通链条低温化程度低

现代果蔬采后保鲜处理和商品化处理技术、“冷链”技术、现代果蔬加工技术等已广泛应用于该产业，并建立了完善的产业技术管理体系，果蔬经采后商品化处理和深加工可增值2～3倍。美国等发达国家果蔬采后商品化处理率达80%以上，预切菜和净菜量占70%以上，水果总贮量占总产量的50%左右，苹果、甜橙、香蕉等水果已实现周年贮运，可运销世界各地。发达的冷链是先进国家没有反季节栽培的主要原因。

我国果蔬产后贮运、保鲜等商品化处理与发达国家相比差距较大，尤其“冷链”。我国果蔬产品的整个流通基本还处在常温状态下进行，全过程的冷链更少，预冷几乎是空白，采后病害控制水平低，因此，果蔬产品商品率、采后产值/采前产值低。据资料介绍，山东省苹果即采即售率高达80%，仅在生产环节“变、烂、弃”率就达30%，保质销售率不到20%；蔬菜即采即售率更高达90%。采后损失率达20%～25%，高者达50%，采后产值/采前产值只有0.4，而美国、日本分别为3.7和2.2。

因此，应尽快建立适合我国国情的流通体系，实行某些关键环节的低温质量控制，提高、推广和普及采后贮藏保鲜水平，降低采后损失率。

2. 我国缺乏优质原料和生产基地，品种结构不合理，尤其缺乏加工用品种

世界果蔬的消费和发展总体趋势上看，应该鲜食与加工适宜配比，两个市场互补发展。世界果蔬鲜食与加工比例为7∶3，而我国目前鲜食与加工比例仅为19∶1。另外，鲜食品种自身结构也不合理，早熟、中熟、晚熟比例搭配不当，品种单一、老化，过于重视晚熟品种，造成采收期过于集中，鲜食品种因贮运能力不足，造成积压

腐损。用于加工的则因品种不对路,很难加工出高档产品。

总体上,我国缺乏优质原料和生产基地,果蔬加工原料的品种选育、引种和生产基地的建设进展不大,许多加工企业没有专门的原料生产基地,大多采用到处收购的策略,致使加工原料参差不齐,制成品质量不高;发达国家优质高档果蔬比例高达85%以上,70%以上为加工用品种,而我国优质高档果蔬比例不到30%。

3. 果蔬加工机械化、现代化速度较慢,加工转化能力低。

我国果蔬深加工设施与技术水平较低,难以满足行业发展需要,大型、高速的成套设备长期大量依赖进口。果品与蔬菜的加工转化能力分别仅为6%和10%左右。

近几年来,国内引进了许多国际一流的果蔬加工生产线,但这些生产线中的关键易耗零部件仍需依赖进口,虽然针对这些加工生产线上的关键易损零部件进行研发,取得了一定的进展,但技术性能指标与国外同类产品相比仍有较大差距。

此外,我国农产品加工科技进步率只有35%,我国很多腌制、糖制生产企业还多为手工作坊方式,生产力水平低下,卫生状况差;缺少或没有质量控制系统,无标生产的现象仍然存在,制成品的安全卫生质量不容乐观。蔬菜加工业中一些具有悠久历史的传统产品如腌制菜、干制(脱水)蔬菜的工厂化设备起步不久,一些显著提高产品质量的高新技术如生物技术、膜分离技术、超临界流体技术、微胶囊技术、超高压技术等仍未得到广泛推广和应用。

我国果蔬加工业中普遍存在着粗加工产品多而高附加值产品少、中低档产品多而高档产品少、老产品多而新产品少等弊端,尤其是特色资源的加工程度很低,远不能满足市场需求。

4. 果蔬加工综合利用低

我国果蔬加工业每年要产生数亿吨的下脚料,基本上没有开发利用,不仅浪费资源,而且污染环境。然而,皮渣等下脚料中仍然含有丰富的蛋白质、氨基酸、酚类物质、果胶、膳食纤维等营养成分。因此,如何使果蔬加工副产品变废为宝,综合利用增加附加值,是我国果蔬加工业降低成本和提高经济收益需要解决的主要问题。

三、我国果蔬加工的发展趋势

(一)宏观政策

通过建言献策,提高政府对果蔬加工产业重要性的认识,从而加强对果蔬加工产业的支持。在政策上给予鼓励和倾斜,使种植农户及加工企业获得政策性贷款,鼓励农户发展加工品种,建立强制性农业保险,完善政策性农业保险的覆盖,给予企业政策性贷款扶持。在果蔬及其产品的运输方面实行绿色通道,降低企业负担,对果蔬加工企业实行税收优惠政策。特别是对为地区农业发展做出重大贡献的龙头企业给予税收减半或减免。促进果蔬加工产业的良性发展,同时加强政府各职能部门之间的沟通与协作,强化行业协会、学会的中介职能。

(二)果蔬栽培

1. 优化产业布局,调整产品结构

我国果蔬加工业要在保证果蔬供应量的基础上,努力提高果蔬的品质并调整品种结构,加大果蔬采后贮运加工力度,使我国果蔬业由数量效益型向质量效益型转变,既要重视鲜食品种的改良与发展,又要重视加工专用品种的引进与推广,保证鲜食和加工品种合理布局的形成;应扩大制汁品种的引进和推广,适度发展早熟、特早熟品种。建立规模化、标准化的优质果蔬生产基地和加工原料生产基地。同时,应进一步加强果蔬优势区域的规划。

2. 推广优质丰产技术,实施标准化生产

以提高质量为重点,从栽培措施入手,实施标准化生产。从种苗培育、栽培、贮藏、包装等各个环节规范果蔬生产,确保果蔬质量。

(三)果蔬加工

(1)培育果蔬加工骨干企业,加速果蔬产、加、销一体化进程,形成果蔬生产专业化、加工规模化、服务社会化和科工贸一体化。

充分利用国家、省部级的各类农产品、果蔬加工技术研发体系,创新战略联盟、质检中心等平台。以加工为中心,切实加强果蔬加工技术研究,促进科技创新,以高新技术和先进适用技术改造现有加工制品,加快高新技术的成果转化。

(2)利用现代高新技术改造传统果蔬加工业　近年来,利用高新技术改造传统产业并实现产业升级是世界果蔬加工发展的必由之路,我国也不例外。应用信息、生物等高新技术改造提升果蔬加工业的工艺水平,促进果蔬加工产业快速发展,使产品品质得以不断提高。应重点发展果蔬贮运保鲜、果蔬汁、果酒、果蔬粉、鲜切果蔬、脱水蔬菜、速冻蔬菜、果蔬脆片等产品加工。例如,综合运用无菌生产、高效榨汁、巴氏灭菌、精密调配、无菌灌装、冷链贮运销等新技术生产高品质的鲜冷橙汁(NFC);利用膜分离、酶解、微波杀菌和生物覆膜剂技术进行果蔬罐制品等产品的开发;利用高压杀菌技术逐渐代替超高温瞬时杀菌技术,对维生素等热敏性营养物质几乎不产生损耗;果蔬加工废渣中碳水化合物和多糖的利

用;利用抗菌精油和天然植物杀菌素制成的可食性覆膜保鲜去皮全果等。力争果蔬加工处理率由目前的20% ~30%增加到45% ~55%,采后损失率从25% ~30%降低到15% ~20%。

(3)无废弃物加工、多级开发利用 无废弃物加工、充分利用原料中的一切可利用成分将成为未来果蔬加工产业新的热点。果蔬产品在加工过程中,经去皮、核、心、种子、根、茎、叶后,利用率显著降低,当作废弃物抛弃的物质中蕴藏着许多有用的成分。例如,核果类种仁中含有苦杏仁,可生产杏仁香精;胡萝卜残渣加工后可形成橙红色的蔬菜纸,用于食品包装;猕猴桃皮可提取蛋白分解酶,用于啤酒澄清和肉质嫩化剂,在医药上可作为消化剂和酶解剂;坚果中含有类黄酮,能抑制血小板的凝聚、抑菌、抗肿瘤。因此,充分利用加工中产生的副产品和废弃物,进行深层次和多级开发利用,不仅显著减少加工垃圾,同时变废为宝,进一步提高产品附加值及果蔬皮渣的综合利用,加大提高果蔬资源利用率的力度。

(4)大力开发以下几种产品

①功能型果蔬制品:以复合的保健浆果粉、营养的酸橙粉、果蔬的提取物补充剂、天然的番茄复合物、水果低热量甜味料等为代表性的功能型果蔬制品。

②脱水果蔬:脱水果蔬就是利用当代先进的加工技术,促使果蔬原料中水分快速地减少到1% ~3%或者更低。脱水果蔬因营养损失少、较耐贮藏、质量轻、体积小、便于运输、食用方便等特点成为人们日益追求的安全、营养、健康、方便的果蔬食品,其中主要的加工方式为果蔬脆片和果蔬粉。

③速食果蔬产品:以净菜、鲜切菜、速冻果蔬和暂时保鲜果蔬等为主的速食果蔬制品在城市消费群体中逐渐得到青睐。这是现代人生活节奏加快、时间观念增强的间接表现,这些速食果蔬产品干净卫生、包装简单、口感新鲜且价格合理,极大地减少了家庭生活的劳动强度,不仅响应了现代厨房生活的需要,也迎合了餐饮服务业的需求。据预测,我国速食果蔬市场未来将会以每年6%的速度增长,成为果蔬加工制品中的重要产品。

(四)体系建设

按照国际质量标准和要求规范果蔬加工产业,在原料、加工、流通各个环节中建立全程质量控制体系。

建立完善的危机应对机制,对果蔬产业发展中的重大问题,建立预警及快速反应机制。开展果蔬及其产品检测技术与安全体系建设,建立恢复国内外消费者对中国产品的信任度。

(五)人才培养与技术培训

有计划、有针对性地加强人才培养。特别是加强营销队伍的建设,加强技术培训，对新开发及引进技术迅速推广。

学习单元三

果蔬加工企业对员工的要求

一、知识要求

（1）充分掌握本专业的基础知识，了解相关岗位所需要的知识点，从而在学习期间能够有目的的学习和积累知识。

（2）会制定果蔬罐制品、汁制品、糖制品、腌制品、速冻制品、干制品、鲜切制品、粉制品等果蔬制品的加工工艺流程。

（3）了解果蔬加工常用原辅材料的理化特性，学会使用果蔬制品加工过程中用到的设备并能进行正常维护。

（4）了解本行业所处的大环境以及近年来行业内发生的大事件，从而更全面地认识该行业，在知识的学习和经验的积累上有针对性。

二、能力要求

1. 专业能力

会解决和控制主要果蔬加工中出现的各种问题；能检出产品不合格原因；熟练使用加工设备；能提出工艺改进意见；能做车间的基层管理；能了解到相关企业的现状和需求及发展中的问题，从而能仔细的思考自己未来的工作内容和方法；能通过网络、文献检索等方式查阅相关资料，选择合适的分析方法制定检测方案，完成食品原料、半成品或成品的检测并做出品质判断。

2. 社会能力

有较强的食品安全意识和环保意识；有较强的吃苦耐劳、爱岗敬业的精神；有实事求是的学风及独立思考的习惯；有良好的心理品质、良好的团队合作精神及沟通与交流能力，能建立良好和谐的人际关系；有较好的科学观察、独立思考、自主探究的习惯；有较好的判断能力、自我评价与自我展示能力。

3. 方法能力

能较好地制订工作计划，有科学的思维模式及正确的逻辑性、合理性；学习能力强，能较好地实现自主学习、参与学习、合作学习；能正确科学地评估自己和他人的工作结果；有较强的独立思考能力；有一定的创新与设计的能力；有综合运用专业知识及理论知识能力；掌握安全文明操作规程。

三、素质要求

1. 思想道德素质

具有正确的世界观、人生观和价值观，爱国守法，明礼诚信，团结友善，勤俭自强，敬业奉献。

2. 文化素质

具有一定的文化品位、审美情趣、人文素养和科学素质。

3. 身心素质

具有严格执行操作规范、吃苦耐劳的优良品质，严谨细致的工作作风，熟练的工作技能和科学的创新精神。

4. 职业素质

具有严谨、自律、刻苦、向上等良好职业素质；具有拓展、创新等可持续发展能力；具有良好的心理素质，能够经受困难和挫折，适应各种复杂多变的工作环境和社会环境；能勇于承担责任，对上下级、产品及整个社会要有高度的责任心；要注重细节，追求完美；要遵守准则，用心做事；要有团队意识，能尊重他人，只有把个人的实力充分与团队结合形成合力，才具有价值意义；要注重个人形象，维护公司声誉。

四、健康和卫生要求

（1）从事食品生产、质量管理的人员应符合《中华人民共和国食品安全法》（简称《食品安全法》）关于从事食品加工人员的卫生要求和健康检查的规定。患有国务院卫生行政部门规定的有碍食品安全疾病的人员，不得从事接触直接入口食品的工作。根据《食品安全法》《中华人民共和国传染病防治法》规定，有碍食品安全的疾病为霍乱、细菌性和阿米巴性痢疾、伤寒和副伤寒、病毒性肝炎（甲型、戊型）、活动性肺结核、化脓性或者渗出性皮肤病。从事接触直接入口食品工作的食品生产经营人员应当每年进行健康检查，取得健康证明后方可上岗工作。

（2）应定期对全厂职工进行《食品安全法》《食品安全国家标准　食品生产通用卫生规范》（GB 14881—2013）及其他有关卫生规定的宣传教育，做到教育有计划、考核有标准、卫生培训制度化和规范化。

(3)工作人员上岗前，应穿戴好工作服、发罩（帽子），头发不能外露，并保持清洁整齐。穿工装时必须先戴发罩后更衣。操作人员应穿戴整洁统一的工作服、帽、靴、鞋，以防头发、头屑及外来杂物落入食品中，调配人员及包装、封盖前的操作人员须戴口罩（作业完毕的清洗作业可免戴口罩）。离开工作场所时，必须脱掉工作帽、洁净鞋。有穿工作服时必须换下。工作服要产尘小，不产生纤维脱落，不起球；要编号，专人专用，专人保管、发放。不同工种、不同生产区域的人员的工作服装和相关衣着要有差别。工作服不设口袋，并且禁放任何物品，如项链、戒指、手表、耳环、独立耳塞、发卡等。

(4)所有生产工人禁止佩戴首饰、手表、珠宝等饰物。长指甲、涂指甲油和任何类型的假指甲都是不允许的；工厂内不允许戴假睫毛，参观者或在生产区短时间停留的人员可戴手套；手工包装线上的工人佩戴的手套必须保持完整、干净和卫生。

(5)衣物和其他与生产无关的私人物品必须放在更衣箱内或指定地点，私人物品绝对不允许放在设备或控制板上。

(6)食品和饮料只能在工厂内指定的区域储存和食用；工人不能在生产线上吃食品，禁止在工厂内嚼口香糖、烟草和其他物品，以防引入蚂蚁、蚊虫、蟑螂等；不得在嘴里衔牙签、火柴、铅笔、钢笔、香烟和其他类似物品；禁止在车间内就餐。

(7)吸烟限制在指定区域；禁止吐痰；咳嗽或打喷嚏时一定要背向产品或生产线并捂住嘴，并要重新洗手或更换手套。

(8)在岗中，禁止工作时间揉眼睛，挠耳朵，吐痰，按、挖鼻子。应保持皮肤干净，勤洗澡，有皮肤传染病应汇报上级。

(9)不得使用汗水、唾液或涂抹于肌肤上的化妆品等污染产品、接触产品表面。

(10)进入洁净室（区）人员按规定程序更衣、洗手、消毒。

(11)洁净室（区）内工作人员，不准大声说话，不准随意走动或有不良动作，如抓摸、捏鼻子、挠耳朵、剔牙、抖衣服等。

模块二
果蔬加工基础知识

任　务

果蔬加工基础知识认知

学习目标

1. 了解果蔬加工品类别及特点;知道果蔬加工品腐败的原因,知道果蔬加工品采取不同加工手段的原因。

2. 知道果蔬加工对果蔬原料、水质的要求,能针对不符合要求的水质进行处理。

3. 能针对果蔬特性及具体条件,灵活采用不同的分级、清洗、去皮处理;会对果蔬进行半成品保藏处理。

4. 熟练掌握果蔬硬化、护色的主要方法。

5. 培养学生自主学习的能力,并具有较好的团队合作能力。

任务描述

分小组制定方案调查市场上的果蔬加工品类别。主要任务要求:

(1)了解果蔬加工对果蔬原料、水质有何要求;如果水质不符合,如何对水质进行处理。

(2)了解果蔬分级、清洗、去皮的方法,了解清洗、去皮的设备和适用范围。

(3)了解果蔬烫漂、硬化的目的、方法。

(4)了解果蔬加工时变色的原因,掌握果蔬护色的方法。

知识链接

学习单元一

果蔬加工品类别及加工原理认知

一、果蔬加工品类别

果蔬加工品的种类很多，根据其保藏原理和加工工艺的不同，可以分为罐制品、汁制品、糖制品、酒制品、干制品、速冻制品、腌制品、果蔬脆片和鲜切果蔬等。

1. 罐制品

罐制品俗称罐头，是将原料进行预处理后装罐或装袋，经排气、封罐、杀菌等形成密封、真空和无菌状态，使制品能较长期保藏。果蔬罐制品（图 2 – 1）主要有糖水水果罐头和清渍蔬菜罐头；此外，糖渍蜜饯、果酱、果冻、果汁、盐渍蔬菜、酱渍蔬菜、糖醋渍蔬菜等，也可采用罐头包装的形式，制成罐制品。

2. 汁制品

以新鲜果蔬为原料，经破碎、压榨或浸提等方法制成的汁液，装入包装容器内，再经密封杀菌而得到的产品，称为果蔬汁制品（图 2 –2），如苹果汁、山楂汁、梨汁、柑橘汁、椰子汁、胡萝卜汁、多维果蔬汁等。这类产品酸甜可口，营养价值高，易被人体吸收，有的还有医疗效果，可以直接饮用，也可以制成各种饮料。

图 2 – 1　果蔬罐制品

图 2 – 2　果蔬汁制品

3. 糖制品

果蔬糖制是以新鲜果蔬为原料，利用高浓度糖液的渗透脱水作用，将果蔬加工成高糖制品的加工技术。果蔬糖制品（图 2－3）分为果脯蜜、饯类和果酱类，如桃脯、杏脯、金丝蜜枣、山楂果冻、草莓果酱、果丹皮等，具有高糖、高酸的特点。

4. 酒制品

果酒（图 2－4）是果汁（果浆）经过酒精发酵酿制而成的含醇饮料，如白葡萄酒、红葡萄酒、苹果酒、山楂酒等。果酒具有色泽鲜艳、果香浓郁、醇厚柔和、营养丰富、酒精度低等特点。

图 2－3　果蔬糖制品

图 2－4　果蔬酒制品

5. 干制品

干制又称作干燥或脱水，是指采用自然条件或人工控制条件促使果蔬水分蒸发的过程。果蔬干制品（图 2－5）能较好地保持果蔬原有的风味，且保藏期较长，如红枣、葡萄干、柿饼、杏干、苹果干、金针菜、萝卜干、干辣椒等。干制品还具有体积小、重量轻、便于运输和携带等优点。

6. 速冻制品

果蔬速冻是将经过一定处理的新鲜果蔬原料采用快速冷冻的方法使之冻结，然后在－20～－18℃的低温中保藏。果蔬速冻制品（图 2－6）主要有速冻蒜薹、速冻青椒、速冻豆角、速冻葡萄、速冻草莓等。速冻果蔬基本上保持了果蔬原有的色香味和营养成分，保藏时间长，品质优良，是国内外很有发展潜势的果蔬加工品。

图2-5　山楂干

图2-6　速冻豌豆

7. 腌制品

腌渍保藏是我国普遍而传统的蔬菜保藏方法，是将新鲜的蔬菜经过适当处理后用食盐和香料等进行腌制，使其进行系列的生物化学变化，制成鲜香嫩脆、咸淡（或甜酸）适口且耐保存的食品的过程。腌制品（图2-7）分为发酵性和非发酵性，如东北的酸菜、四川泡菜、北京八宝菜、南方的霉干菜、南京糖醋萝卜、涪陵榨菜等都是全国有名的腌制品，是我国蔬菜加工量最大的一类加工品。

8. 果蔬脆片

果蔬脆片（图2-8）是以新鲜果蔬为原料，采用先进的真空油炸技术、微波膨化技术或速冻技术精制而成。产品形态平整，酥脆。主要品种有苹果脆片、胡萝卜脆片、香蕉脆片、南瓜脆片、洋葱脆片、地瓜脆片和爆豌豆等几十种果蔬脆片。产品具有全天然和高营养的特点，不含化学添加剂和防腐剂，极少破坏果蔬中的维生素成分，被食品营养界称为“21世纪食品”，是国际上的流行休闲食品。

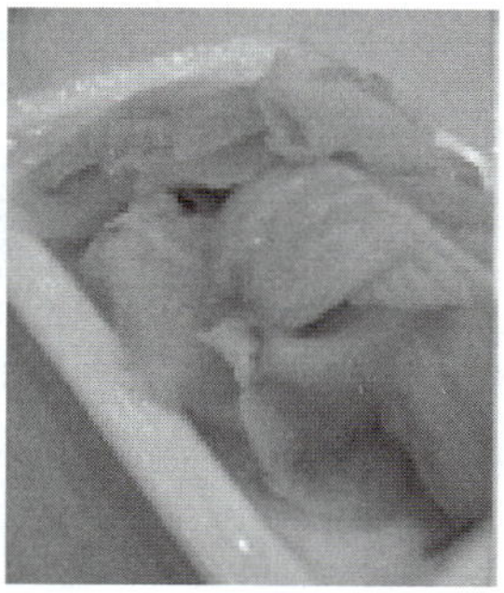

图2-7　酸白菜

图2-8　果蔬脆片

9. 鲜切果蔬

鲜切果蔬（图2-9）又称作最少加工果蔬、半加工果蔬、轻度加工果蔬等，它是指以新鲜果蔬为原料，经分级、清洗、整修、去皮、切分、保鲜、包装等一系列处理后，再经过低温运输进入冷柜销售的即食或即用果蔬制品。鲜切果蔬既保持了果蔬原有的新鲜状态，又经过加工使产品清洁卫生，属于净菜范畴，其天然、营养、新鲜、方便以及可利用度高(100%可食用)，可满足人们追求天然、营养、快节奏的生活方式等方面的需求，但货架期短，甚至比新鲜果蔬更短，必须在冷藏条件下流通。

10. 果蔬粉

果蔬粉(图2－10)是将新鲜水果、蔬菜经过具有国际先进水平的冻干技术和设备，经预处理、速冻、真空干燥、紫外线杀菌、包装贮藏等10多道工序加工而成。

图2－9　鲜切果蔬

图2－10　果蔬粉

二、果蔬成分与加工的关系

果蔬成分的种类与含量多少与果蔬的品质关系密切。而果蔬的品质主要决定于遗传因素，但又受不同发育时期、栽培环境、管理水平和贮藏加工条件的影响而变化很大。

果蔬品质的构成主要有：

①外观：形状、大小、色泽等。

②风味：糖、酸、单宁、糖苷类、氨基酸等。

③质地：组织的老嫩程度、硬度的大小、汁液的多少、纤维的多少等。

④营养：糖类、脂类、蛋白质和氨基酸、矿物质、水分、维生素等。

⑤安全：有害物质的残留等。

果蔬的化学组成非常复杂，按在水中的溶解性质可分为两大类：

(1)水溶性成分　糖类、果胶、有机酸、单宁物质、水溶性维生素、酶、部分含氮物质、部分矿物质等。

(2)非水溶性成分　纤维素、半纤维素、原果胶、淀粉、脂肪、脂溶性维生素和色素、部分含氮物质、部分矿物质和有机酸盐等。

(一)碳水化合物

主要成分:糖、淀粉、纤维素、半纤维素、果胶等。

1. 糖类(主要是蔗糖、葡萄糖、果糖)

不同果蔬种类含有糖的种类和比例亦不同,甜味也不同。一般说来,仁果类以果糖为主,其次是葡萄糖、蔗糖和山梨醇;核果类以蔗糖为主,其次是葡萄糖、果糖;浆果类主要含葡萄糖、果糖;柑橘类以蔗糖为主;樱桃、葡萄、番茄则不含蔗糖;叶菜类、茎菜类含糖量较低,加工中也不显重要。

在较高的 pH 或较高的温度下,蔗糖会生成羟甲基糠醛、焦糖等,还原糖易与氨基酸和蛋白质发生美拉德反应,生成黑色素,使果蔬制品发生褐变,影响产品质量。

果蔬经沸水烫漂后的沥滤操作,可使蔬菜、水果装罐时的低分子碳水化合物及膳食纤维受到损失。如烫漂胡萝卜时其低分子的单糖和双糖分别损失 25% 和 30% 。不同种类及同一种类不同品种的蔬菜在烫漂后其低分子碳水化合物和膳食纤维的损失是不同的。

2. 淀粉

蔬菜中薯类的淀粉含量最高(20%),水果基本不含淀粉(除了香蕉)。

淀粉糊化,会使淀粉含量高的原料加工成清汁类罐制品或果蔬汁引起沉淀,甚至汁液变成糊状。糊化的淀粉会进一步老化(凝沉)。

3. 果胶物质

果胶是构成细胞壁的主要成分,也是影响果实质地的重要因素。果实的软硬程度和脆度与原料中果胶的含量及存在形式密切相关。

果胶物质沉积在细胞初生壁和中胶层中,起着黏结细胞的作用。根据性质与化学结构的差异可将果胶物质分为三种:原果胶、果胶、果胶酸。

一般来讲,果胶含量高的原料生产果汁时,取汁较困难;对浑浊型果汁具有稳定作用,对果酱具有增稠作用。改善措施:水解果胶,提高出汁率。

4. 纤维素与半纤维素

纤维素是植物细胞壁的主要成分,对果蔬的形态起支持作用。不能被人体消化,但能促进肠的蠕动。在加工中影响产品的口感,使饮料和清汁类产品产生浑浊。

(二)有机酸

果蔬中的酸主要来自一些有机酸,如柠檬酸、苹果酸、酒石酸、草酸、琥珀酸、

α-戊酮二酸和延胡索酸等,这些有机酸大多具有爽口的酸味,对果实的风味影响很大。多数果实随着成熟,酸含量减少(柠檬除外)。相比之下,蔬菜的含酸量很少,往往感觉不到酸味的存在。

果蔬原料及果蔬加工中主要使用有机酸,其中酒石酸酸性最强。酸感的产生与酸的种类和浓度有关,还与体系的温度、缓冲效应和其他物质的含量有关。

糖和酸的含量及糖酸比会影响果蔬制品的风味。有机酸与加工工艺的选择关系密切:①会影响酶促褐变和非酶褐变;②会影响花色素、叶绿素及单宁色泽的变化;③能与铁、锡反应,腐蚀设备和容器;④在加热时,会促进蔗糖和果胶等水解;⑤是确定罐头杀菌条件的主要依据之一。

(三)含氮物质

果蔬中蛋白质、氨基酸含量远不如谷类、豆类作物高,一般为0.2% ~1.0%,但也有含量多的,如核桃、扁桃、巴西栗、鳄梨、榛子、冬菇、紫菜等,含量为11% ~23%。果蔬中一些氨基酸(如谷氨酸、天门冬氨酸),是果蔬鲜味的重要来源。

(1)蛋白质和氨基酸的存在是美拉德反应的基础。控制措施:控制好pH、温度以及还原糖、蛋白质、氨基酸和亚硫酸盐含量。酪氨酸虽然不参与美拉德反应,但却是酶促褐变的重要底物。

(2)蛋白质在加工中易发生变性而凝固、沉淀,尤其是在饮料和清汁类罐制品加工中。控制措施:适当的稳定剂、乳化剂及酶法改性。蛋白质还会与单宁物质产生絮凝。

(四)单宁物质

单宁(鞣质)属于酚类化合物,其结构单体主要是邻苯二酚、邻苯三酚及间苯三酚。单宁有涩味,能产生褐变或与金属离子反应产生褐变,单宁与果蔬及其制品的风味和色泽的变化关系密切。

单宁的主要加工特性:

(1)涩味　适度的单宁含量可以给产品带来清凉的感觉,也可强化酸味的作用。但含量过高会产生不舒服的收敛性涩感。

脱涩方法:①温水浸泡法:40℃,10 ~15h;②酒浸泡法:喷洒40%蒸馏酒,密封5 ~10d;③二氧化碳脱涩法:置于50%二氧化碳的容器中;④乙烯脱涩法:密闭容器充入乙烯。

(2)变色

①酶促褐变:单宁作为多酚氧化酶的底物而发生酶促褐变,会使产品变红(pH中性最适),常见富含多酚氧化酶的有苹果、香蕉、梨、桃、草莓等,而菠萝、橘、橙、番茄、南瓜等缺乏该酶。护色措施:果蔬中单宁含量、酶活性、供氧量三者控制其一。

②酸性加热条件下的自身氧化缩合:在较低pH(尤其pH <2.5)下,单宁能自

身氧化缩合产生红粉色物质。所以，单宁含量较高的原料在加工过程中，pH 的控制十分重要。

③金属离子引起变色：单宁遇铁变黑色，单宁与锡长时间共热呈玫瑰色。

④碱引起变色：单宁遇碱会生成黑色物。

⑤与蛋白质产生絮凝：可用于果汁澄清。

（五）色素物质

色泽是人们感官评价果蔬品质的重要因素之一。不同种类和品种的果蔬颜色各不相同，其原因是所含色素在质和量上的差别。果蔬中的呈色物质主要有叶绿素（呈绿色）、类胡萝卜素（呈黄色到红色）、花青素（呈红色、紫色、蓝色）、黄酮类色素（呈无色到黄色）。果蔬的颜色在一定程度上反映了果蔬的新鲜度、成熟度和品质变化等情况。大多数果实随着果实的成熟，叶绿素含量逐渐减少，其他色素含量逐渐增多，而使果实绿色减退，呈现其他颜色。

1. 叶绿素

（1）不耐光不耐热　在酸性条件，光照或加热条件下会生成脱镁叶绿素（暗绿色至绿褐色或紫褐色）。可采用高温短时处理和避光保存。另外，热烫也有利于绿色的保护，因驱除了组织中的空气，更易显色，同时避免了叶绿素的氧化。

（2）叶绿素分子中的镁可被铜、锌所取代而显示出稳定的绿色。

2. 类胡萝卜素（橙黄色）

对热稳定，颜色不易变化，在碱性介质中比在酸性介质中稳定。

3. 花青素

（1）果蔬呈红紫色的主要色素，在水洗、预热等加工中易流失。

（2）对温度和光敏感，会退色或变褐，受氧化还原也会褪色。

（3）pH 影响色泽，与金属离子络合生成盐类，大多为灰紫色，因此含花青素多的水果罐藏时宜用涂料罐。

4. 花黄素

通常为黄色至无色，偶尔会是鲜橙色。遇碱呈深黄色、橙色至褐色。可加入少量酒石酸氢钾调 pH 控制变色。

（六）维生素

维生素是一类维持人体健康不可缺少的低分子化合物，果蔬中含量丰富，胡萝卜素（维生素 A 原）、维生素 E、维生素 K 为脂溶性，存在于黄色、绿色等深色果蔬中。维生素B族、维生素C为水溶性，维生素C与其他维生素相比，代谢快，需要量大，果蔬中富含维生素C，是人体摄取维生素C最重要的来源。

1. 维生素C(抗坏血酸)

维生素C在一般烹调中损失较大，在酸性溶液中较稳定。在果蔬烫漂、沥滤时会损失。冷冻或冷藏、热加工均可造成维生素C的损失。果蔬用二氧化硫处理可减少加工和贮藏过程中的损失。由于维生素C易受贮藏和烹调加工的影响，所以果蔬要尽可能保持新鲜和生食。

2. 维生素 B_1

酸性条件稳定，中性及碱性条件下易氧化，耐热，但受氧、氧化剂、紫外线的作用很易破坏。

3. 叶酸

在食物贮藏和烹调中一般损失50%～70%，在加工和贮藏中的失活过程主要是氧化，抗坏血酸可保护叶酸。

4. 泛酸

食物中的泛酸在正常贮藏条件下相当稳定，在酸性和碱性环境中加热易被破坏，烹调可破坏15%～50%，蔬菜加工可损失37%～78%，加工谷物损失37%～74%。

5. 维生素A

一般维生素A性质比较稳定。但对空气、紫外线和氧化剂都比较敏感，高温和金属离子都可加速其分解。人们从食物中摄取的大多数是维生素A原，烹调中胡萝卜素比较稳定，并且食物的加工和热处理有助于提高植物细胞内胡萝卜素的释出，提高其吸收率。

6. 其他维生素

维生素D很稳定，耐高温，不易氧化，但对光敏感，脂肪酸败可使其破坏，通常的贮藏、加工不会引起维生素D的损失。维生素E在食品加工时可由于机械作用而受到损失或因氧化作用而损失，脱水食品中维生素E特别容易氧化，在无氧条件下对热稳定，脂肪氧化可引起维生素E的损失。

(七)芳香物质

种类很多，含量极少。芳香性成分均为低沸点、易挥发的物质，果蔬的成熟及加工过程中的温度对其影响很大。

（八）矿物质

果蔬中含有各种矿物质，以硫酸盐、磷酸盐、碳酸盐或与有机物结合的盐类存在，对构成人体组织与调节生理机能起重要作用。果蔬的矿物质中钾、钠、钙等金属离子占80%，磷、硫等非金属占20%。

烫漂和沥滤对矿物质影响很大，这主要与它们的溶解度有关。如菠菜在烫漂时各类矿物质的损失率钾为56%，钠为43%，镁和磷为36%，硝酸盐为70%；烹调时，矿物质也有一定损失，尤其是从汤汁流失。矿物质的损失率与食品种类、矿物质性质和烹饪方法的不同有关；碾磨可使食品矿物质的含量较明显下降，碾磨次数越多，其损失率越高，这与维生素的损失相一致。

（九）酶

1. 酶的种类

①氧化酶类：多酚氧化酶、维生素C氧化酶、过氧化氢酶及过氧化物酶等。

②水解酶类：果胶酶、淀粉酶、蛋白酶。

2. 酶与果蔬加工的关系

①抑制酶的作用。

②利用酶的活性。

3. 防止酶促褐变的方法

①加热破坏酶活。

②调pH降低酶活。

③加抗氧化剂。

④隔绝氧。

三、果蔬加工品败坏与加工保藏措施

果蔬加工品败坏是指改变了果蔬加工品原有的性质和状态，而使质量劣变的现象，如生霉、发酵、酸败、软化、产气、浑浊、变色、变味、腐烂等。

（一）果蔬加工品败坏的原因

主要是由于果蔬本身所含的酶及周围理化因素引起的物理、化学和生化变化，以及微生物活动引起的腐烂。

1. 微生物败坏

有害微生物的生长发育是导致果蔬加工品败坏的主要原因。由微生物引起的败坏主要表现为生霉、发酵、酸败、软化、产气、混浊、变色、腐烂等，对果蔬及其制品的危害最大。微生物在自然界无处不在，通过空气、水、加工机械和盛装容器等均能导致微生物的污染，再加上新鲜果蔬含有大量的水分和丰富的营养物质，是良好的微生物培养基，极易滋生微生物。引起果蔬及其制品败坏的微生物主要有细菌、霉菌和酵母菌。加工中，如原料不清洁、清洗不充分、杀菌不完全、卫生条件差、加工用水被污染等都能引起微生物感染。

2. 酶败坏

果蔬在自身酶的作用下或在微生物分泌酶的作用下引起蛋白质水解、果胶物质分解所导致的产品软烂和酶促褐变的发生等，造成食品的变色、变味、变软和营养价值下降。例如，果蔬原料去皮和切分之后，放置于空气中，很快会变成褐色，这一现象称之为褐变。发生褐变不仅影响外观，也破坏了产品的风味和营养价值，而且是加工品败坏不能食用的标志。

3. 理化败坏

主要包括物理性败坏和化学性败坏。理化败坏程度较轻，一般无毒，但造成色、香、味和维生素等的损失。这类败坏与果蔬的化学成分密切相关。

（1）物理性败坏　物理性败坏是指由水分、温度、pH、氧气、光线和机械创伤等物理因素引起的果蔬败坏。

①水分活度（Aw）：水分活度常用于衡量微生物忍受干燥程度的能力，可用以估量被微生物、酶和化学反应触及的有效水分。

水分活度是指溶液中水的逸度与同温度下纯水逸度之比，也就是指溶液中能够自由运动的水分子与纯水中的自由水分子之比。可近似地表示为溶液中水分的蒸气压与同温度下纯水的蒸气压之比，其计算公式如下：

$$A_w = \frac{p}{p_0} = ERH$$

式中　A_w——水分活度；

p——溶液或食品中的水蒸气分压；

p_0——纯水的蒸气压；

ERH——平衡相对湿度，即物料既不吸湿也不散湿时的气大气相对湿度。

水分活度是0～1之间的数值。纯水的$A_w=1$。因溶液的蒸气压降低，所以溶液的水分活度小于1。果品、蔬菜的水分活度总是小于1。一般食品的A_w越大，食品越不耐贮藏。

微生物的活动离不开水分，它们的生长发育需要适宜的水分活度。减小水分活度，首先是抑制腐败性细菌，其次是酵母菌，然后才是霉菌。

大多数果蔬的水分活度都在0.99以上，所以各种微生物都能导致果蔬的腐败。细菌生长所需的最低水分活度最高，当果蔬的水分活度值降到0.90以下时，就不会发生细菌性的腐败，而酵母菌和霉菌仍能旺盛生长，导致腐败变质。一般在室温下贮藏干制品，其水分活度应降到0.7以下才安全。

酶的活性亦与水分活度有关，水分活度降低，酶的活性也降低。

②温度：每一种微生物都有其所能忍受的最高温度和最低温度。绝大多数微生物100℃时容易被杀死。按其生存的适宜温度可将细菌分为嗜热菌（49～77℃）、嗜温菌（21～43℃）和嗜冷菌（2～10℃）三种。适宜的温度可以促进微生物的生长发育，不适宜的温度减弱微生物的生命活动，甚至引起生理机能异常或促使其死亡。25～30℃下各类微生物均可使食品腐败。

③pH：一般微生物的生长活动范围在pH 5～9之间。微生物对热的耐热性在最适宜的pH下最强。离开最适pH范围，耐酸性变弱，耐热性极强的细菌芽孢也易被杀死。三大微生物的耐酸性：霉菌>酵母菌>细菌。酸性越强抑制细菌生长的发育的作用越显著。

④气体：微生物的生存对气体有要求，高二氧化碳、低氧气对大多数微生物有害。

⑤光和射线：光和射线也会影响微生物的生命活动，如紫外线对微生物有强杀菌力，X射线、γ射线对微生物有致死作用。

（2）化学性败坏　化学性败坏是指有不适宜的化学变化引起的败坏，包括氧化、还原、分解、合成、溶解、晶析等，如铁皮罐头的腐蚀穿孔等。发生原因与果蔬及其制品的物质组成和所处的环境有密切关系，这类变化或由于其内部本身化学物质的改变（水解），或可能与加工设备、包装容器、加工用水的接触等发生反应。与微生物败坏相比，化学败坏程度较轻，但普遍存在，会导致果蔬制品不符合标准。

（二）果蔬加工品保藏原理及措施

1. 低温原理

将原料或成品在低温下保存，也就是冷藏。低温可以有效抑制微生物的活动，产品内部的各种生化反应速度也很缓慢，使产品得以较好的保藏。

2. 干制原理

水分是微生物生命活动的重要物质。干制原理就是利用热能或其他能源排除果蔬原料中所含的大量游离水和部分胶体结合水，降低果蔬的水分活度，微生物由于缺水而无法生长繁殖；果蔬中的酶也由于缺少可利用的水分作为反应介质，其活性也大大降低，使制品得到很好的保存。经干制的产品贮藏时应须注意适当包装和贮藏环境温、湿度的管理，避免吸潮使制品发生霉变。

3. 高渗透压原理

利用高浓度的食糖溶液或食盐溶液提高制品渗透压和降低水分活性的原理来进行保藏。微生物对高渗透压和低水分活性都有一定的适应范围，超出这个范围就不能生长。食糖和食盐均可提高产品的渗透压。当制品中的糖液浓度达到60%～70%，或食盐浓度达到15～20g/L时，绝大多数微生物的生长受到抑制，所以常用高浓度的食糖和食盐溶液进行果蔬加工品或半成品的保藏。果脯、蜜饯类，果酱类制品和一些蔬菜腌制品就是利用此原理得以保藏的。

4. 速冻原理

将原料经一定的处理，利用－30℃以下的低温，将果蔬原料在30min或更短的时间内使组织内80%的水迅速冻结成冰，并放在－18℃以下的低温条件下长期保存。低温可以有效地抑制酶和微生物的活动，冻结条件下产品的水活性值也大大降低，可利用的水分少，使制品得以长期保藏。解冻后产品能基本保持原有品质。

5. 发酵原理

果蔬内所含的糖在微生物的作用下发酵，产生具有一定保藏作用的乳酸、酒精、醋酸等的代谢产物来抑制有害微生物的活动，使制品得到保藏。果蔬加工中的发酵保藏主要有乳酸发酵、酒精发酵、醋酸发酵，发酵产物乳酸、酒精、醋酸等对有害微生物的毒害作用十分显著。果酒、果醋、酸菜及泡菜等都是利用发酵保藏的原理来保藏的。

6. 应用真空和密封原理

在果蔬加工及其制品的保藏中，真空处理不仅可以防止氧化引起的品质劣变，不利于微生物的繁殖，而且可以缩短加工时间，能在较低的温度下完成加工过程，使制品的品质进一步提高。

密封是保证加工品与外界空气隔绝的一种必要措施，只有密封才能保证一定的真空度。无论何种加工品，只要在无菌条件下密封保持一定的真空度，避免与外界的水分、氧气和微生物接触则可长期保藏。

7. 无菌原理

无菌原理是通过热处理、微波、辐射、过滤等工艺手段，使制品中腐败菌数量减少，或消灭到能使制品长期保存所允许的最低限度，杀灭所有致病微生物，并通过抽空、密封等处理防止再污染，从而保证制品的安全性。果蔬罐制品就是典型的利用无菌原理保藏的。

8. 化学防腐原理

果蔬加工中利用化学防腐剂使制品得以保藏。化学防腐剂是一些能杀死或抑制食品中有害微生物生长繁殖的化学药剂,其主要用在半成品保藏上。化学防腐剂必须低毒、高效、经济、无异味、不影响人体健康、不破坏食品营养成分。具体种类只能添加《食品安全国家标准　食品添加剂使用标准》(GB 2760—2014)所列出的。

学习单元二

果蔬加工对原辅料的要求

高品质的果蔬加工制品,除受加工工艺和设备的影响外,与原料的加工适应、品质的好坏、水质是否合格及添加剂的合理使用密切相关。在一定的加工技术和设备条件下,只有优质的原料才能生产优质加工制品。

一、果蔬加工对原料的要求

(一)果蔬加工对原料的种类和品种的要求

不同原料对加工的适应性有所差别。就果蔬原料的加工特性而言,水果除在构造上有较大差别外,可供加工的部分一般都是果实;而蔬菜则相对较复杂,因为所食用的器官或部位不同,其结构与性质差异更大。

我国的果蔬原料种类和品种繁多,大部分果蔬原料都可以进行一定程度的加工,但是从加工制品的品质、附加值、成本等角度综合考虑,还是存在很大的差别。不同种类和品种的果蔬原料由于其理化性质不一样,适宜加工的产品种类也不同。因此,正确选择适合于加工的果蔬原料的种类和品种是生产优质加工制品的首要条件。

目前,果蔬加工制品的种类主要有罐制品、速冻制品、干制品、糖制品、腌制品、果蔬汁及果酒制品等。如何选择合适的原料,这就要根据各种加工制品的生产要求和原料本身的加工特性来选择。

1. 罐制品及速冻制品

要求原料肉质厚、可食部分多、质地紧密、糖酸比适当、形态美观及色泽一致的种类和品种。大多数的果蔬原料均适合此类制品的加工。

2. 果蔬汁及果酒制品

要求原料汁液丰富、取汁容易、可溶性固形物含量高、酸度适宜、风味芳香独特、色泽良好及果胶含量适宜的种类和品种，如葡萄、苹果、甜橙、桃、桑葚、菠萝、番茄等。当然也有些果蔬原料虽然汁液含量并不丰富，但它们具有特殊的营养价值及风味色泽，如胡萝卜、山楂等，则可采取特殊的工艺处理而加工成澄清或浑浊的果汁饮料。

3. 干制品

要求原料水分含量较低、干物质含量高、粗纤维少、风味及色泽佳的种类和品种，如枣、柿、山楂、苹果、龙眼、杏、马铃薯、胡萝卜、洋葱、蒜及大部分的食用菌等。但某一适宜的种类中并不是所有的品种都适合加工干制品，例如脱水胡萝卜制品，新黑田五寸就是一种优质的加工品种，而有的胡萝卜品种则不宜用于加工。

4. 糖制品

要求原料肉质肥厚、果胶丰富、耐煮性好及风味浓、香气足，如山楂、杏、草莓、苹果等都是最适合加工的原料种类。而蔬菜类的番茄酱对原料番茄的番茄红素要求甚为严格，优质的番茄加工品种有红玛瑙 140、新番 4 号等。

5. 蔬菜腌制品

对原料的要求不太严格，一般应以水分含量低、干物质较多、肉质厚、风味独特、粗纤维少为好，如芥菜类、根菜类、白菜类、黄瓜、蒜、姜等。

(二) 原料的成熟度和采收期

果蔬成熟度是指原料在生长发育过程中，从感官上呈现其固有的色、香、味和质地等特征现象。它是决定原料品质和加工适应性的重要指标之一。原料成熟度和采收期适宜与否，将直接关系到产品质量、生产效率和原料的损耗。不同的加工制品对原料成熟度和采收期的要求不同，选择适当的成熟度和采收期，是加工优质制品的又一重要条件。

1. 果蔬成熟度的划分

一般将果蔬成熟度分为三个阶段，即可采成熟度、加工成熟度和生理成熟度。

(1) 可采成熟度　是指果实个体充分膨大，但风味还未达到顶点。这时采收的果实，适合于贮运并经后熟后方可达到加工要求的原料，如香蕉、西洋梨等水果。一般工厂为了延长加工期常在这时采收进厂入贮，以备加工。

(2) 加工成熟度　是指果实已具备该品种应有的加工特征，并可分为适当成熟与充分成熟，以符合加工制品对原料成熟度的不同要求。例如，生产罐制品、蜜饯类，要求原料成熟适当，这样果实因含原果胶物质较多，组织比较坚硬，可以耐煮制；若原料充分成熟或过熟，则在高温煮制或热杀菌中易煮烂变形，罐制品汁液容易浑浊。进行果糕、果冻类加工时，要求原料具有适当的成熟度，其目的是利用原果胶含量高，使产品具有凝胶特性。生产果汁、果酒类，要求原料充分成熟，色泽好，香味浓，酸低糖高，取汁容易，才能制得优质的产品；若原料成熟不足，则产品色淡味酸，不易取汁，果汁澄清困难。生产干制品类，要求原料充分成熟，否则产品质地坚硬，缺乏应有的风味，外观暗褐，干燥率低，直接影响产品的外观品质。

（3）生理成熟度　是指果实质地变软，风味变淡，营养价值降低，一般称这个阶段为过熟。这种果实除可做果汁和果酱之外，一般不适宜加工其他产品。即使要做上述制品，也必须通过添加一定的添加剂或在加工工艺上进行特别处理，方可生产出比较满意的制品，这样势必要增加生产成本，因此绝大多数均不提倡在这个时期进行加工。但对葡萄来讲，此时果实含糖量最高，色泽风味最佳，这时采收品质最好。

2. 采收期

对于大多数蔬菜，由于食用器官的不同，它们在生长发育过程变化很大，故采收期的选择显得尤为重要。例如，青豌豆、青刀豆等豆类蔬菜，以乳熟期采收为宜。一般在青豌豆开花后 18d 采收品质最好，糖分含量高，粗纤维少，表皮柔嫩，生产的青豆罐头甜、嫩，且不浑汤；若采收过早，则果实发育不充分，难以加工，产量也低；而若采收过迟，则籽粒变老，糖转化成淀粉，失去加工罐制品的价值。蘑菇以子实体在 1.8 ~ 4.0cm 时采收生产盐水蘑菇罐头为佳，否则过大或开伞后的蘑菇，菌柄空心，外观欠佳，只可生产脱水蘑菇。富含淀粉的莲藕、马铃薯，以地上茎开始枯萎时采收为宜，此时淀粉含量高，品质好。根用芥菜、萝卜和胡萝卜等以充分膨大且尚未抽苔时采收为宜，此时的原料粗纤维少；过老者，其组织木质化或糠心，不能食用。叶菜类以在生长期采收为好，此时粗纤维少，品质好。

（三）原料的新鲜度

果蔬的新鲜程度与其品质和加工适应性有着密切的关系。果蔬在一定的成熟度条件下，原料越新鲜完整，其品质就越好，加工损耗率也就越低。果蔬原料均为易腐农产品，如葡萄、草莓、桑葚及番茄等原料，不耐重压，易破裂自行流汁，且极易被微生物侵染，给之后制品的杀菌工艺带来困难。这些原料在采收、运输过程中，极易造成机械损伤，若及时进行加工，尚能保证产品的品质，否则这些原料严重腐烂，就会失去食用和加工价值，直接影响企业的经济效益。因此，从采收到加工应尽量缩短时间，以保证原料的新鲜完整程度。

一般蔬菜类应不超过 12h，如蘑菇、芦笋要在采后 3 ~ 4h 内运到工厂并及时加工;青刀豆、蒜薹等不得超过1~2d;蒜、生姜等如采后3~5d,表皮干枯,去皮困难;甜玉米采后30h就会迅速老化,含糖量下降近1倍,淀粉含量增加近1/2,水分也大大下降,势必影响到加工产品的质量。而水果类一般不超过24~48h,如桃采后若不迅速加工,果肉会迅速变软,故要求在采后12h内进行加工;葡萄、杏、草莓及樱桃等必须在8~12h内进行加工;杨梅则有"一日味变,二日色变,三日色味俱变"之说,更要求在采收后及时加工处理;柑橘、中晚熟梨及苹果可在3~7d内进行加工。

总之,果蔬原料要求从采收到加工的时间应尽量短,生产中可以根据生产加工的需要分期分批采收,以保持原料新鲜完整。如果因原料生产的季节性必须贮藏,则应采取一定的保藏措施,如蘑菇等食用菌可用盐渍保藏;甜玉米、豌豆、青刀豆及叶菜类等蔬菜可进行预冷处理;桃、李、番茄、苹果等可以冷藏贮存。同时,在原料采收、运输过程中还应注意避免机械损伤、日晒、雨淋及冻害等,以充分保证原料的优良品质。

二、果蔬加工对水质的要求和处理

果蔬产品加工厂用水量要远远大于一般食品加工厂,如生产1t果蔬罐制品,需水量40~60t,1t糖制品消耗10~20t的水。所以水的卫生、水质的好坏等直接影响果蔬加工品的质量。

(一)果蔬加工用水要求

凡是与果蔬原料及其制品接触的水,均应符合《生活饮用水卫生标准》(GB 5749—2006),要求:无色透明、澄清、无悬浮物;无臭无异味,不含有硫化氢、氨、硝酸盐和亚硝酸盐类,不应含有过多的铁盐和锰盐类;无致病细菌,无耐热性微生物和寄生病虫卵;不含对人体健康有害的物质;1L水中细菌总数不超过100个,大肠杆菌不得检出。

水的硬度对加工品质量有很大影响。水的硬度过大,钙、镁与蛋白质等物质结合,使罐制品汁液或果汁发生混浊或沉淀;还与果蔬中的果胶酸结合生成果胶酸钙,使果肉表面粗糙,加工制品发硬;镁盐如果含量过高,加工产品有苦味。水的硬度决定于水中钙、镁盐的含量。通常用氧化钙(CaO)或者是碳酸钙($CaCO_3$)的质量浓度来表示。硬度的单位常用的有mmol/L或mg/L。当硬度为0.5mmol/L时,等于28mg/L CaO。硬度的表示方法目前还未统一,我国使用较多的是德国度。1德国度(1°)=10mg/L CaO=0.17833mmol/L。我国常用德国度即CaO含量表示水的硬度的大小,硬度1°相当于1L水中含10mg CaO。凡是硬度在8°以下的水为软水,8°~16°的水为中度硬水,16°以上的水为高度硬水。

不同的加工品对水的硬度有不同的要求，制作果脯、蜜饯、蔬菜腌制品及半成品的保存时应以硬水为好，以增进制品的脆度和硬度，以防止煮烂和软烂；脱水干制品加工可用中度硬水，使组织不致软化；罐制品、速冻制品、果蔬汁、果酒制品等加工品均要求使用软水。而锅炉用水硬度高，容易造成水垢，不仅影响锅炉的传热，严重时还易发生爆炸。

（二）加工用水处理

无论是江河、湖泊、水库、海水中的水或是深井水、自来水等均可作为加工用水源。深井水和自来水符合加工用水的水质要求，可以直接使用。对不符合要求的，需进行一定的处理，其目的是保持水质的稳定性和一致性，除去水中的悬浮物和胶体，去除有机物、异臭、异味、脱色，将水的碱度降到标准以下，去除微生物，使微生物指标符合规定标准。若需要，还要去除水中的铁、锰化合物和溶解于水中的气体。

1. 水中悬浮物质、胶体物质的去除

除去水中的悬浮物质和胶体物质，通常采用混凝和过滤两种方法。

（1）混凝　常用的混凝剂有铝盐和铁盐两类。铝盐包括明矾、硫酸铝、碱式氯化铝等；铁盐有硫酸亚铁、硫酸铁及三氯化铁等。明矾的用量一般是0.001～0.02g/L；$Al_2(SO_4)_3 \cdot 18H_2O$ 的有效剂量为20～100mg/L。为提高混凝效果，常加入所谓助凝剂。常用的有活性硅酸、海藻酸钠、羧甲基纤维素纳、黏土以及聚丙烯、聚丙烯胺、聚丙烯酰胺（PMA）等高分子物质。助凝剂还可保证在较大的pH范围内获得良好的混凝效果，也有助于消除沉淀池出水时携带的针絮状体。

（2）过滤　原水通过滤料层时，一些悬浮物和胶体物被截流在空隙中或介质表面，这种通过粒状介质层分离不溶性杂质的方法称为过滤。

①砂过滤：过滤介质是石英砂，含有悬浮物的水经过砂滤层时，悬浮物等被截留，使水澄清。砂滤层可用细砂、中砂和粗砂，也可用卵石，有时上面放滤砂，下面放卵石和碎石作垫层。在使用过程中，当水的净化效果变差或出水量变小时，需要定期将水反向流动或进行清洗。

②砂滤棒过滤：当用水量较少，原水中硬度、碱度指标基本符合要求，只含有少量的有机物、细菌及其他杂质时，可采用砂滤棒过滤器。砂滤棒又名砂芯，采用细微颗粒的硅藻土和骨灰等可燃性物质，在高温下焙烧，使其熔化，可燃性物质变为气体逸散，形成直径0.00016～0.00041mm的小孔，待处理水在外压作用下，通过砂滤棒的微小孔隙，水中存在的少量有机物及微生物被微孔吸附截留在砂滤棒表面。砂滤棒过滤外壳是用铝合金或不锈钢铸成锅形的密封容器，分上下两层，中间以隔板隔开，隔板上（或下）为待滤水，隔板下（或上）为砂滤水，容器内安装1至数

十根砂滤棒。长时间连续过滤后,杂质吸附会使过滤速度下降,应进行冲洗、消毒;消毒通常用10g/L漂白粉溶液或其他氯化物溶液浸泡30min,也可用75%酒精浸泡杀菌。

③活性炭过滤:为了去除水中的有机垢、色度和余氯,或作为离子交换的预处理工序,可用活性炭过滤。用氯处理过的水会损害产品的风味,须用活性炭脱氯。另外,当水质较差,出现异味时,也可用活性炭过滤。活性炭是一种多孔性物质,能吸附水中的气体、臭味、氯离子、有机物、细菌及铁、锰等杂质,一般可将水中90%以上的有机物除去。

此外,还有微孔膜过滤器和精滤等。

2. 水中溶解杂质的去除

为满足生产用水的水质要求,不仅要除去水中的悬浮杂质,还要降低水中的溶解性杂质,也就是降低水的硬度。常用的软化方法有化学软化法、离子交换法、电渗析、反渗透等。

(1)化学软化法　化学法软化水质一般多采用石灰软化法或石灰、纯碱软化法。

①石灰软化法:适应于碳酸盐硬度较高,非碳酸盐硬度较低,而且对水质不要求高度软化的情况。先将石灰(CaO)调成石灰乳,再加到原水中搅拌,即可消除原水的暂时硬度。实践证明每降低1t水的暂时硬度1°,需加CaO(纯度70%)约15g。用石灰处理水的硬度常同水的凝聚处理同时进行。此法不能使水彻底软化。

②石灰–纯碱软化法:此法既加石灰也加纯碱,同时除去水中碳酸盐和非碳酸盐。

(2)离子交换软化法　离子交换软化法是用离子交换剂(离子交换树脂)吸附水中所含的钙、镁离子,使水质软化。离子交换树脂分阳离子交换树脂和阴离子交换树脂两类,前者在水中以H^+与水中的金属离子或其他阳离子发生交换,后者在水中以OH^-与水中的阴离子发生交换。

通过阳离子交换树脂与水的交换反应,水中的钙、镁离子被吸附在树脂上,所以水中的$Ca(OH)_2$、$Mg(HCO_3)_2$、$MgCl_2$、$CaSO_4$、$MgSO_4$等可形成水质硬度的金属离子被除去,留在水中的阴离子如Cl^-、HCO_3^-、SO_4^{2-}等,又可被阴树脂所交换(图2–11)。阴、阳离子树脂交换后留在水中的H^+和OH^-结合成水,水的硬度被解除,水的酸度和碱度也可控制。离子交换树脂软化法在实际运用中是采用固定床进行的。固定床可分为单床、多床、复床和混合床等形式。加工用水一般采用多床或复合床处理,水质即可达到用水质量的要求。如果对水质硬度要求不十分严格则用单床处理即可。若对水质硬度要求很严格,则须用混合床式处理。

(3)电渗析法　电渗析技术常用于海水和咸水的淡化,或用自来水制备初级纯水。它是通过具有选择透过性和良好导电性的离子交换膜,在外加直流电场,根

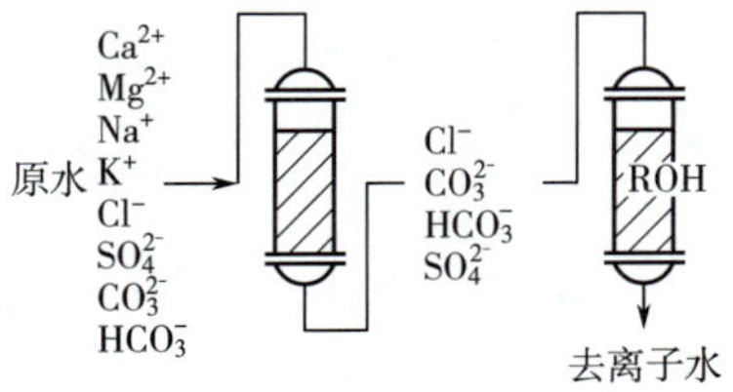

图 2-11　离子交换树脂净化水的原理

资料来源:高愿军《软饮料工艺学》。

据同性相斥、异性相吸的原理,使原水中阴阳离子分别通过阴离子交换膜和阳离子交换膜达到净化作用。如果原水中悬浮物较多,水质污染严重或含盐量过高,则不能直接用电渗析法处理。此时应先对原水进行预处理,如混凝、过滤、软化等,再进行电渗析,方能收到良好效果。

(4)反渗透法　反渗透技术作为一种近代新型膜分离技术,其原理是以半透膜为介质,对被处理水的一侧施以压力,使水穿过半透膜,而达到除盐的目的。半透膜只能让溶液中的溶剂单独通过,当用半透膜隔开两种不同浓度的溶液时,稀溶液中的溶剂就会透过半透膜进入浓溶液一侧,这种现象称为渗透。由于渗透的作用,膜两侧的液面最后会形成高度差,由液面的高度差产生一种压力称为渗透压。如果在浓溶液的一侧施加大于渗透压的压力时,溶剂就会由浓溶液的一侧通过半透膜进入稀溶液,这种现象称为反渗透。通常把这种半透膜称为反渗透膜。当把盐水换成要处理的原水,并施加一定的压力,此时大多数水分子通过反渗透膜,汇集后就得到脱盐的淡水,这就是反渗透在水处理应用上的基本工作原理(图 2-12)。反渗透膜对 Ca^{2+} 和 Mg^{2+} 的去除率达 92% ~99%,对 Cl^- 和 HCO_3^- 的去除率达 80% ~95%,对 Na^+ 和 K^+ 的去除率达 75% ~95%,对 Mn^{2+}、Al^{3+} 的去除率达 95% ~99%,对细菌的去除率达 99%。

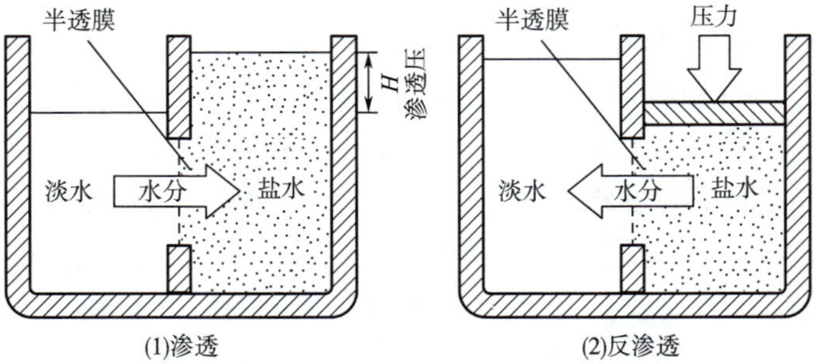

图 2-12　反渗透原理

资料来源:高愿军《软饮料工艺学》。

反渗透膜器在使用一段时间后，水中悬浮物、微生物、有机物等杂质易在膜表面结成一层薄垢，影响膜的透水性和操作压力，要对膜及时清洗。

3. 水的消毒

在水质处理过程中，绝大多数微生物由于经过混凝、过滤、软化已被除去。但是仍有部分微生物留在水中，为了确保饮食卫生，还应进行严格消毒。

（1）氯消毒　水中加氯消毒，是当前世界各国最普遍使用的饮用水消毒法。根据水质不同，采用滤前加氯和滤后加氯的方法进行水体消毒。滤前加氯，当原水水质差，有机物多，可在原水处理前加氯，防止沉淀物中微生物繁殖，且氯的量要加得多。滤后加氯，原水经沉淀过滤后加氯，加氯量可以比滤前加氯少，且消毒效果好。常用的药物有杀菌氯气或其他有效氯的化合物，如漂白粉、氯胺、次氯酸钠、二氧化氯等药物。我国水质标准规定，管网末端自由余氯应保持在0.1～0.3mg/L，小于0.1mg/L时不安全，大于0.3mg/L时水有明显的氯臭。

（2）臭氧消毒　臭氧（O_3）是特别强的氧化剂，极不稳定，很容易离解出活泼的、氧化性极强的新生态原子氧，原子氧可以最终导致微生物的死亡。臭氧的瞬间杀菌作用优于氯，比氯的作用快15～30倍。同时可以除去水臭、水色以及铁和锰等，不产生二次污染。利用高压放电产生臭氧用于水的消毒，采用臭氧发生器生产臭氧。

（3）紫外线消毒　紫外线消毒的原理是微生物经紫外线照射后，微生物细胞内的蛋白质和核酸的结构发生裂变而引起死亡，因紫外线对水有一定的穿透能力，故能杀灭水中的微生物，使水得以消毒。紫外线的杀菌效果对原水的水质要求较高。原水必须无色，浊度在1.6 FTU以下，微生物数量很少，否则影响杀菌的效果。目前使用的紫外线杀菌设备主要是紫外线饮水消毒器。

三、果蔬加工对其他辅料的要求

为了改善果蔬制品的色、香、味，提高制品品质，延长保质期及加工工艺的需要而添加的天然物质或人工合成的化学物质等辅料，统称为食品添加剂。食品添加剂的使用，必须遵循《食品安全国家标准　食品添加剂使用标准》（GB 2760—2014）的要求，不能破坏加工品的营养和性质，也不能掩盖加工品本身的变质。

食品添加剂的种类很多，按照其来源的不同可分为天然食品添加剂和化学合成食品添加剂两大类，目前使用化学合成食品添加剂较多，为了食品安全和人们身体健康提倡使用天然食品添加剂。在果蔬加工中常用以下几种食品添加剂。

（一）甜味剂

甜味剂是以赋予食品甜味为主要目的的食品添加剂。甜味剂通常指一些具有甜味但并非糖类的化学物质，蔗糖、淀粉糖浆等通常不作为食品添加剂看待，而称为食品原料。甜味剂主要包括糖醇类，如山梨糖醇、木糖醇、麦芽糖醇等；非糖天然甜味剂，如甜叶菊苷、甘草苷、甘茶叶素、二氢查耳酮等；人工合成甜味剂，如甜蜜素、阿斯巴甜（蛋白糖）等。人工合成甜味剂有一定的毒性和副作用，在生产中的使用有一定限制。糖醇类甜味剂和非糖天然甜味剂是低热能甜味剂和非营养型甜味剂，对肥胖病、高血压、糖尿病和龋齿等患者有积极作用，近年来日益受到重视和发展。

（二）酸味剂

酸味剂是以赋予食品酸味为主要目的的一类食品添加剂。酸味剂除赋予食品酸味之外，还有调节食品的 pH、防止食品败坏和褐变、用作抗氧化剂的增效剂、抑制微生物生长、防止食品腐败等作用。我国允许使用的酸味剂主要是有机酸，如柠檬酸、苹果酸、酒石酸、乳酸等，无机酸使用较多的仅有磷酸。

（1）柠檬酸　柠檬酸为无色半透明结晶或粉末，无臭，在空气中易潮解，易溶于水和乙醇，熔点 133 ~ 154℃。柠檬酸酸味爽快可口，圆润滋美，有清凉感，呈酸快速，入口即可达最高酸感，但后味延续短。

柠檬酸可作为酸味剂和辅助抗氧化剂使用，通过添加柠檬酸可降低维生素 C 的消耗。主要用于果汁饮料、果酒、果酱、罐头等制品。在果品加工中可按生产需要量加入。

（2）苹果酸　苹果酸为白色粉末，无臭，极易溶于水，溶于乙醇，不潮解，酸味爽口，略带刺激性苦涩味，酸度是柠檬酸的 1.2 倍，在口中呈味时间长。与柠檬酸合用可取长补短，如果把 50g/L 苹果酸与 20g/L 柠檬酸混用则效果更佳。苹果酸与人工合成的甜味剂混合使用具有掩蔽甜味剂不良后味的作用。

人体每日通过蔬菜水果可摄取苹果酸 1.5 ~ 3g。在果品加工中可按正常需要量加入。

（3）酒石酸　酒石酸为无色透明结晶、颗粒或白色粉末，酸味较柠檬酸和苹果酸强，是柠檬酸的 1.2 ~ 1.3 倍，溶于水及乙醇，味尖酸，并有收敛性涩味，不易潮解。宜用于固体饮料、水果罐头、果酱等。与柠檬酸苹果酸混合使用效果更佳。

（4）乳酸　乳酸为无色或淡黄色透明黏稠液体，可以与水、乙醇混溶，酸味为柠檬酸的 1.2 倍，味质涩、软，有不愉快的收敛味。可用于果味乳酸饮料、发酵制品中，以增加风味和防腐。

（5）磷酸　磷酸为无色透明黏稠溶液，商品浓度为 85 ~ 98g/L，无臭，酸味强烈，是柠檬酸的 2.3 ~ 2.5 倍。在非果味碳酸饮料中，磷酸的酸味可以和植物的根、茎、叶及坚果或草味的香气良好地协调。通常用于可乐型碳酸饮料中。

（三）增稠剂

增稠剂是指在水中溶解或分散，能增加流体或半流体食品的黏度，并能保持所在体系的相对稳定的亲水性食品添加剂,又称稳定剂、糊料或乳化稳定剂。具有稳定、增稠、凝胶和保水等作用,广泛地应用于食品中。在果蔬食品中常用的增稠剂大致上可以分为四类。

1. 半乳甘露聚糖类

包括果胶、阿拉伯胶、角豆胶(刺槐豆胶)、瓜尔豆胶等。

(1)果胶　果胶为白色或淡黄色粉末,稍有特异臭味,口感黏滑;溶于 20 倍水则呈黏稠状液体,水溶液显酸性;耐热,几乎不溶于乙醇、醚类等有机溶剂;无固定的熔点和溶解度;主要成分为多聚 α - D - 半乳糖醛酸甲酯。果胶可用于果酱、果冻、果汁粉等食品。内服不被消化,有止血抑菌作用,实际使用可认为是无毒的。

(2)阿拉伯胶　阿拉伯胶为黄色至浅黄褐色半透明块状或白色至淡黄色的粒状或粉末状,无臭无味。新鲜商品外表平滑、内部透明,陈品外表有裂纹、内部半透明。颜色越淡品质越好。阿拉伯胶极易溶于水,形成清晰黏稠的溶液,水溶液呈弱酸性,在 pH 6 ~7 溶液的黏度最大,但不溶于大多数有机溶剂。阿拉伯胶胶凝性差,在高浓度下不形成凝胶,可与其他水溶性胶类混合使用。阿拉伯胶常作为赋形剂和助香剂,在果汁粉等固体饮料和粉末香精中使用。

(3)角豆胶　又称洋槐豆胶、槐豆胶、长角豆胶、刺槐豆胶,为白色至微黄色粉末,无臭或带微臭,无色、无味的植物胚乳精制多糖,主要含有甘露糖及半乳糖,是极为良好的增稠稳定剂。其最重要的特点是它与琼脂、卡拉胶及黄原胶等亲水胶体有良好的凝胶协同效应,可使复合后的用量水平很低并改善凝胶组织结构。能分散于热或冷的水中形成溶胶。可用于果酱果冻作增稠剂。还可用于乳制品及冷冻乳制品甜食中作持水剂,以增进口感及防止冰晶形成。

(4)瓜尔豆胶　瓜尔豆胶(瓜尔胶)由豆科植物瓜尔豆的种子提取而得。是半乳糖和甘露糖组成的高分子质量水解胶体多糖类。白色至淡黄褐色粉末。能分散在热或冷水中形成黏稠液。为天然胶中黏度最高者。在冷饮如冰淇淋、雪糕、冰霜、冰片中起着增稠、乳化作用;在面制品中起防止黏结、保水、增加筋力,保持品质的作用;在饮料中起到增稠持水和稳定剂作用,并可改善口感;在肉制品中,如火腿肠中起到黏结、爽口和增加体积作用。

2. 由葡萄糖组成的纤维素

包括羧甲基纤维素钠(CMC)、微晶纤维素等。

(1)羧甲基纤维素钠　羧甲基纤维素钠为白色或浅黄色纤维状粉末,无臭无味,有吸湿性;易分散于水中形成胶体溶液,不溶于乙醇、丙酮、乙醚等溶剂;耐热性较稳定。羧甲基纤维素钠具有独特的黏合性、增稠性、悬浮性和含水性,因而广泛用于食品饮料工业。与其他稳定剂如琼脂、海藻酸钠等配合使用效果更好。

(2)微晶纤维素　微晶纤维素是一种纯净的纤维素解聚产物。由天然纤维素制备,是无臭无味的结晶粉末。它虽由葡萄糖构成,但人体却不能消化β型葡萄糖,其发热量为零,所以它只随食物一起移动而不为人体所吸收。同时,它的另一个产品是胶体(即MCC胶),是以MCC粉为原料配成一定浓度的水溶液,通过特殊的胶化装置而成为胶体,具有较好的冷、热稳定性。

3. 藻类稳定剂

包括海藻酸钠、卡拉胶(角叉菜胶)、琼脂、藻酸丙二醇酯等。

(1)海藻酸钠 别名褐藻胶,由海带中提取的天然多糖。为白色或淡黄色粉末,溶于水成黏稠状液体,海藻酸钠用于色拉、果酱的增稠剂;在挂面、粉丝制作中可改善制品组织的黏结性;在面包、糕点等制品中可延长贮藏时间。海藻酸钠可做成各种凝胶食品,适合用于冷冻食品和人造仿型食品。褐藻酸钠不仅是一种安全的食品添加剂,它也是一种天然纤维素,可减缓脂肪糖和胆盐的吸收,可预防高血压、糖尿病、肥胖症等现代病。

(2)卡拉胶 卡拉胶为白色或浅褐色颗粒或粉末,无臭或微臭,口感黏滑,能溶于80℃左右的水,形成黏性、透明或轻微乳白色易流动的溶液。如果先用乙醇、甘油或饱和蔗糖水溶液浸湿,则较易分散于水中。与蛋白质反应起乳化作用,使已有的乳化液稳定。可作为增稠剂、澄清剂、乳化剂和稳定剂用于食品加工中。

(3)琼脂 琼脂是由石花菜或江篱(属红藻)经加热至溶化后,加以冷却凝固而成的海藻精华。色白亮、洁净,透明度高,弹性大,坚韧,牢度强。琼脂具有凝固性,稳定性,能与一些物质形成络合物,可用作食品增稠剂、凝固剂、悬浮剂、乳化剂、保鲜剂和稳定剂。广泛用于制造粒粒橙及各种饮料、果冻、冰淇淋、糕点、软糖等食品中。

(4)藻酸丙二醇酯 藻酸丙二醇酯为白色至黄白色,较粗或微细的粉末,基本无味或略具芳香味,溶于水成黏稠的胶状溶液。可用作食品增稠剂、稳定剂。我国《食品安全国家标准 食品添加剂使用标准》(GB 2760—2014)中规定可用于啤酒、饮料、冰淇淋、乳制品、果汁等食品中。

4. 微生物多糖类

黄原胶又称汉生胶,是微生物分泌的多糖类物质。产品为浅黄色到淡棕色粉末,稍有臭味;易溶于冷水和热水中,水溶液成中性;遇水分散乳化成稳定的亲水性黏稠胶体,即使低浓度时黏度也很高;稳定性好。可作为增稠剂、乳化剂、悬浮剂,在果汁饮料、果粒饮料、植物蛋白质饮料中使用,与羧甲基纤维素钠、海藻酸钠、卡拉胶及淀粉混合使用效果更好。

(四)着色剂

食品着色剂是以食品着色为目的的一类食品添加剂,又称食用色素,其功能是提高商品价值,促进食欲。食品着色剂按其来源和性质可分为天然着色剂(天然色素)和合成着色剂(食用合成色素)。

1. 天然色素

食用天然色素是一种饮食成分,有些还具有一定的营养价值和药理作用,其安全性高于合成色素,因而目前食用天然色素的研制和应用日益增多。食用天然色素质量不易控制,稳定性比合成色素差,价格比较高,使用和发展受到一定限制。食用天然色素按结构可分为四类,即吡咯衍生物类色素,如叶绿素类色素;异戊二烯类色素,如类胡萝卜素类色素;多酚类色素,如花青素、黄酮素;酮醌类色素,如姜黄素、虫胶色素。按来源可分为植物色素、动物色素和微生物色素。主要有β—胡萝卜素、姜黄素、红花黄色素、辣椒红色素、虫胶色素、红曲色素等。

2. 食用合成色素

食用合成色素属煤焦油染料,是由煤焦油中所含的具有苯环或萘环的物质合成的。大多数对人体有害,必须进行严密的化学分析、毒理学试验和其他生物学试验以后才能出售使用。食用合成色素一般较天然色素鲜艳,着色性和稳定性强,成本低廉,故广泛用于食品工业中。但它的使用剂量和种类都是受到国标的限制。目前允许使用的食用合成色素有苋菜红、胭脂红、柠檬黄、日落黄、靛蓝和亮蓝等。用红、黄、蓝三种基本色素,可任意调制所需要的各种色泽。合成色素的种类不同,溶解性、稳定性、毒性等特性不相同,使用限量也不相同。一般在食品中的最大用量不能超过0.05g/kg。

(五)防腐剂

为了防止食品腐败变质而添加到其中的化学物质,称为防腐剂。理想的防腐剂应具有:性质稳定,在一定时期内有效,使用中和分解后无毒;在低浓度下仍有抑菌作用;本身无刺激性和异味;价格合理,使用方便。常用的食品防腐剂有苯甲酸及其钠盐、山梨酸及其钾盐、对羟基苯甲酸乙酯、对羟基苯甲酸丙酯、脱氢醋酸、SO_2及亚硫酸盐类等。

1. 苯甲酸及苯甲酸钠

苯甲酸又称安息香酸,为白色片状或针状结晶,熔点121~123℃,沸点249.2℃,相对密度1.082;质轻无臭,略带安息香酸及苯甲醛气味,在空气中略有挥发性;微溶于冷水,在热水中溶解度增大,水溶液呈酸性;易溶于无水乙醇、甲醇、乙醚、丙酮、氯仿等有机溶剂。

苯甲酸钠又称安息香酸钠,为白色结晶颗粒或粉末,无臭,略带苯甲醛气味,味略甜,有收敛性涩味;易溶于水,略溶于乙醇,水溶液呈微碱性;化学性质稳定,在使用过程中可转化为苯甲酸。

苯甲酸和苯甲酸钠为酸性防腐剂，具有广谱的抗菌作用，在酸性条件下对酵母菌和霉菌的抑制作用明显，但对产酸菌的作用较弱。其杀菌防腐效果与 pH 有很大关系，在 pH 2.5～3.5 时，防腐抗菌力最强；pH 5.5 以上时对很多霉菌和酵母菌都失去作用。使用时以 pH 4.5 以下为宜，此时 0.1～0.5g/L 的浓度就能完全抑制细菌活性。使用苯甲酸时应加适量的碳酸氢钠，用 90℃ 以上的热水溶解，使其转化为钠盐后再加到食品中。苯甲酸钠水溶性较好，因此广泛使用苯甲酸钠。

苯甲酸和苯甲酸钠常用于果醋、果汁及果酱类等制品中。1g 苯甲酸钠相当 0.85g 苯甲酸，也可计算为 1g 苯甲酸相当于 1.18g 苯甲酸钠，使用时以苯甲酸计。浓缩果汁可按浓缩倍数的最大使用量的 80% 加入。

2. 山梨酸及山梨酸钾

山梨酸又名己二烯酸，为无色针状结晶或白色结晶粉末，无臭，稍有刺激性，熔点 132～135℃；耐光、耐热性好；微溶于水，易溶于乙醇、乙醚或其他有机溶剂。

山梨酸钾为白色至淡黄色鳞片状结晶或结晶性粉末，无臭或稍有异味；易溶于水、盐水和糖液中，在空气中易吸湿氧化分解。

山梨酸和山梨酸钾属于酸性防腐剂，对酵母菌、霉菌和好气性细菌均有抑制作用，对兼性厌气芽孢菌和嗜热乳杆菌几乎无效。其抑菌作用比抗菌作用强，防腐效果随体系 pH 升高而降低，但山梨酸类防腐剂的适宜 pH 范围较苯甲酸类广。在酸性条件下，0.1g/L 浓度就对酵母菌、霉菌有效；在 pH 4.5 以下时，对乳酸菌、杆菌、酵母菌及霉菌效果最佳；pH 5～6 或稍接近中性时也有效，但效力减低。山梨酸的水溶性很低，使用前应先溶于乙醇或碳酸钠。山梨酸钾水溶性好，使用方便，已成为发达国家的主流防腐剂。

3. 亚硫酸盐

常用的亚硫酸类有亚硫酸氢钠（$NaHSO_3$）、亚硫酸钠（Na_2SO_3）、次硫酸钠（$Na_2S_2O_4$）、偏重亚硫酸钠（$Na_2S_2O_5$）、偏重亚硫酸钾（$K_2S_2O_5$）、亚硫酸（H_2SO_3）及二氧化硫（SO_2）。

亚硫酸盐的有效成分为二氧化硫，因而可同时起到防腐杀菌剂、抗氧化剂、还原剂的作用。因其具有特殊的气味，故不在成品中使用，通常用于原料的处理。不同果蔬加工中的最大使用量应小于 0.4g/kg（最大使用量以二氧化硫残留量计）。

亚硫酸盐在食品中有破坏硫胺素的作用；在体内氧化成为硫酸，会使体内的钙随尿液排出而损失，因而使用时应注意。

（六）增香剂

增香剂是在食品加工过程中改善或增强食品的香气和香味的香精或香料，需要的量一般很少，但对于人的感官是很重要的。通常用几种香料经配制成香精使用。有水溶性和油溶性两种，如橘子香精、柠檬香精、香草香精、杨梅香精、香蕉香精、乳化香精和奶油香精等。

学习单元三

果蔬原料预处理

果蔬加工原料的预处理，包括挑选、分级、清洗、去皮、切分、修整、烫漂、硬化、护色、半成品保存等处理，尽管果蔬原料种类和品种不同，组织特性相差很大，加工方法各不相同，但加工前的预处理过程基本相同。

一、挑选、分级

为了保证原料质量相同，果蔬原料进厂后首先要进行挑选，剔除霉烂及病虫害和伤口大的果实，对残、次果及损伤不严重的原料要分别加工利用。挑选主要是通过人工感官检验，在固定的工作台或传送带上进行。

（一）人工分级

在生产规模不大或机械设备较差时常用手工分级，同时可配备简单的辅助工具，如圆孔分级板、大小分级尺、重量称等。分级板由长方形板上开不同孔径的圆孔制成，孔径的大小根据不同的果蔬种类而定。通过每一圆孔的算一级，但不应往孔内硬塞下去，以免擦伤果蔬皮。另外，果蔬也不能横放或斜放，以免大小不一。除分级板外，有根据同样原理设计而成的分级筛。适用于豆类、马铃薯、洋葱及部分水果，分级效率高，比较实用。

品质分级几乎完全是由人工完成的，因为人的感官敏锐性是机器无法相比的。品质分级后，对于一些形状整齐的果蔬，为了使产品大小一致一般要再进行大小分级，如番茄、黄瓜等；对于一些形状不规则的果蔬，则根据质量来进行分级，如马铃薯等。

（二）机械分级

使用分级机械可提高分级效率和质量，目前分级设备常用的有如下：

1. 滚筒式分级机

滚筒式分级机（图 2－13）的主要部件是一个圆柱形的用 1.5～2.0mm 不锈钢板冲孔后卷成的筒状筛。其上有几组不同孔径的漏孔，原料从进口至出口，后组的孔径逐渐比前组增大。每组滚筒下装有集料斗。当果蔬进入时，小于第一组孔径的原料，从第一级筒筛落入料斗，为一级，余类推。整个滚筒装置一般有 3°～5°的倾角，以便原料从内向出口处运动。滚筒分级机适用于圆球状的原料如山楂、蘑菇、杨梅及豆类等。

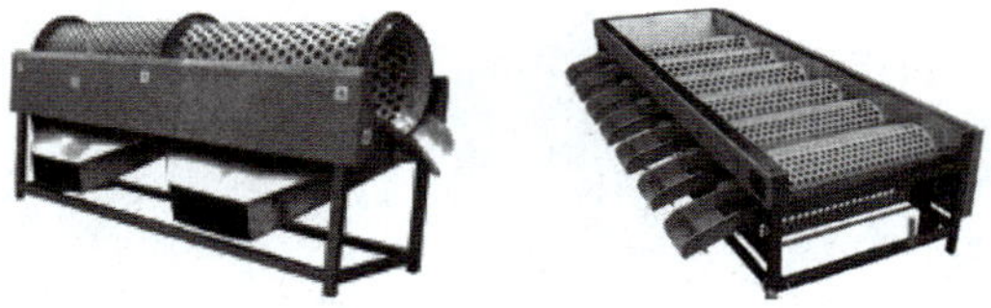

（1）二级滚筒式分级机　　（2）多级滚筒式分级机

图 2－13　滚筒式分级机

维修与保养：

（1）滚筒式分级机用摩擦轮传动虽好处很多，但滚圈与摩擦轮之间因摩擦会产生铁屑掉进滚筒里，直接污染产品，设计时必须充分注意这一点。

（2）滚筒上面的滚圈或连接圈，目前多用角钢弯制，由于有椭圆度存在，当滚筒转动时会有所跳动，若滚筒此跳动使物料离开筛面的话，将会影响分级效率。因此，改用浇铸滚筒的办法比角钢弯制的办法更为理想。

（3）滚筒内物料升高主要靠滚筒转动和物料对滚筒内壁的摩擦力，因而升角不高，只有 40°～45°。这样，滚筒直径虽大，但其筛面利用率只有 1/8～1/6，其余大部分筛面并没有被利用。若能把升角提高，就能提高筛面利用率，有些厂采取在滚筒中紧贴筛面焊上几根管子的办法，效果较显著。

（4）调整效果较好的技术参数　滚筒的倾斜角度取 3°～5°；滚筒直径与长度值比 1∶4～1∶6；滚筒上的筛孔排列用正三角形排列；滚筒的转速 10～15r/min，一般不超过 30r/min；滚筒筛孔直径根据原料情况和分级要求而定。

2. 振动筛

该机用钢或不锈钢制成的筛板，操作时，机体就沿一定方向做往复运动，出料口倾斜成一定的角度。因此，筛面上的果蔬以一定速度向前移动，并进行分级。小于第一层筛孔的原料，从第一层筛子落入第二层筛子，余类推。大于筛孔的原料，从各层的出料口挑出，为一个等级，每级筛子的出料口都可得到相应等级的原料。振动筛适用于苹果、梨、李、杏、桃、柑橘、番茄、马铃薯、荸荠、慈姑、芋、洋葱、蒜和百合等原料。

维修与保养：

（1）启动前必须先卸掉机械运输时附加的安全夹板，并确保筛体与橡胶弹簧支承及机架的连接可靠。检查进料箱与筛体的连接，锁紧止动挡栓。

（2）筛格压紧机构一定要锁紧。振动电动机与筛体的连接螺栓应紧固，不得有丝毫松动。两个振动电动机的安装角度必须保持一致。

(3)空载启动后检查运转是否正常,有无碰撞等异常声响。试运行 10 ~ 15min 后停机,利用扳手重新拧紧驱动机构的所有螺栓。

(4)带料运转后检查喂料情况,如不满意可调节进料管内的偏心锥筒及进料箱内的匀料闸门,使物料沿整个筛宽方向均匀分布。

(5)刚安装的新筛和长期搁置未用的振动筛在使用前必须检验电动机的绝缘是否良好。

(6)筛网一定要在筛框上均匀地张紧,使筛网能和筛框以相同的频率和振幅振动而不发生抖动并且筛网的局部下垂,这样可保证良好的筛分效果,同时又可延长筛网的使用寿命。要随时清除筛网上的杂物,下班前要将筛网清理干净。经常检查筛网,发现筛网变形及破损应及时修整、更换。

(7)注意进口处物料的分布,尽量减小物料对筛网的冲击,延长筛网使用寿命。

3. 摆动筛

按筛面的运动规律不同,摇动筛可分为直线摇动筛、平面摇晃筛和差动筛。摇动筛的筛子结构主要有三种形式:①钢条制成的;②金属丝或丝线编织的;③冲钻孔的薄金属板。食品工厂常用第三种。为了减少筛孔被堵塞,常将筛孔做成圆锥形,孔由上向下逐渐增大,其圆锥角以 70°为宜。

摆动筛结构很简单,适用面较广,对果实损伤较小,适用于多种果实不同规格的分级。其不足之处是动力平衡较困难,且噪声较大(图 2 – 14)。

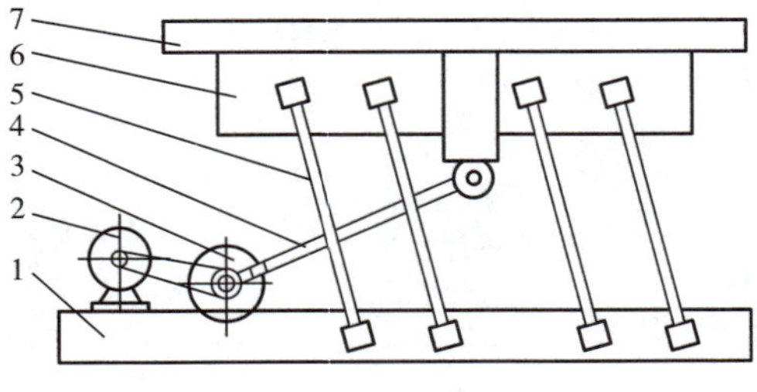

图 2 – 14　摆动筛工作原理

1—底座　2—电动机　3—偏心轮　4—曲柄连杆　5—吊杆　6—筛体　7—筛框

摆动筛通常用曲柄连杆机构来传动。电动机 2 通过传动机构使偏心轮 3 回转,再带动曲柄连杆 4 使机体作往复直线运动,而固定在机体上的筛体 6 随机体摆动,筛面上的物料就以一定的速度向排料端移动,在移动中进行分级。小于第一层筛孔的物料便漏入第二层筛子,小于第二层筛孔的物料又漏入第三层筛子,以此类推,而大于第一层筛孔的物料,则从第一层筛子的出料口排出,另为一个级别。每层筛子的末端,均装有出料口,由此而将物料分级。

维修与保养:由于筛体产生的惯性力很大,若不采取平衡措施,会造成筛体发生振动和噪声,以致影响部件的使用寿命。所以要注意:

(1)筛体的左右吊杆长短要一致(因有倾角存在,故前后不一致),同时任何一根都不得扭曲、变形;

(2)保证筛面张紧和安装平整,筛体不得向两侧倾斜;

(3)偏心机构和连杆应与筛体的长轴线方向一致,不得有偏差与扭曲,更换偏心套时要成对更换;

(4)偏心轴套与传动轴必须紧密配合,不得松动,偏心轴套在轴壳内滑动而不发生晃动,轴壳与连杆连接处必须紧密平整,并且在同一中心轴线上。

4. 三辊式分级机

三辊式分级机主要用于球形体或近似球形体的较大型的果蔬原料,如苹果、柑橘、番茄、桃等按直径大小不同进行分级,其分级原理如图 2 - 15 所示。三辊式分级机主要由三根辊筒组成,辊筒 3 和辊筒 4 的中心距固定,升降辊 1 可作垂直升降,从而使它与辊筒 3 和辊筒 4 之间的校形开孔逐渐变化,以适应物料大小不同的需要。每根辊筒按轴向剖面为一梯形槽结构,这样,这三根辊筒就形成两组分级筛孔。

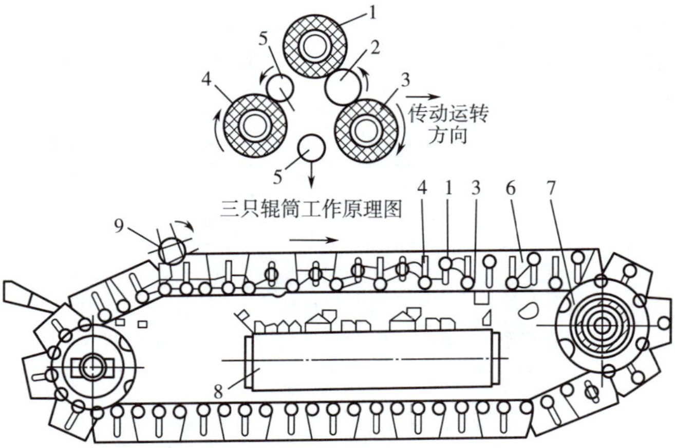

图 2 - 15　三辊分级机工作原理

1—升级辊　2—物料　3,4—辊筒　5—物料　6—输送带

7—驱动辊　8—出料输送带　9—理料辊

三辊筒按同样的顺时针旋转,在同一水平面上安装如辊筒 3 和辊筒 4 的辊筒 20 ~ 30 根,但其中心距随前进方向由小变大,以适应分级的需要。而在水平辊筒的上方,也相应地安装了升降辊筒。

工作时,由水平辊筒带动原料前进,当果实外径与开孔大小相适合时就会从两辊间落下。如果实外径大于开孔,就会随辊继续向前运动,直至合适的开孔处落下。落下的原料由输送带带出机外,从而完成了分级。

5. 变幅式水果分级机

适用范围:变幅式水果分级机(图2-16)是针对带叶水果、异形水果(柑橘、脐橙等)及异形农产品所开发的新型分选设备,也可以完成如沙糖橘、南丰橘(个小、皮薄、质地柔软);荸荠(外形扁平且质地较硬);西红枣、猕猴桃、油桃(含水量大,容易造成机械伤);马铃薯(外形复杂)等因素制约的农产品的分选工作。

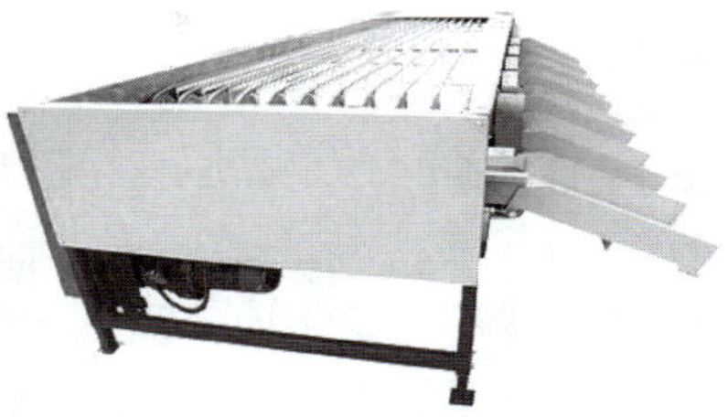

图2-16　变幅式水果分级机

工作原理:果蔬直接输送到变幅式分级机上。通过分级机上成辐射状的特种输送带在输送的过程中将蔬菜或水果由小到大分隔开来的过程,在分选过程中,相邻皮带运动的线速度并不相同,使被分选的蔬菜水果在输送带上成自旋动态随之移动。这样即可避免果蔬与输送带因相对静止而无法消除多层堆积以致产生的越级现象。

此外,果蔬加工中还有许多专用分级机,如蘑菇分级机、橘片专用分级机和菠萝分级机等。成熟度与色泽的分级常用目视估测法进行。苹果、梨、桃、杏、樱桃、柑橘、黄瓜、豆类等常先按成熟度分级,然后大部分按低、中、高三级进行目视分级。色泽分级常按颜色深浅进行,除目测之外,也可用灯光法和电子测定仪装置进行色泽分辩选择。除了在预处理前需要分级外,大部分罐藏果蔬在装罐前也要按色泽分级。

二、清洗

(一)清洗的目的和要求

清洗是除去果蔬原料表面附着的灰尘、泥沙、大量的微生物及部分残留的化学农药,保证产品清洁卫生。

清洗用水应符合饮用水标准。清洗前应用水浸泡,必要时可用热水浸渍,但不适于成熟度高、柔软多汁的原料。原料上残留的农药,还须用化学药剂洗涤。一般常用的化学药剂有0.5%盐酸溶液、1.5%氢氧化钠、0.1%高锰酸钾或0.1%漂白粉等。浸泡数分钟再用清水洗去化学药剂。洗时必须用流动水或使原料振动及摩擦,以提高洗涤效果。除上述常用药剂之外,近几年来,还有一些脂肪酸系列的洗涤剂如单/双甘油脂肪酸酯、磷酸盐、糖脂肪酸酯、柠檬酸钠等也用于生产。

（二）清洗方法

分为人工清洗和机械清洗。应根据生产条件、原料形状、质地、表面状态、污染程度、夹带泥土量及加工方法而定。常见的清洗方法有振动式喷洗、鼓风式清洗、浸泡式喷洗、滚筒式清洗、毛刷式喷洗等。

1. 振动式喷洗

振动式喷洗是使果品原料在振动运动中受到高压水的喷洗而将其清洗干净，振动式喷洗机的结构如图 2－17 所示。主要由振动器、筛盘、喷淋管等组成，整个机器均在一个四方机架内。筛盘 3 用不锈钢板制造，上面有许多小孔，以能漏水。筛盘用吊杆 5 悬挂在机架上，在机架顶部安有一排喷淋管 4，可以向下喷出高压水流。筛盘由振动器推动进行振动。

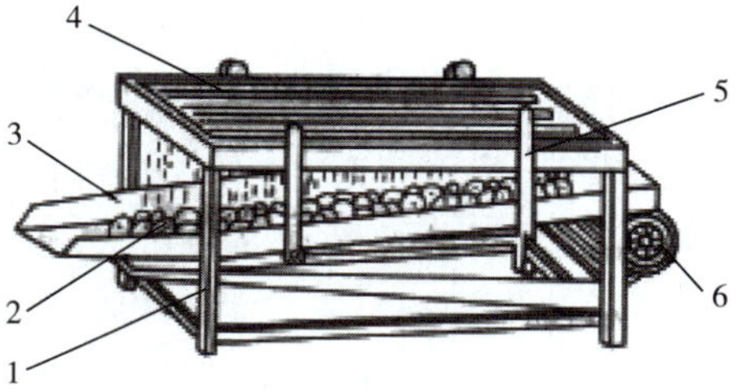

图 2－17　振动式喷洗机

1—机架　2—物料　3—筛盘　4—喷淋管　5—吊杆　6—电动机

工作时，原料由筛盘 3 的上端投入，在振动器的作用下，原料在筛盘上振动翻滚，并向出口处移动，与此同时，位于筛盘上方的喷淋管 4 中喷出高压水流，使原料得以充分洗涤，同时向筛盘的较低端出口处移动，直至排出。洗涤水与洗下的泥沙、杂质便由筛子漏下。

振动式喷洗机由于有振动和喷射的双重作用，故清洗效果很好，适用于多种原料的洗涤。筛盘孔眼的大小、振动力等都易于进行调节和更换，在中小型企业中比较适用。

2. 鼓风式清洗

鼓风式清洗是用鼓风机把空气送进清洗槽中，使浸泡原料的水产生剧烈翻动，水的剧烈翻动对原料表面产生强烈的摩擦作用，使沾染在原料表面的泥沙、污物清洗干净，同时又不会破坏原料的完整性，因此很适合果品原料的清洗。

鼓风式清洗机的结构如图 2－18 所示，主要由洗槽、吹气装置、输送装置等组成。洗槽 1 为长方形，内装清水；吹气装置包括鼓风机 4、吹泡管 7 等，由鼓风机将气流从吹泡管中吹出；输送装置 3 则将原料由水槽中送出。

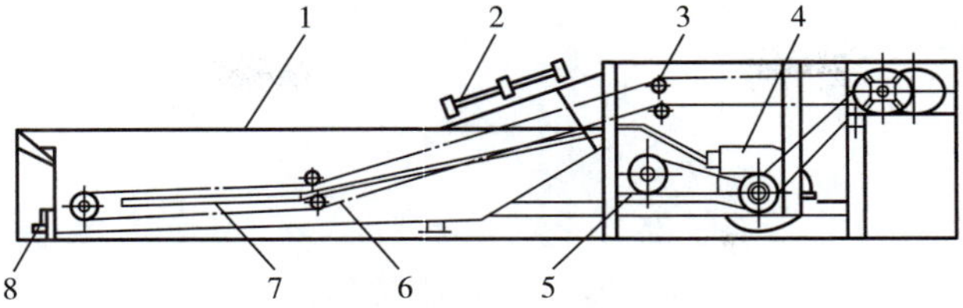

图 2－18　鼓风式清洗机

1—洗槽　2—喷淋管　3—输送装置　4—鼓风机　5—电动机　6—链条　7—吹泡管　8—排水口

工作时，先将洗槽 1 中盛满清水，将原料倒入槽中，开动鼓风机 4，吹泡管 7 中吹出的气流便对输送装置 3 上的原料不断地吹动翻滚，使污物在翻动中被洗净；随后，原料顺输送机道斜面上行，这时由喷淋管 2 中喷出清水，对原料作最后的清洗；水槽中多余的水则排入下水道，由此完成对原料的清洗过程。

3. 浸泡式喷洗

浸泡式喷洗是先将原料浸泡于水中，使泥沙、污物在水的浸泡下变得松脱，然后受到高压水流的喷射，将原料表面的附着物冲掉而达到清洗的目的。

浸泡式喷洗机的结构如图 2－19 所示，主要由斜壁水槽、输送带、喷淋头、传动装置等组成。输送带 3 呈倾斜安装，与水平面的夹角为 25°～30°。输送带用金属网制造，以利沥水，在金属网上间隔一定距离安装 1 根横条，以便挡住物料下滑。斜壁水槽 4 的斜角与输送带的斜角相同，在输送带的中部上方装有多排喷淋头 2，输送带由传动装置带动运动。

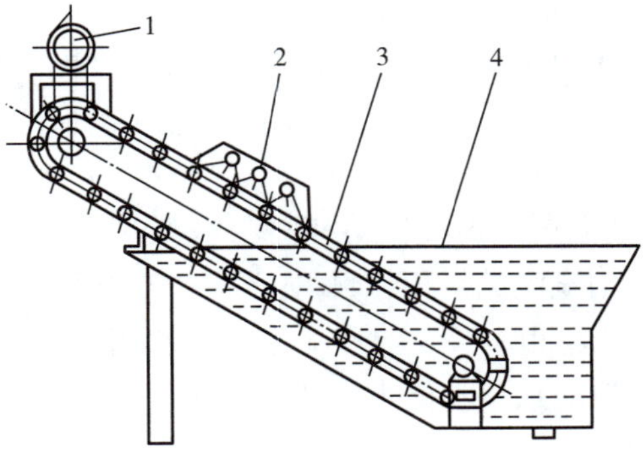

图 2－19　浸泡式喷洗机

1—电动机　2—喷淋头　3—输送带　4—斜壁水槽

工作时，先将斜壁水槽 4 中注满水，再倒入需清洗的原料，经过一定时间浸泡后，开动传动装置，使输送带3运转，输送带则带动原料上行，在喷淋区内高压水流从喷淋头2直喷向原料，将原料上沾染的泥沙、尘土、杂质冲洗干净。若原料上沾染了化学药剂，也很容易除去。

4. 转筒式清洗

转筒式清洗机的主要工作部分是转筒，借助转筒的旋转，使原料不断地翻转，筒壁成栅栏状，转筒下部浸没在水中，原料随转筒的转动并与栅栏板条相摩擦，从而达到清洗的目的。该机由于原料所受摩擦力较大，故只适用于质地坚硬和表面不怕受机械损伤的果蔬原料。

转筒式清洗机的结构如图2－20所示，主要由转筒、水槽、传动装置、机架等组成。水槽3呈长方形，固定在机架4上，而转筒2轴线与水平面成3°～5°倾角，以利原料的移动。有的转筒内壁上还装有若干金属板或螺旋隔板，使原料更易移动。转筒壁用若干板条围成栅栏状，转筒由传动装置带动旋转。

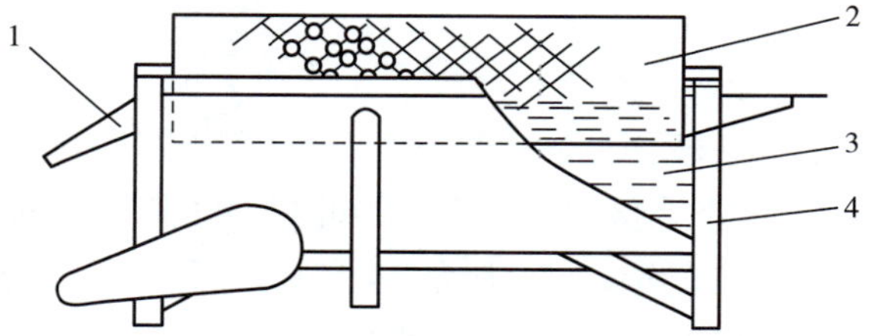

图2－20　转筒式清洗机

1—出料口　2—转筒　3—水槽　4—机架

工作时，先注满水，再开动电动机，使转筒2转动；随后将原料从转筒的一端进入，随转筒转动并与栅栏板条相摩擦，将原料表面附着的泥沙、污物洗净；一边清洗，一边向转筒较低的出口1处滚动，由此而完成清洗过程。

5. 毛刷式喷洗

毛刷式喷洗是借助毛刷的刷洗作用和高压水流的喷射作用来洗涤原料的，主要用于表面较为坚硬、耐刷洗的果蔬原料，如苹果、李、金橘、橄榄、马铃薯等。

毛刷式喷洗机的结构如图2－21所示，主要由水槽、毛刷、喷水管、传送带等组成。水槽6为长方形结构，以盛洗涤水。传送带4位于水槽下部，以传送原料。在水槽的两侧安有2根喷水管2，可喷出高压水协助洗涤。

工作时，将原料放入进料斗中，原料因重力滑落入水槽，由传送带带动前行；前行中，遇到多根毛刷，毛刷由电动机带动旋转，对原料进行多次刷洗，而位于两侧的喷水管又适时地喷出高压水流，从而完成清洗过程；随后，洗净的原料被传送带带出喷洗机。

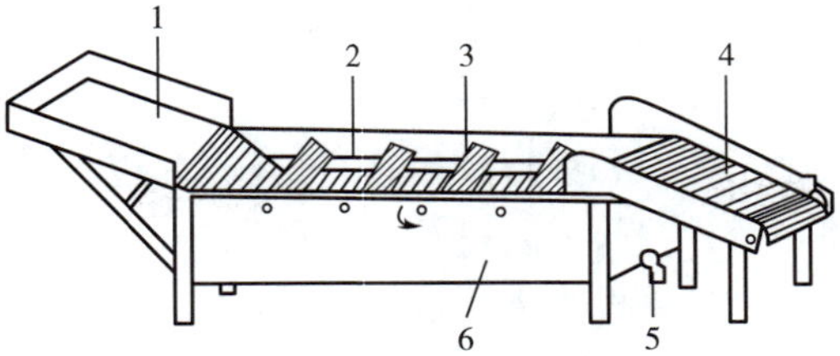

图 2-21 毛刷式喷洗机

1—进料斗 2—喷水管子 3—毛刷 4—传送带 5—排水口 6—水槽

对于制汁原料洗涤方法可以采用手工洗涤、机械洗涤。不同果蔬原料依其形状、性质及工厂设备条件加以选择使用。应注意洗涤时间不宜过长，并最好采用流水冲洗。

(三)果蔬原料清洗设备的维护及保养

1. 设备的维护

设备的维护，是设备自身运行的客观要求。企业要经常保持设备完好的运行状态，除正确使用之外，必须做好设备的维护工作。设备维护的目的主要是及时处理设备运行中经常出现的问题，使设备的使用状况得到改善，保证设备的正常运行和清洁、整齐、润滑、安全，延长设备的使用寿命。

(1)清洁 就是设备内外要清洁，线路、管道要通畅，各部位不漏油、漏气。这一点对食品企业的设备管理尤为重要，有的设备还要求做好杀菌处理。

(2)整齐 是指生产所用的工具、附件要摆放整齐，安全防护装置齐全、合理，保证路线的畅通。

(3)润滑 是设备维护保养的重要环节，经常及时地润滑设备可以减少磨损，延长设备的寿命，保证生产顺利进行。要按照设备的润滑要求，定时、定点、定量地加油、换油，保证油路畅通。

(4)安全 就是要严格遵守安全操作规程。对操作人员实行定人、定机及交接班制度。要熟悉设备的结构、性能，正确使用，保证设备的正常运转，避免安全事故的发生。

2. 设备的保养

设备的保养工作，依工作量和难易程度可分为日常保养和定期保养制度。

(1)日常保养 又称例行保养，是一种经常性的、不占用设备工作时间的保养，由操作工人完成，它的保养项目和部位较少，大多数在设备的外部。作为交接班时检查的内容，包括清扫、加油、调整及检查零部件的完整和运行头状况，每个轮班进行一次。

（2）定期保养　是当设备运行一定时间后所进行的保养，一般要占用设备工作时间，又可分为一、二、三级保养。一级保养是在专职检修人员指导和配合下，由操作工人承担。它的保养部位和项目较多，由设备外部进入设备内部；保养的内容是设备内部的清洁、润滑和拧紧，还要进行设备的部分调整。二级保养主要在设备内部，由专职检修人员承担，操作工人协助完成；保养部位和项目最多，工作内容主要是内部清洁、润滑、局部解体检查和调整。三级保养主要对设备主体部分进行解体、检查和调整工作；同时，要对零部件的磨损情况进行测量、鉴定直至更换达到磨损限度的零件。

三、去皮

除叶菜类外，大部分果蔬的外皮都较粗糙、坚硬，对加工制品有一定的不良影响。因此，许多果蔬加工时都要进行去皮处理，以提高制品品质。只有加工某些果脯、蜜饯、果汁和果酒时，因为要打浆或压榨或其他原因才不用去皮。加工腌渍蔬菜也无需去皮。

果蔬去皮时，只要求去掉不可食用或影响产品质量的部分，不可过度，否则会增加原料消耗和生产成本。果蔬去皮的方法有以下几种。

1. 手工去皮

手工去皮是应用特别的刀、刨等人工工具削皮，应用较广（图 2－22）。

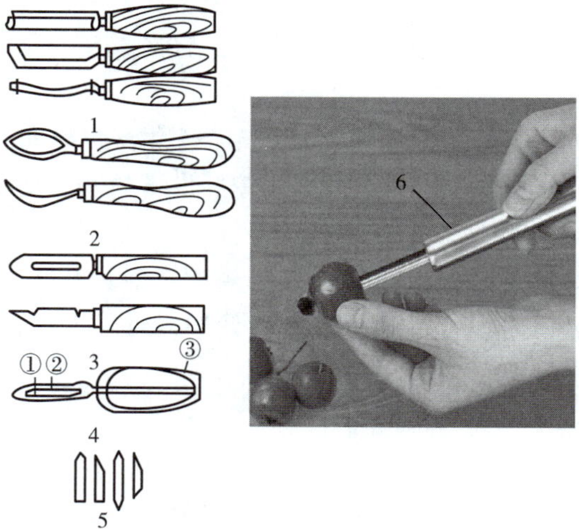

图 2－22　手工去皮刀具

1—去皮刨（正面、背面、侧面）　2—匙性番茄去皮刀（正面、侧面）　3—去皮去心刀（正面、侧面）　4—蔬菜去皮刀①空缝；②刀叶；③刀柄　5—马铃薯芽眼管形刀　6—山楂手工去核器

其优点是去皮干净、损失较少，并可有修理的作用，去心、去核、切分等也可以同时进行。在果蔬原料较不一致的条件下能显出其优点。但手工去皮费工、费时、生产效率低、大量生产时困难较多，一般作为其他去皮方法的辅助方法。

2. 机械去皮

采用专门的机械进行，常用的机械去皮机主要有旋皮机、擦皮机和特种去皮机三类。

(1)旋皮机　是在特定的机械刀架下将果蔬皮旋去，适合于苹果、梨、柿、菠萝等大型果品，如图2－23所示。

(2)擦皮机　是利用内表面有金刚砂、表面粗糙的转筒或滚轴，借摩擦力的作用擦去表皮。适用于马铃薯、胡萝卜、荸荠、芋头等原料的去皮，效率较高，但去皮后表皮不光滑。擦皮机的结构如图2－24所示，由料筒、旋转圆盘及传动系统等部分组成。

图2－23　旋皮机

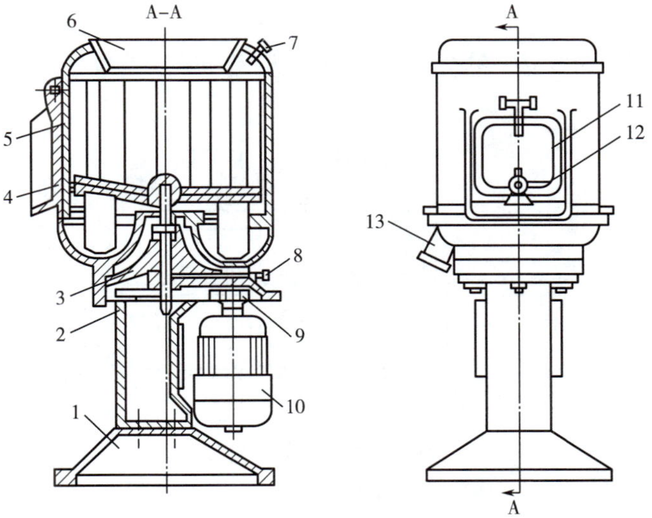

图2－24　擦皮机

1—机座　2,9—齿轮　3—主轴　4—旋转圆盘　5—料桶　6—进料口　7—喷水嘴　8—加油孔　10—电动机　11—出料舱门　12—舱门手柄　13—排污口

料桶是内表面粗糙的圆柱形不锈钢桶。旋转圆盘表面呈波纹状，波纹角为20°～30°，采用金刚砂黏结表面。旋转圆盘波纹状表面除有擦皮功能外，主要用来抛起物料。当物料从加料斗落到圆盘波纹状表面时，因离心作用被抛向四周，与桶壁粗糙表面摩擦，从而达到去皮的目的。擦去的皮被喷水嘴喷出

的水从排污口冲走,去过皮的物料,利用本身的离心力,从打开的舱门自动排出。

为了保证机器的正常工作,擦皮机在工作时,既要能将物料抛起,使物料在桶内呈翻滚状态,又要保证物料被抛至桶壁,物料表面被均匀擦皮,因而旋转圆盘必须保持较高的转速,料桶内物料不能过多,一般物料填充系数为 0.5 ~ 0.65。

工作时,先用手柄封住出料舱口,然后启动电动机,当转速正常后,由进料口加入物料,同时通过喷水嘴向料桶内喷水。擦完皮后,先停止喷水,然后扳动手柄,打开出料舱口,靠离心力卸出物料。卸完料后,重复上述过程。在装料和卸料过程中,电动机一直在运转。

(3)特种去皮机械　青豆、黄豆采用专用去皮机械进行去皮。菠萝可用菠萝去皮机、切端通心机去皮,使去皮、切端、通心、挖去芽眼一次完成。

3. 特种去皮机(碱液去皮机)

碱液去皮是果蔬原料中应用最广泛的去皮方法。将果蔬原料在一定浓度和温度的强碱溶液中处理一定的时间,果蔬表皮内的中胶层受碱液的腐蚀而溶解,使果皮分离。绝大部分果蔬如桃、李、苹果、胡萝卜等可以用碱液去皮。碱液去皮机的结构如图 2-25 所示,主要包括碱处理、去皮装置和输送装置三部分。

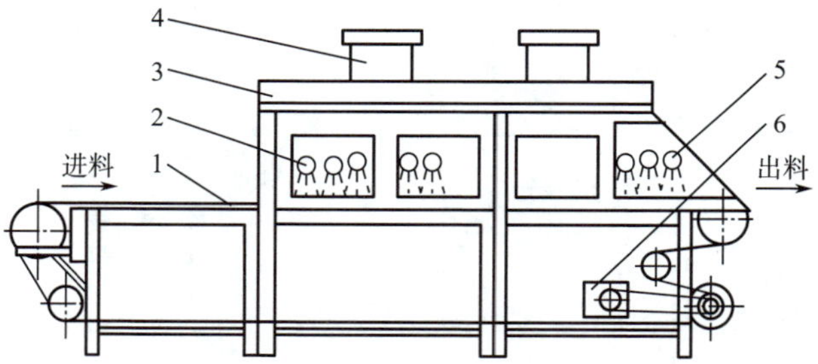

图 2-25　碱液去皮机

1—输送带　2—碱液喷头　3—机体　4—排气孔　5—清水喷头　6—传动系统

工作时,先启动电动机,使输送带运转,然后使原料由上料装置倾倒在输送带上,并随输送带的运动进入机体中,机体内有三个基本分隔开的区段,分别是碱处理段、腐蚀段和去皮段。原料在碱处理段受到热稀碱液的喷淋,使原料整体处于热碱液浸润中,在这个区段中约运行 5 ~ 10s 后,由输送带带至腐蚀段,此时,热碱液停止喷淋,原料表皮在热碱液的浸润下被腐蚀,表层迅速熟化,表皮和肉质部分即开始分离,在这一区段约运行 15 ~ 20s 后,原料由输送带带入去皮段,在这里,安装在机体顶部的喷头中喷出高压冷水,由于高压水流的冲击作用,表皮迅速从肉质部分脱离,并和水流一起穿过输送带网孔排出机外,而完成了去皮操作的原料则由输送带送入下一道工序。

经碱液处理后的果蔬必须立即在冷水中浸泡、漂洗，同时搓擦、淘洗除去果皮渣和黏附余碱，漂洗至果块表面无滑腻感，口感无碱味为止。漂洗必须充分，否则会使罐制品的 pH 偏高，导致杀菌不足，口感不良。为加速降低 pH，可用 0.1% ~ 0.2% 盐酸或 0.25% ~0.5% 柠檬酸溶液浸泡中和，同时可防止变色和抑制酶的活动。

常用的碱液为氢氧化钠或氢氧化钾溶液，因氢氧化钾较贵，也可用碳酸氢钠等碱性稍弱的碱。去皮时碱液的浓度、碱液温度和处理的时间，随果蔬种类、品种、成熟度和大小不同而异，必须合理掌握。几种果蔬的碱液去皮参考条件见表 2 - 1。碱液浓度高、温度高，处理时间长会腐蚀果肉。一般要求只去掉果皮而不能伤及果肉，对每一批原料都应该作预备试验，确定处理的浓度、温度和时间。

表 2 - 1　几种果蔬的碱液去皮参考条件

果蔬种类	NaOH 浓度/%	碱液温度/℃	处理时间/min	备注
桃	1.5 ~3	90 ~95	0.5 ~2	浸碱或淋碱
李	5 ~8	90 以上	2 ~3	浸碱
杏	3 ~6	90 以上	0.5 ~2	浸碱或淋碱
猕猴桃	5	95	2 ~5	浸碱
苹果	20 ~30	90 ~95	0.5 ~1.5	浸碱
梨	0.3 ~0.75	30 ~70	3 ~10	浸碱
甘薯	8 ~10	90 以上	3 ~4	浸碱
番茄	15 ~20	85 ~95	0.3 ~0.5	浸碱
胡萝卜	3 ~6	90 以上	4 ~10	浸碱
马铃薯	2 ~3	90 ~100	3 ~4	浸碱

资料来源：罗云波、蔡同一，2001。

碱液去皮的特点是均匀而迅速，耗损率低，省工省时，适应性广，几乎所有果蔬都可应用此法去皮，但碱液腐蚀性强，使用时必须注意安全。

4. 热力去皮

果蔬在高温下处理较短时间，使之表皮迅速升温而松软，果皮膨胀破裂，果皮与果肉间的原果胶发生水解失去胶黏性，果皮与果肉组织分离而脱落。适用于成熟度高的桃、杏、枇杷、番茄、甘薯等的去皮。热力去皮包括蒸汽去皮和热水去皮。

(1)热水去皮　少量的可用锅加热，大量生产时采用带有传送装置蒸汽加热沸水槽进行。果蔬经短时间的热处理后，用手工剥皮或高压冲洗。例如，番茄即可在95～98℃热水中处理10～30s，取出冷水浸泡或喷淋，然后手工剥皮；桃可在100℃蒸汽中处理8～10min，淋水后用毛刷辊或橡皮辊冲洗；枇杷经95℃以上的热水烫2～5min即可剥皮。

（2）蒸汽去皮　一般采用近100℃蒸汽，可以在短时间内使外皮松软，以便分离。具体的热烫时间，可根据原料种类和成熟度而定。

热力去皮原料损失少，色泽好，风味好。但只用于皮易剥落的原料，要求充分成熟，成熟度低的原料不适用。

5. 酶法去皮

柑橘的瓤衣，在果胶酶的作用下，使果胶水解，脱去瓤衣。如将橘瓣放在1.5%的果胶酶溶液中，在35～40℃、pH 1.5～2.0的条件下处理3～8min，可达到去瓤衣的目的。酶法去皮条件温和，产品质量好。其关键是要掌握酶的浓度及酶的最佳作用条件如温度、时间、pH等。

6. 冷冻去皮

将果蔬与冷冻装置的冷冻表面接触片刻，其外皮冻结于冷冻装置上，当果蔬离开时，外皮即被剥离。冷冻装置温度在－28～－23℃，这种方法可用于桃、杏、番茄等的去皮。去皮损失5%～8%，质量好，但费用高。

7. 真空去皮

将成熟的果蔬先行加热，使其升温后果皮与果肉易分离，接着进入有一定真空度的真空室内，适当处理，使果皮下的液体迅速“沸腾”，皮与肉分离，然后破除真空，冲洗或搅动去皮。适用于成熟的桃、番茄。

四、去核/心、除梗

对于核果类的原料一般要去核，对于仁果类或其他种类的果蔬要去心。常用的工具有挖核器和桶核器。挖核器用于挖除苹果、梨、桃、杏、李等果实的果核或果心，桶核器用于去除枣、山楂等果实的核。生产时应根据果实的特点和大小选择适宜的去核去心工具。

目前水果去核机种类较多，按去核机结构特点和工作部件的不同，大体分为切半式去核机、捅杆式去核机、对辊式打浆去核机、刮板式打浆去核机等。

1. 水果去核机

水果去核机（图2－26）主要由进料斗、带凹槽的链板式输送机、理料旋转刷、去核刀架、出料口、排核螺旋输送机等组成。

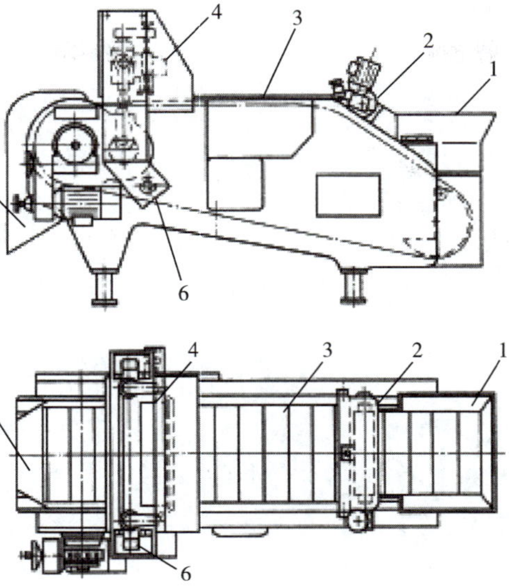

图 2－26　水果去核机

1—进料斗　2—理料旋转刷　3—链板式输送机　4—去核刀架
5—出料口　6—排核螺旋输送机

原料进入进料斗直接落在带凹槽的输送板上，输送板由星形轮向前传动，输送板上方有一旋转的理料刷将带上重叠的水果送回进料斗，去核刀架上设有棒形去核刀，去核刀架由曲柄连杆结构的带动下作垂直运动，黏附在输送带上已去核的水果经推杆由出料口排出，果核与果汁一起由设置在板式输送机下方的不锈钢螺旋输送机排出。去核机出料口还可以设置振动筛，对产品进一步整理，尤其对成熟度高、软的樱桃可以提高工作效率。

水果去核机主要应用于罐制品加工厂及果蔬速冻加工厂中樱桃、李、杏、枣等水果的去核作业。

2. 山楂去核机

山楂去核机由旋转工作台、上下工作头、传动机构等组成。工作台的上部装有拨料辊，用来拨动成品山楂脱离工作台。上下工作头由夹持器、定位针、切刀及工作构件的复位机构组成。上工作头完成山楂的二次辅助定位、夹持、上切刀的切削与去核等，下工作头完成山楂的初始定位与切削。上下工作头以山楂上下凹点连线作为定位基准，即采用上下定位针分别对准下上凹点的中心定位方式，夹持器使用仿形结构将山楂夹紧，保证山楂去核时的定位精度，上下切刀相互配合进行切削与去核，完成去核后复位并清刀。上切刀为内收刀刃，下切刀为外收刀刃，确保去核的效率和山楂的完整性。

山楂去核机的去核工艺流程：山楂的进入→定位→夹持→切削→去核→成品与下脚料的收集。

山楂进入工作台定位后，上工作头下行配合下工作头对山楂进行夹持定位，下切刀上切与上切刀一起完成切削去核，最后复位并清刀。工作台上的转辊拨动成品山楂脱离工作台，进入成品收集器。

山楂去核机采用了以山楂果实的上下凹点为定位基准的中心定位方式，保证了加工精度，加工过程中山楂的破碎率和残核率大大降低，工作效率大大提高。

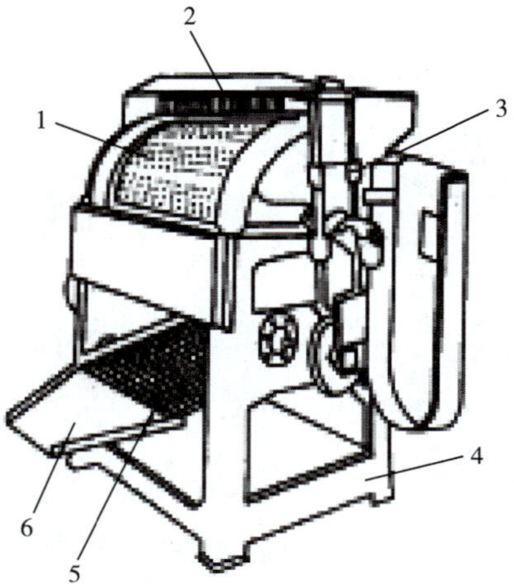

图2－27　樱桃除核机

1—滚筒　2—顶杆　3—偏心机构
4—机架　5—筛网　6—出料口

3. 樱桃除核机

樱桃属于体积较小、柔软而多果肉的水果，对这类果品的除核可采用顶冲式，即将原料置于半球形的支承窝中，然后用一顶杆对准原料中心顶冲，将果核冲出，使核肉分离。

图2－27所示为一种滚筒式樱桃除核机，主要由空心滚筒、除核顶杆、传动系统、机架等组成。滚筒1为空心结构，在其外表面上布满了能够接纳原料的半球形支承窝，在其顶部为安装顶杆2的顶杆板，顶杆板由偏心轮带动作上下往复运动，滚筒的两侧均有齿轮圈，以能驱动滚筒运动。

工作时，原料由进料口进入，被有序地进入半球形支承窝，在运转至滚筒1最高处时，顶杆板在偏心机构3的带动下往下运动，各组顶杆2准确地冲向各支承窝，原料的内核冲向滚筒内，接着，滚筒旋转一个角度，除去核的原料就从支承窝中因重力而落下，使其核肉分离。

4. 切半挖核机

对于体积较大的核果，如桃、李、杏等，其特点是肉软、核硬，对这类核果多数是采用切半挖核，即将它们先切半，再用取核装置将核从果实中分离出来。切半挖核机（图2－28）主要由切半挖核装置、进料系统、出料系统、传动装置等组成。其传动由电动机通过皮带传动，经齿轮、间歇运动机构传给输送链；另外，还经链轮、槽凸轮、偏心轮、连杆等传动并控制各个机构。

工作时，原料由进料外分几路进入间歇移动的菱形输送辊筒，经旋转的毛刷将重叠原料排除后，随即落入板式碗形输送链继续间歇前进。当原料通过与进料路数相等的、作上下往复运动的切半挖核机构时，先由模套压住原料，紧接着切刀与片形挖核刀也同时插入原料中，这时呈上下月形的挖核刀在齿条齿轮的作用下，各作旋转半圈的挖核动作，将核挖出。然后，切半挖核装置上升复位，核与果肉均进入振动出料斗进行核肉分离，从而完成除核操作。

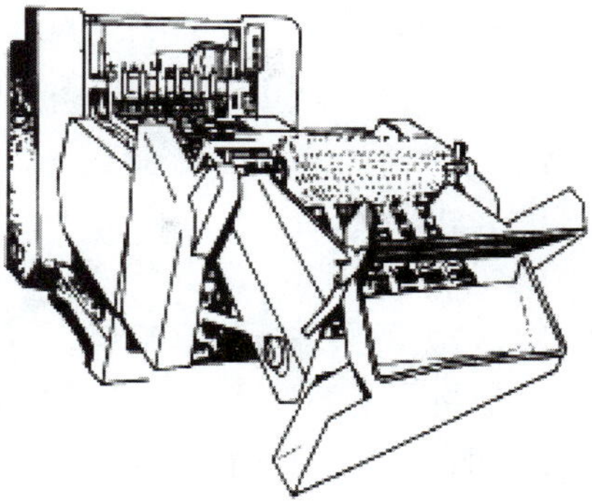

图 2－28　切半挖核机

5. 除柄（梗）机

很多果实，如苹果、梨、李、杏、葡萄、梅等都是带柄（梗）的，在生产之前需要将之除去。由于柄（梗）的直径比果实的直径小，所以一般采用反向转动的弹性辊去柄（梗）。如果辊的直径过大，果实就会因为摩擦力的作用而进入两根辊子之间的间隙中，并在间隙处被挤破。所以，弹性辊的直径较小。此外，辊子之间间隙大小应该使辊子只能攫取果柄（梗）、果叶和小块污物，并将它们从辊子间隙中排出。

实际上，辊子间隙的作用类似隔栅，果实不能通过辊子间隙，柄（梗）在辊子摩擦力的作用下被从果实上拉断，从间隙中排出。为了使辊子的形状变化和外力的合成能够更好地攫取果柄（梗），不少除柄（梗）机的辊子表面都有一层橡胶贴面。在一台除柄（梗）机上，往往同时设置许多工作辊，形成一个摘柄（梗）辊栅。辊栅平面往往斜置，与水平面成一倾角。原料在辊栅平面上依靠重力向低处运动。为了使果柄（梗）能够更好地进入辊子间隙，可以在除柄（梗）机上安装一个使原料能够在辊栅上连续翻滚的装置，从而提高除柄（梗）机的效率。

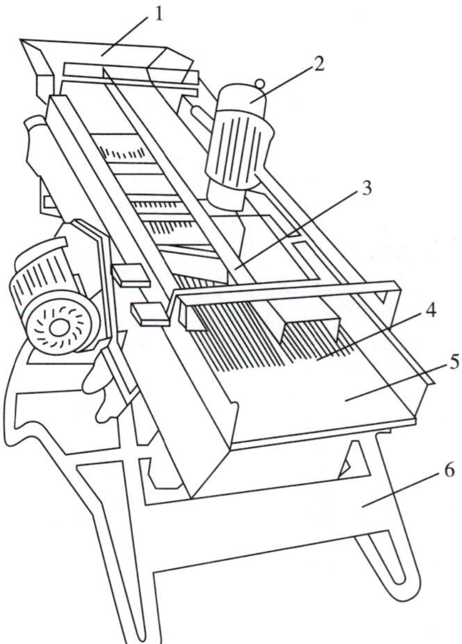

图 2－29　除柄（梗）机

1—进料斗　2—电动机　3—翻身装置

4—胶辊　5—槽体　6—机架

除柄（梗）机（图 2－29）的主要工作部件是一个倾斜放置的摘柄辊栅。它由几十对直径很小的、相对反向旋转的弹性橡胶辊组成。原料从进料斗进入机器中，在重力作用下，在摘柄（梗）辊栅面上从高处向低处运动。为了更好地把果柄引入辊子间隙中，辊栅面上还安装了自动翻身装置。工作时，还要不停地向辊栅上喷水。因此，原料在除柄（梗）的同时得到清洗，并在水流的作用下向下滑动，除了果柄和果梗之外，其他杂质如树叶、泥土等，只要它们能从辊子间隙中穿过，都能随水流一起冲走。

五、切分、修整

体积较大的果蔬原料在罐藏，干制，果脯、蜜饯及蔬菜腌制加工时，需要适当地切分，以保持一定的形状。

切分的形状和方法根据原料的形状、性质和加工品的要求而定。桃、杏、李常对半切；苹果、梨常切成两瓣、三瓣或四瓣；许多果蔬切成片状、条状、块状等多种形式。常用切分设备如下：

1. 果蔬切片机

果实切片机可供已去皮、切端（内无硬核）的菠萝等圆柱状的原料切片之用。

果实切片机的结构如图 2 －30 所示，主要由切片机构、输送机构、控制机构和驱动机构组成。切片机构是主要机构，包括刀头箱 3 和送料螺旋 4。送料螺旋分左、右两根，水平安放，其中心与原料的运动轴线相同，它可以夹持物料和推送物料。刀头箱内安有切刀，切刀轴与送料螺旋轴线平行。驱动机构分两部分，一路驱动切刀和送料螺旋旋转，另一路驱动传送带运动。控制机构包括控制器 A、控制器 B 及电控部分，可以控制电动机的启动和停止。

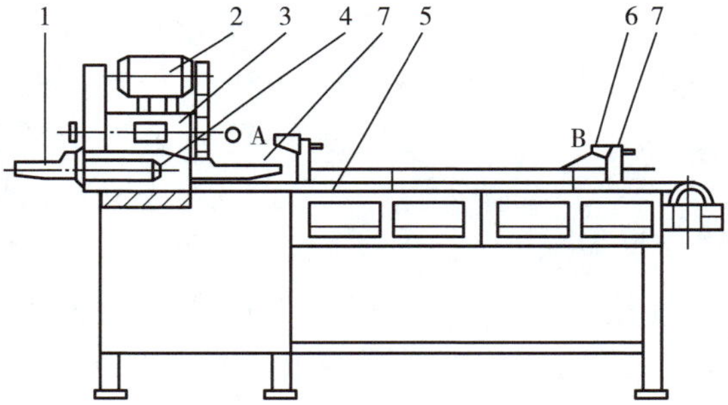

图 2 －30　果实切片机

1—出料口　2—电动机　3—刀头箱　4—送料螺旋　5—输送带

7—摆杆　A，B，6—控制器

工作时，输送带把事先加工成圆柱状的原料送进送料螺旋，在两根送料螺旋的夹持下轴向前移。与此同时，切刀也高速旋转，其转速与送料螺旋相同。送料螺旋每旋转 1 周，物料便前进一个螺距，而旋转的切刀便切下一片与螺距相同厚度的圆片，它们整齐地排列在出料套筒中而被送出机外。

罐藏或果脯加工时为了保持良好的形状，在装罐前需对果块进行修整，除去果蔬碱液未去净的皮或残留于芽眼或梗洼中的皮，除去部分黑色斑点和其他病变组织。

2. 盘式切丝机

盘式切丝机可用于块根类物料的切丝。盘式切丝机的结构如图 2－31 所示，主要由进料机构、切丝机构和驱动机构等组成。

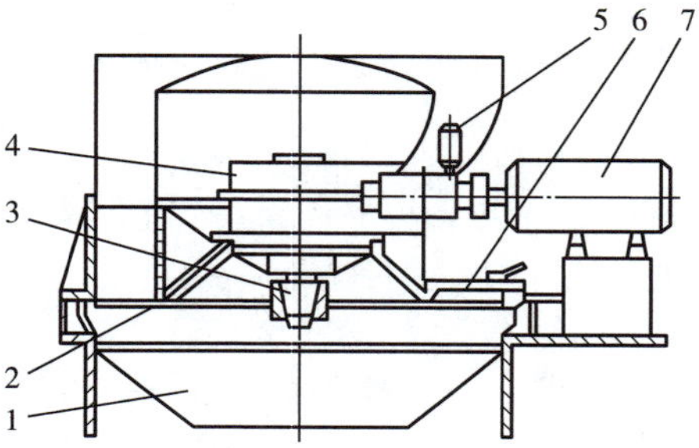

图 2－31　盘式切丝机

1—进料口　2—刀盘　3—主轴　4—减速器　5—电动机　6—盖　7—主电机

工作时，输送机构把经过洗涤的物料送入环形贮料筒，并填充在环形空间中。物料因自身重力压紧在刀盘上。物料由贮料筒底部的楔形压料槽和刀盘接触，刀盘高速旋转，安在刀盘上的刀片便对物料进行切削，使之很快成为细丝，并带出楔形压料槽。另外，由于离心力的作用，切成细丝的物料被甩到出料斗，并由其下部排出机外。当物料不断地进入贮料筒，切成细丝的物料便不断地排出。

3. 蘑菇切片机

蘑菇切片机是利用蘑菇的密度比水小和蘑菇自身重心偏移的特点使其定位，再使其沿倾斜的弧形槽流入切片机构定向切片。

蘑菇切片机的结构如图 2－32 所示，主要由定位机构、切片机构和驱动机构等组成。定位机构包括下压板 5、滑料槽 7 和偏心振动装置，滑料槽底部按切刀间距有数条（该机是 8 条），底部是弧形的槽。蘑菇的定位是一个难题，对蘑菇起定位作用的因素主要有两个：①蘑菇密度较水小，且重心偏于头部，头重脚轻，在水中会头朝下浮于水面；②滑料槽下安装了一个偏心振动装置，使滑料槽产生轻微振动，从而强化了定位作用。

工作时，原料由提升机或带式输送机送入进料斗 10，料斗底部与地面成 15°左右的倾角。由于水龙头不断往滑料槽中注水，当槽中充满清水时，蘑菇便会头朝下浮起，并保持这个位向随水流一起进入滑料槽。在进入滑料槽的进口处，装有上压

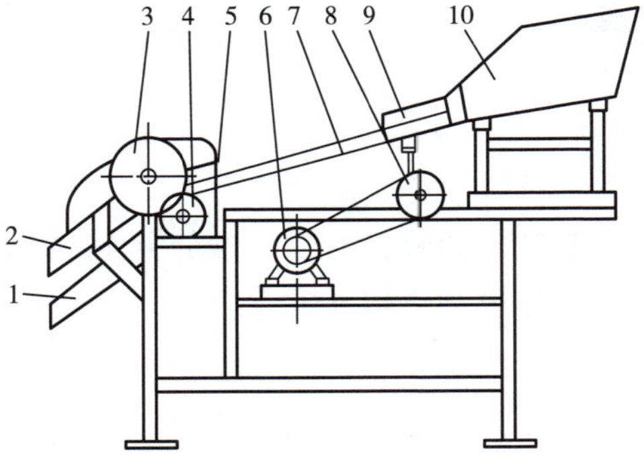

图 2-32 蘑菇切片机

1—边片出料口 2—正片出料口 3—切刀箱 4—垫辊 5—下压板 6—电动机 7—滑料槽 8—偏心轮 9—上压板 10—进料斗

板9,可控制物料的流出量。进入滑料槽的蘑菇受到安置在滑料槽下面的偏心振动装置的作用,使其大头朝下并按间隔分布的弧形槽下滑,再通过作为辅助定位的下压板5进入切刀箱,并受到圆刀片的切片,随之由出料口排出机外,从而完成了切片操作。

蘑菇切片机的操作使用:

①蘑菇切片机的操作顺序是首先开启水管阀门,向弧槽供水,然后开动机械,最后启动升送机送料。

②送料要均匀,以减少堵塞现象。

③使用过程中发现所切物料不规则时,首先要检查定位装置调整是否合适。

④圆刀的间距小、刀片薄,如掉进硬物会损坏刀片,所以使用前后均应认真做好机械的清洁工作。松开挡轴两端的螺栓,将挡梳片退出洗净,然后用水冲洗机械。洗毕,安装挡轴,挡梳片和刀轴之间的间隙在2~5mm为宜。

4. 其他切片(丝)机的维修与保养

(1)在使用前必须检查该机是否可靠接地。向润滑点加油(机油或钙基润滑油),检查螺栓是否拧紧,切碎室内不得有异物。人工转动转子,检查是否转动中转子有碰撞(或有异常响声)。

(2)开机前先检查该机是否放置平衡,其上有无杂物,排除后,打开该机前面板,调整每组刀具的切片或切丝的规格方可开机。切片时将所有刀具同时调整到切片位置。切丝时将所有相同宽窄切丝刀分别调整到垂直进料方向并检查是否都调整到位,另外用调节手轮调整切丝厚度,调好后关好前面板方能开机工作。

(3)启动后应空运转几分钟,查看运转是否正常,待确定正常后方可喂料。喂料要由少到多,严禁长期超载工作。切取物料时,注意防止金属、石块等硬质杂物掉进料斗。

(4)停车前1~2min应先停止喂料,以将机内积存料排空。

(5)每次工作后请注意清洗,尤其是料斗及刀具上剩余、黏附的残余物料要清洗干净(刀具上可用削尖的竹筷清理,切勿用金属,以免损伤刀具)。机体擦拭干净后,多功能组合刀具及切断刀片上可涂少许食用油,以防止锈蚀。设备如长期未用,重新使用前一定要清洗干净,并检查运动部件及紧固件是否松动。清洗检查完好方能投入使用,保证卫生安全。

(6)刀片磨钝后生产率会显著降低,应及时磨刃修复或更换新的刀片。但需要注意有些组合刀具在出厂前经过专业人员的精心调试,不要轻易拆卸,否则将影响切断刀与齿形刀具间的间隙,从而影响切料效果。要修理及更换刀具时只能将组合刀具部件一并拆下,由机械专业人员或返厂维修及更换。新刀的重量应一致或相近,特别是直径方向对称的两组重量应一致,以保证刀盘转动小,运转平稳。

六、破碎、取汁

制作果酱、果泥等的原料需要适当破碎,以便煮制;制作果蔬汁、果酒时原料也需要破碎,以便压榨或打浆。使用破碎机或打浆机,果实破碎粒度要适当,不同种类的原料,不同的压榨方法,破碎粒度是不同的,一般要求果浆的粒度在3~9mm之间,但应注意果皮和种子不能被磨碎。破碎时,可加入适量的维生素C等抗氧化剂,以改善果蔬汁的色泽和营养价值。制作果酱时果肉的破碎也可用绞肉机进行,果泥可用胶体磨或磨碎机。

对于果胶含量丰富的核果类和浆果类水果,在榨汁前添加一定量的果胶酶可有效分解果肉组织中的果胶物质,使果汁黏度降低,容易榨汁、过滤,提高出汁率。李、葡萄、苹果等水果破碎后采用预热处理,可以软化果肉,水解果胶物质,降低汁液黏度,提高出汁率。

常用榨汁机有杠杆式压榨机、螺旋式压榨机、液压式压榨机、带式压榨机、切半榨汁机、柑橘榨汁机、离心分离式榨汁机、控制式压榨机、布朗400型榨汁机等。带式压榨机是国际常用的榨汁设备。用压榨方法难以取汁的果蔬如山楂、梅、酸枣等采用浸提工艺取汁。这些设备具体内容在模块四中会有详细介绍。

七、硬化处理

对一些质地柔软的果蔬,在罐制或蜜饯加工前,需进行硬化处理,防止制品过度软化和提高耐煮性。常用的硬化剂有石灰、氯化钙、亚硫酸氢钙或明矾等稀溶液。所使用的盐类含有的钙和铝离子能与果胶性物质形成不溶性的盐类,使组织硬化耐煮。明矾还有触媒作用,使某些需要染色的制品容易着色,增加亮度。亚硫酸氢钙同时有护色、保脆与防腐作用。对于易变色的苹果、梨等制作果脯、蜜饯,常用0.1g/L $CaCl_2$与0.2~0.3g/L $NaHSO_3$混合液浸泡30~60min,起着护色兼硬化的双重作用。

硬化剂的选择、用量和处理时间必须适当,用量过度会生成过多的果胶酸钙盐,或引起部分纤维素钙化,从而降低原料对糖的吸入量,并且使产品粗糙,品质低劣。一般加工蜜饯时石灰的用量是0.5~1g/L,罐制品中氯化钙的用量是0.05g/L。

经硬化处理的原料,在灌装和糖煮前应用清水充分漂洗,除去多余的硬化剂。

八、烫漂

烫漂也称热烫、预煮,是将经过适当处理的新鲜原料在温度较高的热水或蒸汽中进行加热处理的过程。

(一)烫漂目的

(1)破坏酶活性,防止酶促褐变和营养损失　果蔬受热后氧化酶类被钝化,停止本身和生化活动,防止品质的进一步劣变,这在速冻和干制品中尤为重要。

(2)排除果蔬组织内的空气,稳定和改进制品色泽　排除果蔬组织内的空气,有利于防止制品酶促褐变;有利于提高干制品的外观品质;有利于糖制品的渗糖;有利于罐头保持合适的真空度,减少马口铁内壁的腐蚀及避免罐头杀菌时发生跳盖或爆裂现象;对含叶绿素的原料,色泽更鲜绿;不含叶绿素的则呈半透明状态,色泽更鲜亮。

(3)软化组织,增加细胞膜透性　烫漂使果蔬细胞原生质变性,增加细胞膜透性,有利于水分蒸发,可缩短干燥时间,热烫过的干制品复水性也好。对于糖制原料,糖分易渗入,不易干缩。经过烫漂的原料质地变得柔韧,有利于装罐等操作。

(4)排除某些果蔬原料的不良气味　烫漂可适当排除原料中的苦味、涩味、辣味及其他不良气味,还可以除去部分黏性物质,提高产品品质。

(5)降低原料中的污染物和微生物数量　烫漂可杀死原料表面附着的部分微生物及虫卵等,减少原料的污染,提高制品卫生质量。

(二)烫漂方法

1. 热水烫漂

热水烫漂可以在夹层锅内进行,也可以在专门的连续化机械(如链带式连续预煮机和螺旋式连续预煮机)内进行,在不低于90℃的温度下热烫2~5min,某些原料(如制作罐制品的葡萄、制作脱水蔬菜的菠菜及小葱)只能在70℃左右的温度下热烫几分钟。有些绿色蔬菜为了保绿,在烫漂液中加入小苏打、氢氧化钙等,有时也用亚硫酸盐。制作罐制品的某些果蔬也可以采用2g/L盐水或1~2g/L柠檬酸溶液进行烫漂,有护色作用。

热水烫漂的优点是物料受热均匀,升温速度快,方法简便;缺点是部分维生素及可溶性固形物损失较多,一般损失10%~30%。如果烫漂水重复使用,可减少可溶性物质的流失。

2. 蒸汽烫漂

将原料放入蒸锅或蒸汽箱中,用蒸汽喷射数分钟后立即关闭蒸汽并取出冷却。采用蒸汽热烫,可避免营养物质的大量损失,但必须有较好的设备,否则加热不均,热烫质量差。

烫漂后的原料,应立即冷却,防止热处理的余热对产品造成不良影响,并保持原料的脆嫩,一般采用冷水冷却或冷风冷却。

(三)烫漂标准

原料一般烫至半生不熟,组织较透明,失去新鲜硬度,但又不像煮熟后的那样柔软,即达到热烫目的。烫漂程度通常以原料中过氧化物酶全部失活为标准。过氧化物酶的活性,可用0.1g/L愈创木酚酒精溶液或0.3g/L联苯胺溶液与0.3g/L双氧水检查,将热烫到一定程度的原料样品横切,滴上几滴愈创木酚或联苯胺溶液,再滴上几滴0.3%的双氧水几分钟内不变色,表明过氧化物酶已破坏;若变色则表明过氧化物酶仍有活性,烫漂程度不够。用愈创木酚时变成褐色,用联苯胺时变成蓝色。

九、半成品保存

果蔬原料成熟期采收集中,为了延长加工期限,除了进行原料的鲜贮外,还可以将原料加工处理成半成品进行保存。半成品保存一般是将处理的原料用盐腌处理、硫处理及大罐无菌保藏等办法保存起来。

1. 盐腌处理

某些果脯、蜜饯、凉果,如广东的凉果、江苏和福建的青梅蜜饯、广西的应子及以蔬菜的腌制品,需要用高浓度的食盐将原料腌渍成盐坯进行半成品保存,然后进行脱盐、配料等后续工艺加工制成成品。

食盐可以使半成品得以长期保存,是因为食盐的高渗透压和降低水分活性的作用，抑制大多数微生物的繁殖，也迫使新鲜果蔬的生命活动停止，避免了果蔬的自身溃败。

盐腌处理有干腌和湿腌两种方法。

（1）干腌　适合于成熟度高、含水量大、容易渗透的原料的腌制。一般用盐量为原料的14%～15%。腌制时，应分批拌盐，搅拌均匀，分层入池，铺平压紧，下层用盐较少由下而上逐层加多，表面用盐覆盖隔绝空气，便能保存不坏。亦可盐腌一段时间后，取出晒干做成干坯保存。

（2）湿腌　适合于成熟度低、水分含量少、不易渗透的原料的腌制。一般配制10～13g/L的食盐溶液将果蔬淹没，便能保存。但食盐溶液腌制时一些耐盐性细菌活动造成败坏，可采取将原料全部浸没于溶液中、加以密封、降低pH、降低温度等措施防止。

盐腌的半成品再加工成成品时要经过脱盐处理，尽可能地将盐分脱去，但不可完全脱除。一方面会影响到制品的风味，因而盐腌的半成品只适合于某些制品的加工；另一方面果蔬中的可溶性固形物大量流失，大大降低了产品的营养价值。

2. 硫处理

新鲜果蔬用二氧化硫或亚硫酸盐类处理，可以保持原料不腐烂败坏，是亚硫酸在起作用。亚硫酸可以减少溶液中或植物组织中氧的含量，杀死好气性微生物；未解离的亚硫酸还能抑制氧化酶的活性，可以防止果蔬中维生素C的损失。

亚硫酸盐类在一定的条件下可解离出二氧化硫，所以也具有保藏作用。生产上常以二氧化硫的浓度来表示亚硫酸及其盐类的含量。

二氧化硫还能与许多有色化合物结合变成无色的衍生物，使红色果蔬褪色，色泽变淡，经脱硫后色泽复显，尤其对花青素作用明显。二氧化硫能杀灭害虫，防止制品生虫，延长保藏期。

硫处理常用的方法有浸硫法和熏硫法两种。

（1）浸硫法　是用一定浓度的亚硫酸盐溶液浸泡原料一定时间，亚硫酸（盐）的浓度以有效二氧化硫计，一般要求为果实及溶液总重的0.1%～0.2%。

（2）熏硫法　是将原料放在密闭的室内或塑料帐内，燃烧硫黄生成二氧化硫气体，或者由钢瓶直接将SO_2通入室内。熏硫室或帐内二氧化硫浓度宜保持在1.5～2g/L，可按每立方米空间燃烧硫黄200g或者每吨原料用硫黄2～3kg计。熏硫程度以果肉色泽变淡，核窝内有水滴，并带有浓厚的二氧化硫气味，果肉内含有二氧化硫达0.1g/L左右为宜。熏硫结束，将门打开，待空气中的二氧化硫散尽后，才能入内工作。

亚硫酸在酸性环境条件下作用明显，一般应在pH3.5以下，对于一些酸度偏小的原料处理时，应辅助加一些柠檬酸，以提高作用效果。亚硫酸盐类溶液易于分解失效，最好是现用现配。经硫处理的原料应在密闭容器中保藏。

一些水果经硫处理后会使果肉变软，为防止这种现象，可在亚硫酸中加入部分石灰，这对一些质地柔软的水果如草莓、樱桃等适用。

硫处理时应避免接触金属离子，会显著促进已被还原色素的氧化变色。

亚硫酸和二氧化硫对人体有毒。国际上规定为每人每日允许摄入量为 0～0.7mg/kg 体重。因此硫处理的半成品不能直接食用，必须经过脱硫处理再加工制成成品。

经硫处理的原料，只适宜干制、糖制、果汁、果酒或片状罐制品，而不宜制整形罐制品。因为残留过量的亚硫酸盐会释放出 SO_2，腐蚀马口铁，生成黑色的硫化铁或生成硫化氢。

3. 大罐无菌保藏

大罐无菌保藏是将经过巴氏杀菌的浆状果蔬半成品在无菌条件下装入已灭菌的密闭大金属罐内，保持一定的气体内压，以防止产品内的微生物发酵变质的一种保藏方法。常用于保藏再加工用的各种果蔬汁和番茄酱。这种保藏方法是一种先进的贮藏工艺，虽然设备一次性投资较高，但经济、卫生，对绝大多数的果蔬加工企业的周年生产具有重要意义。

十、护色

果蔬原料去皮和切分后，放置于空气中，很快变成褐色，不仅影响制品外观品质，还破坏产品风味和营养价值。因而在加工中有必要进行护色处理，以保证成品质量。

（一）变色原因

果蔬原料及其制品发生褐变的原因主要有非酶褐变和酶促褐变。

1. 非酶褐变

没有酶参与而引起的颜色变化统称为非酶褐变。非酶褐变主要包括羰氨反应（美拉德反应）褐变、焦糖化褐变、抗坏血酸褐变和金属引起的褐变。羰氨反应褐变是糖类化合物中的羰基与氨基化合物中的氨基发生反应引起的颜色变化；焦糖化褐变是糖类加热到其熔点以上时由于焦糖化作用生成黑褐色的物质引起的；抗坏血酸褐变是抗坏血酸自动氧化生成的醛类物质聚合为褐色物质引起的；锡、铁、铝、铜等金属能促进褐变，并能与单宁类物质发生反应引起变色。

在满足糖煮、烘烤等加工工艺的条件下，尽量降低加热温度、缩短加热时间及烘烤时间、减少制品的糖含量，可有效抑制羰氨反应引起的褐变和焦糖化褐变。避免原料与铁、铜等接触，使用不锈钢用具和设备，防止金属离子引起的褐变。

2. 酶促褐变

在多酚氧化酶的作用下，果蔬中酚类物质被氧化呈现褐色的现象，称为酶促褐变。在果蔬加工过程中，工序间的变色主要是由酶促褐变引起的。必须有酚类物质、酶和氧气同时存在此反应才能进行，所以排除三者中任一条件，都可阻止此反应的发生，生产上常用隔绝氧气、钝化或抑制酶活性的方法来抑制酶促褐变的发生。

（二）护色方法

1. 热烫护色

将去皮切分的原料，迅速用沸水或蒸汽热烫 3 ~ 5min，从而达到抑制酶的活性，即可防止酶促褐变。热烫后取出迅速冷却，热处理的最大缺点是可溶性物质的损失，一般损失 10% ~30%，蒸汽处理损失较小。

2. 食盐溶液护色

食盐对氧化酶的活性有抑制和破坏作用，食盐溶于水后，能减少水中的溶解氧。一般采用 1 ~2g/L 食盐溶液即可，苹果、梨、桃及食用菌均可用此法，但要注意洗净食盐，特别是水果原料。

为了增进护色效果，还可以在其中加入 0.1g/L 柠檬酸溶液。食盐溶液护色常在制作水果罐头和果脯中使用。在制作果脯、蜜饯时为了提高耐煮性，可以用氯化钙溶液浸泡，既有护色作用，又能增进果肉硬度。

3. 有机酸溶液护色

酸性溶液既可抑制多酚氧化酶活性，又由于氧气在酸溶液中的溶解度较小具有抗氧化作用，抑制酶促褐变，同时也能抑制美拉德反应。生产上多采用浓度为 0.5% ~1% 柠檬酸溶液浸泡，也可用抗坏血酸溶液浸泡，或用柠檬酸和抗坏血酸混合溶液浸泡，兼有提高制品营养价值的作用。

4. 亚硫酸溶液护色

二氧化硫与有机过氧化物中的氧易化合，使其不能生成过氧化氢，则过氧化物酶失去氧化作用。二氧化硫又能与单宁物质中的酮基结合，使单宁物质不能被氧化。溶液中二氧化硫含量为 0.0001g/L 时，能降低褐变率为 20%；0.001g/L 时完全不变色。但二氧化硫被解除后，单宁物质的反应又恢复。此法对各种加工原料工序间的护色都适用，但罐制品加工时，二氧化硫处理后，要进行脱硫处理，否则易造成罐头内壁产生硫化斑。

5. 控制氧气的供给，创造缺氧环境

如抽真空、抽气充氮、使用石氧剂等。抽真空护色是将原料周围及果肉中的空气排除，渗入糖水或无机盐水，抑制氧化酶活性，防止酶促褐变。某些果蔬如苹果、番茄等内部组织较疏松，含空气较多，对罐藏或制作果脯等不利，常用此方法护色。根据实验，不易变色果蔬，可用2%的食盐溶液作抽空母液；易变色的果蔬(如长把梨)，可用2g/L食盐、0.2g/L柠檬酸、0.02～0.06g/L偏重亚硫酸钠混合溶液作抽空母液；一般果品可用糖水作抽空母液。在87～93kPa的真空度下抽空5～10min，护色后果蔬组织色泽更加鲜艳。

6. 加碱保绿法

在热烫时水中加0.5g/L小苏打或加工前用稀石灰水浸泡能减少去镁叶绿素的形成，从而有效地保持果蔬原料的绿色。

7. 人工染色

人工染色是一种辅助性护色措施。常用的色素有红曲色素、焦糖色素、胡萝卜素、姜黄、柠檬黄、靛蓝等。染色时按果蔬产品的天然颜色与传统习惯相结合而进行。在使用色素时应注意安全性，严格按照国家规定执行，控制使用量，以尽可能不添加任何色素为原则。

自测训练

1. 简述果蔬加工品类别及特点？果蔬中所含的糖、果胶在加工时会有什么变化？果蔬中所含的维生素A原、维生素B族、维生素C在什么加工条件下容易被破坏？
2. 果蔬加工对果蔬原料种类和品种有何要求？
3. 果蔬的成熟度以及新鲜度的标准是什么？对加工有何影响？
4. 果蔬加工对水质有何要求？加工用水水质处理包括哪些基本的过程？每一过程有哪些具体的处理方法？加工用水的硬度对果蔬加工制品有什么影响？
5. 常用的水处理方法有哪些？
6. 果蔬清洗的方法有哪些？去皮的方法有哪些？果蔬进行硬化的目的是什么？如何进行？烫漂处理的作用是什么？如何进行？
7. 果蔬加工过程中为什么会变色？常用的护色处理方法有哪些？

实验实训

实训 果蔬原料加工中的护色

酶促褐变是引起果蔬产品原料、半成品及成品变色的主要原因，通过本实验，了解果蔬产品原料的变色过程，掌握果蔬加工工序间护色的方法。

【材料用具】

苹果、梨、马铃薯等；电炉、不锈钢锅、水果刀、漏勺、搪瓷盘、烘箱、分析天平；0.1g/L 愈创木酚溶液、0.3g/L 双氧水、0.5g/L 柠檬酸、1.0g/L NaCl、2g/L $NaHSO_3$。

【方法步骤】

(1)酶促褐变观察　苹果、梨、马铃薯人工去皮，切成5mm 厚薄片，裸露于空气中，观察颜色变化，为对照。

(2)护色方法(记录表2－2)

①清水护色：将已经去皮切分成5mm 厚的苹果、梨、马铃薯片分别放入清水中，护色10min，取出观察其颜色变化。

②盐水护色：将经过同样处理的苹果、梨、马铃薯片分别放入1.0g/L NaCl 溶液中，护色10min，取出观察其颜色变化。

③柠檬酸护色：将经过同样处理的苹果、梨、马铃薯片分别放入0.5g/L 柠檬酸溶液中，护色10min，取出观察其颜色变化。

④亚硫酸盐护色：将经过同样处理的苹果、梨、马铃薯片分别放入2g/L $NaHSO_3$溶液中，护色10min，取出观察其颜色变化。

⑤热烫护色：将经过同样处理的苹果、梨、马铃薯片分别投入沸水即开始计时，每隔1min，取出一片苹果(梨、马铃薯)，滴上几滴0.1g/L 愈创木酚溶液，再滴上几滴0.3g/L 双氧水，观察其变色程度和速度，直至取出的果片不再变色为止，将剩余果片投入冷水中及时冷却，再观察颜色变化。

表2－2　不同处理原料颜色变化情况

原料名称	对照	清水护色	1.0g/L NaCl	0.5g/L 柠檬酸	2g/L $NaHSO_3$	热烫护色
苹果片						
梨片						
马铃薯片						

(3)干燥　将上述三类果蔬片同时放入55～60℃烘箱中，恒温干燥，观察经过处理和未经过处理果片干燥前后色泽变化，并记录表2－3。

表 2-3　　不同处理原料干燥后颜色变化情况

原料名称	对照	清水护色	1.0g/L NaCl	0.5g/L 柠檬酸	2g/L $NaHSO_3$	热烫护色
苹果片						
梨片						
马铃薯片						

【实训思考】

试比较不同处理的护色效果？试分析本次实训针对不同原料哪种护色方法效果最好？

知识拓展

拓展　家庭清洗果蔬的最好方法

果蔬食品富含维生素、纤维素、有机酸及其他生理活性物质，有益健康。但人们在食用时由于担心农药等，往往会用碱、开水来烫水果，有些水果适合，但樱桃、蓝莓、葡萄、草莓、蔓越莓等会有掉色现象。原因是这些水果中的花青素等跑出来了，从而造成营养损失。

因而，清洗果蔬的最好方法主要有：

(1)洗洁精清洗　放少许洗洁精在水里，把水果、蔬菜表面洗干净，用水冲一下就行了。适合一般水果。

(2)面粉清洗　把水果放在水中，然后放入两勺面粉或淀粉，不要使劲地揉它，只需来回翻掂，然后放水里来回地筛洗，面粉和淀粉都是有黏性的，它会把水果上面的脏东西都给带下来。适合樱桃、蓝莓、葡萄等的清洗。

(3)盐水清洗　对于表皮有毛的水果，如桃，可以在水中加少许盐，将水果直接放进去泡一会儿，然后用手轻轻搓洗，毛就全掉了。对于表面有可能有寄生虫的水果，如杨梅，可将水果清洗后须用盐水浸泡 20～30min 再食用，因盐水有杀灭某些病菌的作用，另外，亦可帮助去除隐匿于杨梅果肉中的寄生虫。

(4)清洗表皮很薄的水果(如草莓)　首先用流动自来水连续冲洗几分钟，把草莓表面的病菌、农药及其他污染物除去大部分(注意：不要先浸在水中，以免农药溶出在水中后再被草莓吸收，并渗入果实内部)。然后把草莓浸在淘米水及淡盐水(一盆水中加半调羹盐)中 3min，碱性的淘米水有分解农药的作用；淡盐水可以使附着在草莓表面的昆虫及虫卵浮起，便于被水冲掉，且有一定的消毒作用。

模块三 果蔬罐制品加工技术

任务

果蔬罐制品加工

学习目标

1. 知道罐制品的加工原理，了解当地果蔬罐制品加工状况。

2. 能利用当地资源和实验实训条件，根据果蔬原料特性设计主要果蔬罐制品的加工工艺流程。

3. 会准备加工罐制品所需的试剂、材料和相关设备。

4. 会对果蔬罐制品原料进行选择、预处理、装罐、排气、密封、杀菌、冷却处理。

5. 能针对罐制品加工中出现的微生物污染、胀罐、固形物软烂及汁液混浊等质量问题采取措施。

6. 有一定自主学习的能力，具有较强的团队合作能力和交流表达能力。

任务描述

要求以当地典型果蔬为原料加工罐制品。主要技术指标要求：

（1）水果罐制品　要求色泽一致，糖水透明，允许有少量不引起混浊的果肉碎片，果肉酸甜适宜，无异味；果片完整，软硬适中，切削良好，无伤疤和病虫斑点；果肉重为净重的40%～55%，糖水浓度按折光计为14%～18%。

（2）蔬菜罐制品　盐水为1%～2%，蔬菜不低于净重的55%，表面有光泽，色泽一致；外观完整，汤汁较清晰，不允许有外来杂质；具有本品种特有的风味，咸淡适口，无异味。

知识链接

学习单元一

果蔬罐制品加工工艺

罐制品加工技术是由尼克拉·阿培尔在18世纪发明的,后来很快传到欧洲各国,至19世纪才传入我国。

罐藏的优点有:①罐制食品可以在常温下保存1~2年;②食用方便,无须另外加工处理;③已经过杀菌处理,无致病菌和腐败菌存在,安全卫生;④可以起到调节市场、保证制品周年供应的作用;⑤罐制食品更是航海、勘探、军需、登山、井下作业及长途旅行者的方便食品。

果蔬罐制品是将果蔬原料经预处理后,装入密封容器内,再进行排气、密封、杀菌,最后制成别具风味、能长期保存的食品。按包装容器分为玻璃瓶罐制品、铁盒罐制品、软包装罐制品、铝合金罐制品以及其他(如塑料瓶装罐制品)。果蔬罐制品按原料可分为水果罐头和蔬菜罐头。

(一)工艺流程

罐制品加工工艺流程如下所示:

原料选择 → 分级 → 洗涤 → 去皮、切分、去核、去心及整理 → 预煮、漂洗 → 装罐 → 排气 → 密封 → 杀菌 → 冷却 → 保温或商业无菌检查 → 贴标 → 包装

(二)工艺要点

1. 原料选择

水果罐藏原料要求新鲜,成熟适度,形状整齐,大小适当,果肉组织致密,可食部分大,糖酸比例恰当,单宁含量少;蔬菜罐藏原料要求色泽鲜明,成熟度一致,肉质丰富,质地柔嫩细致,纤维组织少,无不良气味,能耐高温处理。

罐藏用果蔬原料均要求有特定的成熟度,这种成熟度即称罐藏成熟度或工艺成熟度。不同的果蔬种类品种要求有不同的罐藏成熟度。如果选择不当,不但会影响加工品的质量,而且会给加工处理带来困难,使产品质量下降。如青刀豆、甜玉米、黄秋葵等要求幼嫩、纤维少,番茄、马铃薯等则要求充分成熟。

罐藏用果蔬菜原料越新鲜,加工品的质量越好。因此,从采收到加工,间隔时间愈短越好,一般不要超过24h。有些蔬菜如甜玉米、豌豆、蘑菇、石刁柏等应在2~6h

内加工。

2. 原料前处理

包括挑选、分级、洗涤、去皮、切分、去核（心）、抽空以及热烫。

（1）果蔬原料的挑选、分级　果蔬原料在投产前须先进行选择，剔除不合格的和虫害、腐烂、霉变的原料，再按原料的大小、色泽和成熟度进行分级。

（2）果蔬原料洗涤　目的是除去其表面附着的尘土、泥沙、部分微生物及可能残留的农药等。洗涤果蔬可采用漂洗法，一般在水槽或水池中用流动水漂洗或用喷洗，也可用滚筒式清洗机清洗。对于杨梅、草莓等浆果类原料应小批淘洗或在水槽中通入压缩空气翻洗，防止机械损伤及在水中浸泡过久而影响色泽和风味。有时为了较好地去除附在果蔬表面的农药等有害化学药品，常在清洗用水内加入少量的洗涤剂，常用的有0.1%高锰酸钾溶液、0.06%漂白粉溶液、0.1～0.5g/L盐酸溶液、1.5g/L洗洁剂和0.5～1.5g/L磷酸三钠混合液。清洗用水必须清洁，符合饮用水标准。

（3）去皮、切分、去核（心）及整理　果蔬的种类繁多，其表皮状况不同，有的表皮粗厚、坚硬，不能食用；有的具有不良风味或在加工中容易引起不良后果，这样的果蔬必须去除表皮。

手工去皮常用于石刁柏、莴苣、整番茄、甜玉米、荸荠等产品；机械去皮常用于马铃薯、甘薯的擦皮，石刁柏的削皮，豌豆和青豆的剥皮等；热力去皮常与手工和机械去皮法联用；经碱液处理的原料，应立即投入冷水中清洗搓擦，以除去外皮和黏附的碱液。此外，也可以用0.25～0.5g/L柠檬酸或盐酸来中和，然后用水漂洗。

切分的目的在于使制品有一定的形状或统一规格。如胡萝卜等需切片，荸荠、蘑菇也可以切片，甘蓝常切成细条状，黄瓜可切丁。

很多果蔬在去皮、切分后需进行整理，以保持一定的外观。

（4）抽空　可排除果蔬组织内的氧气，钝化某些酶的活性，抑制了酶促褐变。抽空效果主要取决于真空度、抽空的时间、温度与抽空液四个方面。一般要求真空度大于79kPa。按照抽空操作的程序不同，抽空方法可分为干抽法和湿抽法两种。

3. 热烫

热烫又称预煮、烫漂。生产上为了保持产品的色泽，使产品部分酸化，常在热烫水中加入一定浓度的柠檬酸。

热烫的温度和时间需根据原料的种类、成熟度、块形大小、工艺要求等因素而定。热烫后须迅速冷却，不需漂洗的产品，应立即装罐；需漂洗的原料，则于漂洗槽（池）内用清水漂洗，注意经常换水，防止变质。

4. 罐头容器

(1)罐头容器种类与特性　罐头容器的种类及其结构与特性见表3－1。不同容器的特性不同。罐制品生产时,根据原料特点、罐头容器特性以及加工工艺选择罐头容器。

表3－1　**罐头容器种类与特性**

项目	容器种类			
	马口铁罐	铝罐	玻璃罐	软包装
材料	镀锡(铬)薄钢板	铝或铝合金	玻璃	复合铝箔
罐形或结构	两片罐、三片罐,罐内壁有涂料	两片罐,罐内壁有涂料	卷封式、旋转式、螺旋式、爪式	外层:聚酯膜 中层:铝箔 内层:聚烯烃膜
特性	质轻、传热快,避光、抗机械损伤	质轻、传热快、避光、易成形,易变形,不适于焊接,抗大气腐蚀。成本高,寿命短	透光、可见内容物,可重复利用、传热慢,易破损,耐腐蚀。成本低	质软而轻,传热快,包装、携带、食用方便,避光、阻气,密封性能好

(2)罐头容器的要求　罐头容器是盛装食品的重要器具,对罐制食品的长期保存具有非常重要的作用,所以对罐头容器提出如下要求。

对人体无害,不能与食品发生化学反应,密封性能好,抗腐蚀性,便于工业化生产,耐冲压,携带和食用方便。

(3)空罐的准备　不同的产品应按合适的罐型、涂料类型选择不同的空罐。一般来说多数为低酸性的果蔬产品,可以采用未用涂料的铁罐(又称素铁罐)。但番茄制品、糖醋菜、酸辣菜等则应采用抗酸涂料罐。菜花、甜玉米、蘑菇等应采用抗硫涂料铁,以防产生硫化斑。

(4)空罐的清洗和消毒　对于第一次使用的玻璃罐,先用温水浸泡,再用转动的毛刷逐个刷洗其内外壁,或用高压水冲洗其内外壁,然后在0.01%的氯水中浸泡消毒,最后用清水洗涤数次,倒置沥干水后,存放在卫生清洁的环境中备用。清洗后的玻璃瓶或铁罐也可用热水或蒸气消毒后备用。一般用95～100℃的水或蒸汽消毒处理10～15min。铁罐通常先用温水浸泡后,再用清水冲洗,最后用温水或蒸汽消毒。

对于回收的旧玻璃瓶,通常瓶壁上粘有油脂和贴商标的胶水,应该用40～50℃的2～3g/L的氢氧化钠溶液浸泡5～10min,然后在热水中刷洗瓶的内外壁或用高压热水冲洗,最后用清水冲洗数次,倒置并沥干水后备用。旧瓶的洗涤也可用复合洗涤液,如无水碳酸钠与磷酸氢钠配成的洗涤液,氢氧化钠、磷酸三钠以及水玻璃配成的洗涤液。

罐盖使用前也应清洗，再用95～100℃的水或水蒸气消毒处理3～5min，沥干水分后备用，也可将洗净的盖用75%酒精消毒。

（5）空罐的检查　将清洗消毒的罐头容器与盖检查后方可装罐。一般来讲，铁罐要求罐型符合标准，缝线与焊缝均匀完整，罐壁无锈斑和脱锡现象，内壁涂料均匀且无漏斑，罐口与罐盖边缘无缺陷或变形。

5. 装罐

注液的目的是填充罐内除果蔬以外所留下的空隙，增进罐制品风味、排除空气，并加强热的传递效率提高杀菌效果。要求注液清亮、透明、无杂质、无悬浮物。注液用水要求符合饮用水的卫生标准。在果蔬罐制品灌注液中还需要加入适当的柠檬酸。

（1）罐注液的配制　果蔬罐藏时除了液态（如菜汁）和黏稠态（如番茄酱等）食品外，都要向罐内加注液汁，称为罐液，主要为糖溶液、食盐溶液或者经调配的调味液。果蔬罐制品多数要灌注盐水，少数果蔬罐制品要灌注糖液。

①盐液配制：所用食盐应选用精盐，食盐中氯化钠含量在98%以上。配制时常用直接法按要求称取食盐，加水煮沸过滤即可。一般果蔬罐制品盐水浓度为1～4g/L。

配制盐液的水应为纯净的饮用水，配制时煮沸，过滤后备用。有时，为了操作方便，防止生产中因盐水和酸液外溅而使用盐片，盐片可依罐头的具体用量专门制作，内含酸类、钙盐、乙二胺四乙酸（EDTA）钠盐、维生素C、谷氨酸钠和香辛料等。盐片使用方便，可用专门的加片机加入每一罐中或手工加入。

②调味液配制：调味液的种类很多，配制的方法主要有两种，一种是辛料经过熬煮制成香料水，然后香料水再与其他调味料按比例制成调味液；另一种是将各种调味料、香辛料（可用布袋包裹，配成后连袋除去）一起一次配成调味液。

③糖液配制：一般成品开罐后糖浓度为14%～18%。每种水果罐头装罐糖液浓度，可根据装罐前水果本身的可溶性固形物含量、每罐装入果肉质量及每罐实际注入的糖液质量，按下式计算

$$Y = \frac{W_3 Z - W_1 X}{W_2}$$

式中　W_1——每罐装入果肉质量，g；

W_2——每罐加入糖液质量，g；

W_3——每罐净含量，g；

X——装罐前果肉可溶性固形物含量，%；

Z——要求开罐时的糖液浓度，%；

Y——需配制的糖水浓度，%。

一般注液糖浓度为22%～45%。糖液配制方法有直接法和稀释法两种。直接

法是根据装罐所需要的糖液浓度，直接按比例称取砂糖和水，置于溶糖锅中加热搅拌溶解并煮沸5～10min，以驱除砂糖中残留的二氧化硫并杀灭部分微生物，然后过滤、调整浓度。稀释法是先配制高浓度的糖液（又称母液），一般浓度在65%以上，装罐时再根据需要用水或稀糖液进行稀释。

配制糖液时要注意：配制糖液的蔗糖，要求纯度在99%以上，色泽洁白、清洁干燥、不含杂质和有色物质。配制糖液用水也要求清洁无杂质，符合饮用水质量标准。糖液配制时要煮沸过滤，因为使用硫酸法生产的砂糖中或多或少会有二氧化硫残留，糖液必须趁热过滤，滤材要选择得当。另外，对大部分糖水水果罐头都要求糖液维持一定的温度（65～85℃），以提高罐制品的初温，减少原料受热时间，降低营养素损失，确保后序工艺的效果和最终产品的质量。而个别生产品（如梨罐制品等）所用的糖液，加热煮沸过滤后应急速冷却到40℃下再进行装罐，以防止果肉红变。糖液中需要添加酸时，注意不要过早加入，应在装罐前添加为好，以防止或减少蔗糖转化引起果肉色变。

（2）装罐　原料应根据产品的质量要求按不同大小、成熟度、形态分开装罐，装罐时要求重量一致，符合规定的重量，一般要求每罐固形物含量为45%～65%。各种果蔬原料在装罐时应考虑其本身的缩减，通常按装罐要求多装10%左右；另外，装罐后要把罐头倒过来沥水10s左右，以沥净罐内水分，保证开罐时符合产品规格要求。质地上应做到大小、色泽、形状一致，不混入杂质。

装罐时应留有适当的顶隙。所谓顶隙即食品表面至罐盖之间的距离。顶隙过大则内容物常不足，且由于有时加热排气温度不足、空气残留多会造成氧化；顶隙过小内容物含量过多，杀菌时食物膨胀而使压力增大，造成假胖罐。一般应控制顶隙4～8mm。装罐时还应注意防止半成品积压，特别是在高温季节，注意保持罐口的清洁。

装罐可采用人工方法或机械方法进行。固态食品即糖水或清渍罐头人工装罐步骤为：

原料装入滤水板滤水 → 按规定称取应装重量 → 装罐（注意外形的排列）加罐液 → 称净重 → 清洁罐口

6. 排气

排气即利用外力排除罐制品内部空气的操作。它可以使罐头产品有适当的真空度，利于产品的保藏和保质，防止氧化；防止罐头在杀菌时由于内部膨胀过度而使密封的卷边破坏；防止罐头内好气性微生物的生长繁殖；减轻罐头内壁的氧化腐蚀；真空度的形成还有利于罐头产品进行打检和在货架上确保质量。

我国常用的排气方法有热力排气法和真空抽气法。

（1）热力排气法　利用空气、水蒸气和食品受热膨胀将罐内空气排除的方法。

目前常用热装罐密封排气法和加热排气法。

①热装罐密封排气法：是将物料加热到一定的温度（一般在75℃以上）后立即装罐密封的方法。采用这种方法一定要趁热装罐，迅速密封。

②加热排气法：是利用蒸汽排气箱或水浴排气装置，排气箱中的温度一般需要100℃左右，将假封（将罐盖轻轻盖上，以防止排气时水蒸气凝结后滴入罐内，以及排气后封口时带入冷空气）后的罐头放入排气箱，经过10～15min加热排气，使罐内中心温度加热到90℃左右完成排气，取出后迅速封盖。因热使罐头中内容物膨胀，把原料中存留或溶解的气体排出来，在封罐之前把顶隙中的空气尽量排除。

（2）真空抽气法　采用真空封罐机进行。因排气时间短，所以主要是排除顶隙内的空气，而果蔬组织及注液内的空气不易排除，故对果蔬原料和罐液要事先进行抽空脱气处理。采用真空抽气法，罐头的真空度主要取决于真空封罐机的真空度和罐内食品温度。

罐内真空度一般要达到25～30kPa。顶隙大的真空度高；反之则低。另外，原料的酸度、开罐时的气温、海拔高度等均在一定程度上影响真空度。真空度太高，则易使罐头内汤汁外溢，造成不卫生和装罐量不足，因而应掌握在汤汁不外溢时的最高真空度。

7. 密封

密封是保证真空度的前提，它也防止了罐制品杀菌之后被外界微生物再次污染。罐头密封应在排气后立即进行，不应造成积压，以免失去真空度。密封需借助于封罐机。金属罐封口的结构为二重卷边，其结构和密封过程等可参见《罐头工业手册》；玻璃罐有卷封式和旋开式两种，可根据制品要求而定。复合塑料薄膜袋采用热熔合方式密封。

8. 杀菌

罐头杀菌的主要目的在于杀灭绝大多数对罐内食品起腐败作用和产毒致病的微生物，使罐制品在保质期内具有良好品质和食用安全性，达到商业无菌；其次是改进食品的风味。

生产上常采用加热杀菌。其条件依产品种类、卫生条件而定，一般采用杀菌公式表示。杀菌公式为：

$$(t_1—t_2—t_3)/T$$

式中　T——杀菌锅的杀菌温度，℃；

t_1——升温至杀菌温度所需时间，min；

t_2——保持杀菌温度不变的时间，min；

t_3——从杀菌温度降至常温的时间，min。

如某种罐头的杀菌式为（10′—40′—15′）/115℃，即该罐头的杀菌温度为

115℃,从密封后罐头温度升至115℃需10min,升温后应在115℃保持40min,然后在15min内降至常温。

(1)杀菌方法　依杀菌加热的程度分,果蔬罐制品的杀菌方法有下述三种:

①巴氏杀菌法:一般采用65～95℃,用于不耐高温杀菌而含酸较多的产品,如一部分水果罐头、糖醋菜、番茄汁、发酵蔬菜汁等。

②常压杀菌法:所谓常压杀菌即将罐头放入常压的热沸水中进行杀菌,凡产品pH<4.5的蔬菜罐头均可用此法进行杀菌。常见的如去皮整番茄罐头、番茄酱、酸黄瓜罐头。一些含盐较高的产品如榨菜、雪菜等也可用此法。

③加压杀菌法:将罐头放在加压杀菌器内,在密闭条件下增加杀菌器的压力,由于锅内的蒸汽压力升高,水的沸点也升高,从而维持较高的杀菌温度。大部分蔬菜罐头,由于含酸量较低,杀菌需较高的温度,一般需115～121℃。特别是那些富含淀粉、蛋白质及脂肪类的蔬菜,如豆类、甜玉米及蘑菇等,必须在高温下较长时间处理才能达到目的。

(2)影响杀菌效果的因素

①产品在杀菌前的污染状况:污染程度越高,同一温度下,杀菌所需的时间越长。

②细菌的种类和状态:细菌的种类不同,耐热性相差很大,细菌在芽孢状态下比营养体状态下要耐热,细菌的数量很多时,杀菌就变得困难。

③蔬菜的成分:果蔬中的酸含量对微生物的生长和抗热性影响很大,常以pH 4.5为界,高于pH 4.5的称低酸性食品,需进行高温高压杀菌;低于pH 4.5的称酸性或高酸性产品,可以采用常压杀菌或巴氏杀菌。

另外,产品中的糖、盐、蛋白质、脂肪含量或洋葱、桂皮等植物中含有的植物杀菌素,对罐头的杀菌效果也有一定的影响。

④罐制品杀菌时的传热状况:总体来说传热好,杀菌容易。对流比传导和辐射的传热速度快,所以加汤汁的产品杀菌较容易,而固体食品则较难,甜玉米糊等稠厚的产品也难杀菌;另外小型罐的杀菌效果比大型罐好;马口铁罐好于玻璃瓶制品;扁形罐头好于高罐;罐头在杀菌锅内运动的好于静止的。

9. 冷却

罐头杀菌完毕,应迅速冷却,防止继续高温使产品色泽、风味发生不良变化,质地软烂。冷却用水必须清洁卫生。

常压杀菌后的产品直接放入冷水中冷却,待罐头温度下降。高压杀菌的产品待压力消除后即可取出,在冷水中降温至38～40℃取出,利用罐内的余热使罐外附着的水分蒸发。如果冷却过度,则附着的水分不易蒸发,特别是罐缝的水分难以逸出,导致铁皮锈蚀,影响外观,降低罐头保藏寿命。玻璃罐由于导热能力较差,杀菌后不能直接置于冷水中,否则会发生爆裂,应进行分段冷却,每次的水温不宜相差

20℃以上。

某些加压杀菌的罐头，由于杀菌时罐内食品因高温而膨胀，罐内压力显著增加。如果杀菌完毕迅速降至常压，就会因为内压过大而造成罐头变形或破裂，玻璃瓶会“跳盖”。因此，这类罐头要采用反压冷却，即冷却时加外压，使杀菌锅内的压力稍大于罐内压力。加压可以利用压缩空气、高压水或蒸汽。

10. 罐头的检验

为了保证罐头在货架上不发生因杀菌不足引起的败坏，传统的罐头工业常在冷却之后采用保温处理。具体操作是将杀菌冷却后的罐头放入保温室内，中性或低酸性罐头在37℃下最少保温一周，酸性罐头在25℃下保温7～10d，然后挑选出胀罐，再装箱出厂。但这种方法会使罐头质地和色泽变差，风味不良。同时有许多耐热菌也不一定在此条件下发生增殖而导致产品败坏。因而，这一方法并非万无一失。

目前推荐采用商业无菌检验法。具体内容见《食品安全国家标准　食品微生物学检验　商业无菌检验》（GB 4789.26—2013）。

11. 贴标签、贮藏

经过保温或商业无菌检查后，未发现胀罐或其他腐败现象，即检验合格，贴标签。标签要求贴得紧实、端正、无皱折。

合格的产品贴标、装箱后，贮藏于专用仓库内。作为堆放罐头的仓库，要求环境清洁，通风良好，光线明亮，地面应铺有地板或水泥，并安装有可以调节仓库温度和湿度的装置。

要求罐头的贮藏温度一般为0～10℃，相对湿度为70%～75%。

学习单元二

果蔬罐制品加工常用的设备及使用方法

一、排气设备

1. 真空表

真空表（图3－1）可以用来测定罐内真空度。罐头排气后，罐外大气压与罐内残留气压之差即为罐内真空度（罐内真空度＝大气压－罐内压强），单位以MPa表示。

如大气压为0.101MPa，罐内压强为0.053MPa，真空度即为0.048MPa。罐内真空度主要取决于罐内残留气压。罐内残留气体越多，其压强越大，则真空度就越低。罐内真空度定量法可用真空表直接测定，定性法可用专用打检棒检验判断。

2. 排气厢

加热排气厢（图3－2）是罐制品生产中排气杀菌的专用设备。

工作原理：加热排气厢利用蒸汽加热，一方面使罐头中的空气受热膨胀和内部水分蒸发而将空气赶出，达到排气效果。另一方面，使物料温度上升至规定度数以上，并按不同产品保持相应的杀菌时间，达到杀菌的作用。

图3－1　真空表

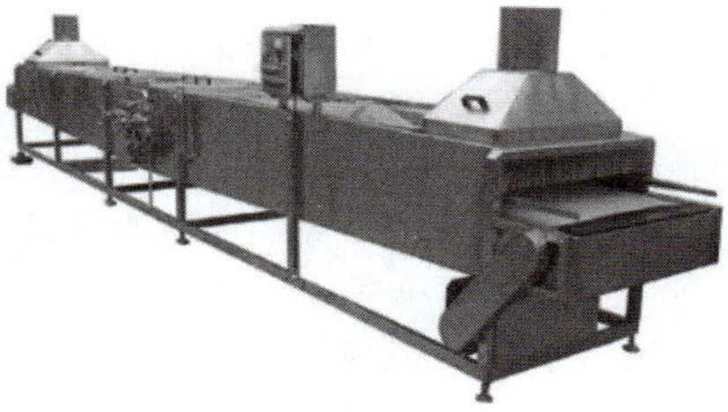

图3－2　加热排气厢

需进行杀菌处理的罐头装好瓶后，由两排输送带送入杀菌区，通过护栏的引导作用，自动挤压排列整齐，机器内腔通入多路经净化后的蒸汽，在杀菌区的上方整齐排列蒸汽雾化喷头，通过蒸汽的喷射，使产品中心温度达到规定度数以上，并根据杀菌物料的要求操作完成整个杀菌排气过程。加热时间过长对果蔬色香味、组织形态不利，速度慢。同时，排气厢占空间，目前使用率低，条件差的企业可采用这种方法。

二、杀菌设备

罐头杀菌设备根据其密闭性可以分成开口式和密闭式两种，常压杀菌使用前者，加压杀菌则使用后者。按照杀菌器的生产连续性又可分为间歇式和连续式。目前我国大部分工厂使用的为间歇式杀菌器，这种设备效率低，产品质量差。

1. 立式杀菌锅

立式杀菌锅（图3－3）是一种简单的传统高压热杀菌设备，容量较小，属于间歇式杀菌设备，适用于规模生产。其形状为圆柱形筒体的高压容器，由锅体和锅盖组成。锅体是用6～8mm厚的钢板制成，直径为1m左右，锅盖铰接于锅体边缘，锅盖和锅体由6～8个碟形螺栓压紧。锅体的边缘凹槽内嵌有密封填料，用以保证锅体的密封。锅体外表包有50～80mm厚的保温层。为便于操作，立式杀菌锅通常以半地下形式安装。

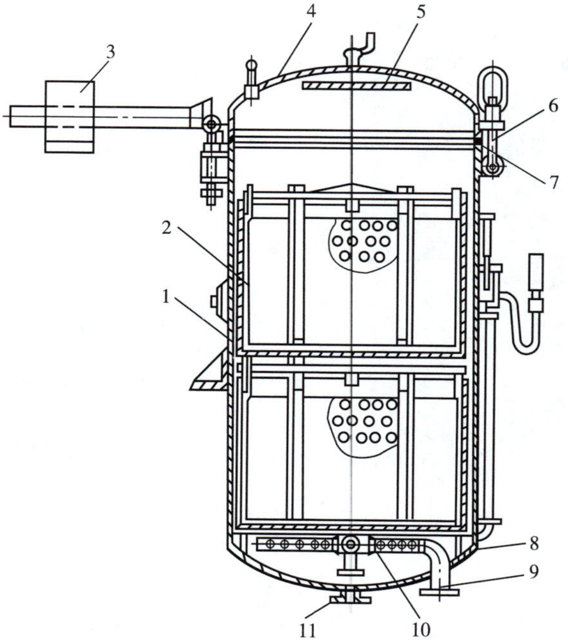

图3－3　立式杀菌锅

1—锅体　2—杀菌篮　3—平衡锤　4—锅盖　5—冷却水盘管　6—螺栓
7—密封垫片　8—锅底　9—蒸汽入口　10—蒸汽分布管　11—排水管

立式杀菌锅的加热方式有蒸汽和热水两种；冷却方式分常压水冷和空气反压水冷两种。蒸汽加热－空气反压冷却式立式杀菌锅的构造与上述杀菌锅基本相同，只是多配置一个压缩空气系统，包括管道及阀门。

（1）杀菌操作

①常压杀菌：在小型的立式开口锅或水槽内进行。开始时注入水，加热至沸后

放入罐头，这时水温下降；加大蒸汽，当升温至所要求的杀菌温度时，开始计算保温时间；达到杀菌时间后，进行冷却。常压杀菌也采用连续设备，在进、出罐运动中杀菌。

②高压杀菌：高压杀菌的一般操作要点如下：

a. 将装筐或装篮的罐头放入杀菌锅内，然后关闭盖或门，关紧。

b. 关闭进水阀和排水阀，打开排气阀及溅气阀。

c. 打开蒸汽进口阀，并将蒸汽管上的控制阀及旁通阀全部打开，使高压蒸汽迅速进入杀菌锅内，驱走锅内的空气，即杀菌锅排气。

d. 充分排气后，将溢水阀及排气阀关闭，继续开放溅气阀。

e. 温度开始上升，至预定杀菌温度后，关闭旁通阀，以保持杀菌温度不发生变化至杀菌有效时间。期间检查各调节控制设备的正常情况，检查压力与温度的变化。

(2)杀菌操作时的注意事项

①罐头装筐或装篮时应保证每个罐头所有的表面都能经常和蒸汽接触，即注意蒸汽的流通。

②升温期间，必须注意排气的充足，控制升温时间。

③严格控制保温时间和温度，此时要求杀菌锅的温度波动不大于 ±0.5℃。

④注意排除冷凝水，防止它的积累，降低杀菌效果。

⑤尽可能保持杀菌罐头有较高的初温，因此不要堆积密封之后的罐头。

⑥杀菌结束后，杀菌锅内的压力不宜过快下降，以免罐头内外压力差急增，造成密封部位漏气或永久膨胀。对于大型罐和玻璃瓶要注意反压，需加压缩空气或高压水后，关闭蒸汽阀门，使锅内温度下降。

2. 卧式杀菌锅

卧式杀菌锅属于间歇式杀菌设备，锅主体为一平卧的圆柱形筒体，其内部底面铺设有两平行轨道，盛装罐头的杀菌车沿轨道推进和推出，用于装卸物料。卧式杀菌锅的容量一般比立式大得多，适于大中型工厂的使用。因加热介质状态或接触方式不同，常见卧式杀菌锅有蒸汽加热高压杀菌锅、淋水式杀菌锅、全水式杀菌锅、连续式杀菌锅等。

(1)蒸汽加热高压杀菌锅(图 3－4)　其两根平行的蒸汽管装在锅的底部。管道、阀门与控制、检测仪表的配备与立式杀菌锅基本相同，其操作也与立式杀菌锅基本相同。

与立式杀菌锅相同，卧式杀菌锅同样有蒸汽加热－常压冷却、蒸汽加热－空气加压冷却和加压热水加热－空气加压冷却三种形式。

(2)淋水式杀菌锅(图 3－5)　为一种大型高温短时杀菌设备，锅体呈卧式结构。采用过热水作为加热介质，以封闭循环形式使用，用高流速喷淋方式对罐头进

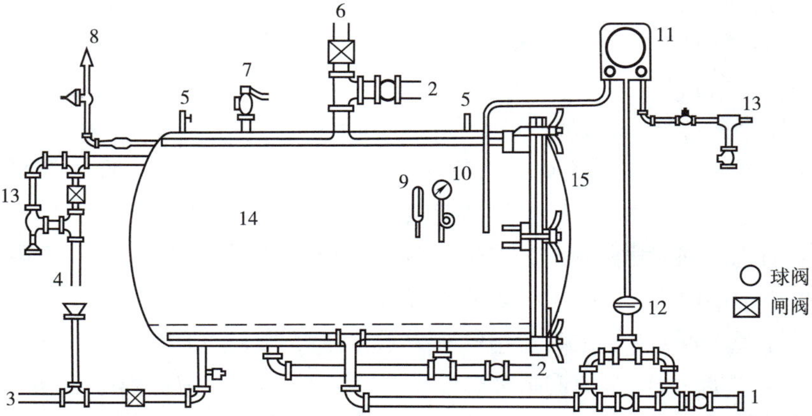

图 3-4　蒸汽加热高压杀菌锅

1—进汽管　2—进水管　3—排水管　4—溢水管　5—泄汽管　6—排气管　7—安全阀
8—压缩空气进管　9—温度计　10—压力计　11—温度记录仪　12—蒸汽自动控制仪
13—支管　14—筒体　15—门

行加热、杀菌及冷却。工作温度为 20 ~ 145℃，工作压力 0 ~ 0.5MPa，可用于果蔬类、肉类、鱼类、蘑菇、方便食品等的高温杀菌，其包装容器可以是马口铁罐、铝罐、玻璃罐和蒸煮袋等形式。

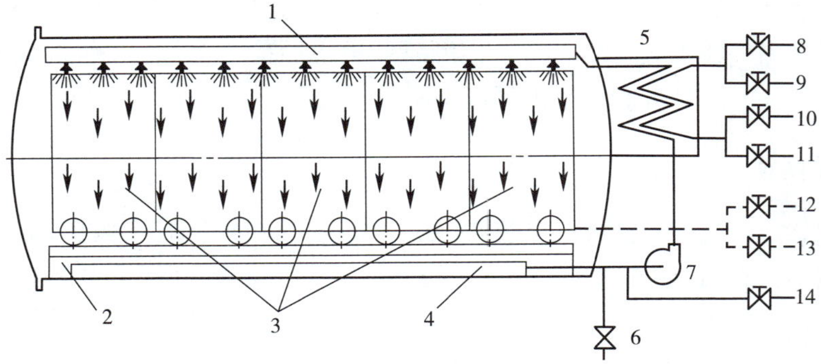

图 3-5　淋水式杀菌锅

1—水分配器　2—轨道　3—杀菌篮车　4—集水管　5—换热器　6—排放阀　7—循环泵
8—蒸汽　9,10—冷却水　11—冷凝水　12—压缩空气　13—排气　14—补充水

在整个杀菌过程中，贮存在杀菌锅底部的少量水（可容纳 4 个杀菌篮时的存水量约 400L）作为杀菌传热用水，通过大流量热水离心泵进行高速循环，流经板式热交换器进行热交换后，进入杀菌锅内上部的水分配器，均匀喷淋在需要杀菌的产品上。为缩短热水流程，有些采用侧喷方式使罐头受热更为均匀，尤其适用于袋装食

品的杀菌。在加热、杀菌、冷却过程中所使用的循环水均为同一水体,热交换器也为同一热交换器,只是热交换器另一侧的介质在变化。在加热工序,循环水在热交换器被蒸汽加热;在杀菌工序,循环水通过热交换器由蒸汽获得维持锅内温度的热量;在冷却工序,循环水被冷却水降温。

淋水式杀菌锅的调压和调温控制相互完全独立,其中调压控制为向锅内注入或排出压缩空气。淋水式杀菌锅的温度、压力和时间由一程序控制器控制,操作过程完全自动化。因程序控制采用微处理器,便于根据产品要求进行调节,并易与计算机连接,实现中央集中控制。

淋水式杀菌锅的特点:①由于采用高速喷淋对产品进行加热、杀菌和冷却,温度分布均匀,提高了杀菌效果,改善了产品质量;②杀菌与冷却采用同一水体,产品无二次污染的危险;③采用同一间壁式换热器,循环水温度无突变,消除了热冲击造成的产品质量的降低及包装容器的破损;④温度与压力为独立控制,易准确控制;⑤设备结构简单,维修方便;⑥水消耗量少。

(3)回转式全水杀菌锅(图 3－6)　为一种大型高温杀菌设备。在杀菌过程中,罐头始终完全浸泡在水中,同时处于不断的翻转状态。整个过程采用程序控制,杀菌过程的压力、温度、操作时间和回转速度等主要参数均可自动调节。适用于易拉罐装、瓶装、蒸煮袋装等食品的高温杀菌。

①主要结构:回转式全水杀菌锅主要由热水锅(上锅体)、杀菌锅(下锅体)、蒸汽与水的管道系统、回转驱动装置、回转架、杀菌篮、控制箱等组成。

热水锅为一封闭卧式贮罐,用于过热水的制备、供应及热水回收。采用蒸汽喷射制备过热水,为降低蒸汽加热时的噪声及使锅内水温一致,采用喷射式混流器将蒸汽混入水中后再注入锅内。

杀菌锅位于热水锅的下方,是实施杀菌操作的构件,包括锅体、门盖、回转架、压紧装置、托轮、传动装置等。

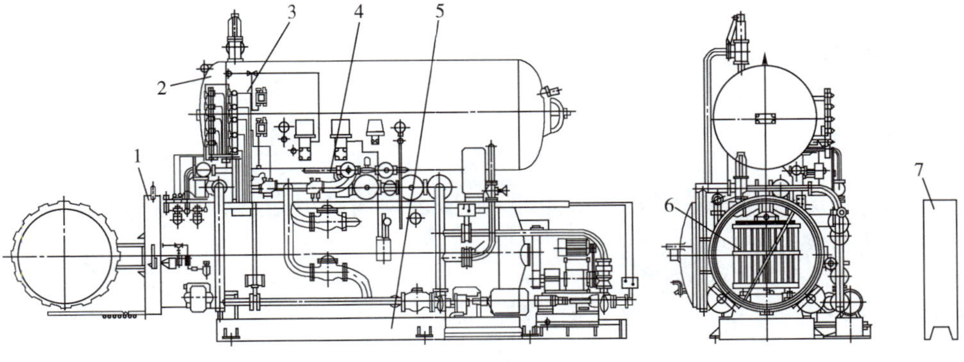

图 3－6　回转式全水杀菌锅

1—杀菌锅　2—热水锅　3—控制管路　4—水汽管路　5—机座　6—杀菌篮　7—控制柜

②操作过程：回转式全水杀菌锅的工作过程由程序控制，顺序操作工序包括：

制备过热水 → 向杀菌锅送水 → 升温 → 杀菌 → 热水回收 → 冷却 → 排水 → 启锅

（4）连续式杀菌锅　在连续式杀菌机内设置有连续进出罐及连续运载装置，罐装食品一般以匀速或步进运动形式连续通过，在不同位置顺序完成预热、杀菌和冷却工序。连续式杀菌机的生产能力大，一般直接配置于连续包装机之后，产品包装后直接送入杀菌机进行杀菌。根据产品杀菌时所处环境的压力状态划分为连续式常压杀菌机和连续式加压杀菌机。连续式常压杀菌机的杀菌操作是温度在100℃以内的环境中完成，因此不需要对杀菌机的产品进出口处进行严格的密封，设备结构简单。在杀菌过程中，产品被进罐装置放置在连续运载链上，运载链携带着产品通过水槽或热水（蒸汽）喷头时被加热杀菌，接着以相同方式被冷却，最后由出罐装置卸出。常见连续式常压杀菌机按加热介质状态分为浸水式和淋水式，按罐头在运载链上的放置状态分为直立型和回转型，按运载链运行层数分为单层和多层。

学习单元三

果蔬罐制品常见的质量问题及预防措施

一、罐头胀罐

罐头底或盖不像正常情况下呈平坦状或向内凹，而出现外凸的现象称为胀罐，也称胖听。根据底或盖外凸的程度，又可分为隐胀、轻胀和硬胀三种情况。根据胀罐产生的原因又可分为三类，即物理性胀罐、化学性胀罐和细菌性胀罐。

（一）物理性胀罐

1. 产生原因

罐制品内容物装得太满，顶隙过小；加压杀菌后，降压过快，冷却过速；排气不足或贮藏温度过高等。

2. 预防措施

严格控制装罐量；装罐时顶隙控制在6～8mm，提高排气时罐内中心温度，排气要充分，封罐后能形成较高的真空度；加压杀菌后反压冷却速度不能过快；控制罐制品适宜的贮藏温度。

(二)化学性胀罐(氢胀罐)

1. 产生原因

高酸性食品中的有机酸与罐藏容器(马口铁罐)内壁起化学反应,产生氢气,导致内压增大而引起胀罐。

2. 预防措施

空罐宜采用涂层完好的抗酸全涂料钢板制罐,以提高罐对酸的抗腐蚀性能;防止空罐内壁受机械损伤,以防出现露铁现象。

(三)细菌性胀罐

1. 产生原因

杀菌不彻底或密封不严使细菌重新侵入而分解内容物,产生气体,使罐内压力增大而造成胀罐。

2. 预措施防

罐藏原料充分清洗或消毒,严格注意加工过程中的卫生管理,防止原料及半成品的污染;在保证罐制品质量的前提下,对原料进行热处理,以杀灭产毒致病的微生物;在预煮水或糖液中加入适量的有机酸,降低罐制品的 pH,提高杀菌效果;严格封罐质量,防止密封不严;严格杀菌环节,保证杀菌质量。

二、玻璃罐头杀菌、冷却中的跳盖现象、破损率高

1. 产生原因

罐头排气不足;罐头内真空度不够;杀菌时降温、降压速度快;罐头内容物装得太多,顶隙太小;玻璃罐本身的质量差,尤其是耐温性差。

2. 预防措施

罐头排气要充分,保证罐内的真空度;杀菌冷却时,降温降压速度不要太快,进行常压冷却时,禁止冷水直接喷淋到罐体上;罐头内容物装的不能太多,保证留有一定的空隙;定做玻璃罐时,必须保证玻璃罐具有一定的耐温性;利用回收的玻璃罐时,装罐前必须认真检查罐头容器,剔除所有不合格的玻璃罐。

三、果蔬罐制品加工中的变色

1. 产生原因

果蔬中固有化学成分引起的变色,例如,果蔬中的单宁、色素、含氮物质、抗坏血酸氧化引起的变色;加工罐制品时,原料处理不当引起;罐头成品贮藏温度不当。

2. 预防措施

控制原料的品种和成熟度,采用热烫进行护色时,必须保证热烫处理的温度与时间;采用抽空处理进行护色时,应彻底排净原料中的氧气,同时在抽空液中加入防止褐变的护色剂,可有效地提高护色效果;果蔬原料进行前处理时,严禁与铁器接触。

绿色蔬菜罐头灌注液的 pH 调至中性偏碱并选用不透光的包装容器。

四、果蔬罐制品固形物软烂、汁液浑浊

1. 产生原因

果蔬原料成热度过高;原料进行热处理或杀菌的温度高,时间长;运销中的急剧震荡、内容物的冻溶、微生物对罐内食品的分解。

2. 预防措施

选择成熟度适宜的原料,尤其是不能选择成熟度过高而质地较软的原料;热处理要适度,特别是烫漂和杀菌处理,要求既起到烫漂和杀菌的目的,又不能使罐内果蔬软烂;原料在热烫处理期间,可配合硬化处理;避免成品罐头在贮运与销售过程中的急剧震荡、冻溶交替以及微生物的污染等。

自测训练

1. 商业无菌和医学上的无菌有何区别?
2. 影响罐头杀菌效果的主要因素有哪些?
3. 常用的罐藏容器有哪些?各类容器的特点如何?
4. 果蔬罐头装罐时有何要求?如何配制糖液?果蔬罐头排气时有何要求?

5. 如何预防果蔬罐头加工中的变色？如何预防果蔬罐头杀菌冷却中的跳盖现象？
6. 如何预防果蔬罐头固形物软烂及汁液混浊？

实验实训

实训一 糖水橘子罐头制作

【工艺流程】

原料选择 → 分选 → 烫橘剥皮 → 分瓣去络 → 去瓤衣 → 漂洗 → 整理 → 分选 → 漂洗、检查 → 装罐 → 排气、密封 → 杀菌、冷却 → 检验 → 擦罐贴标、入库

【工艺要点】

(1)原料选择　皮薄，易剥皮，去络和分瓣容易，果肉紧密，瓤衣薄，少核或无核，糖酸比适宜，橘皮苷含量低，香味浓郁；耐热、成熟度适宜。

(2)选果分级将未熟、皮青的、腐烂发霉的、病虫害的及枯萎的果实剔出。符合要求的原料每隔 5～10mm 分为一级，分级后的果实置于清水槽中洗净表面尘垢，再投入 0.1% 高锰酸钾溶液中或 0.6g/kg 漂白粉溶液中浸泡 3～5min。

(3)烫橘、剥皮、分瓣、去橘络　先用热水或蒸汽烫橘子，使果皮软化，易于剥离。一般用 95～100℃热水烫 30～90s，热烫后趁热剥皮，一般用手工剥皮，剥皮后的橘子随即边冷却边将整果分瓣，同时撕去囊瓣上的橘络丝，注意一定要撕净，否则将引起橘子罐头汁液发生白色沉淀。

(4)去瓤衣　去瓤衣的方法目前有酶制剂处理法和化学药品处理法两种。

①酶制剂处理法：在酶作用的最适 pH 和温度条件下，将橘瓣浸入其中，从而使外表皮软化。再以清水冲洗，冲脱外表皮而达到去瓤衣的目的。

②化学药品处理法：最好用酸碱混合处理：将橘瓣先用酸溶液浸一定时间，再用碱液浸泡一定时间，然后再以流动水冲洗去除外表皮。一般盐酸浓度为 0.02%～0.08%，温度为 20～45℃，时间为 20～50min；碱液(NaOH)浓度为 0.02%～0.2%，温度为 30～50℃，时间为 3～15min 条件范围内调节。

(5)整理、分选　人工修除。通常半去瓤衣的橘瓣用月牙形剪刀将瓤的心、衣剪去，同时将核去除；全去瓤衣的橘瓣要用钳子将心、衣、核等去除，橘瓣片形完整，果心口整齐，无核无橘络。

(6)装罐、注液　经漂洗复检分级后的橘瓣按罐型要求称量装罐，再加入一定浓度的糖液。糖液的温度不宜低于 90℃。为改进成品风味，对某些品种的橘瓣还

须进行糖酸比的调节。常采用在糖水中添加柠檬酸，添加的酸量以使成品的 pH 达到 3.7 以下为度。

（7）排气、密封　若为全去瓤衣，罐中心温度为 65～70℃，压强控制在 40～53.3kPa；若为半去瓤衣，罐中心温度为 70～80℃，压强控制在 50～53.3kPa。

（8）杀菌、冷却　热杀菌的参考条件如表 3－2 所示。杀菌完毕必须立即冷却至 38～40℃。

表 3－2　　各种罐型的杀菌参数

罐型	净含量/g	全去瓤衣	半去瓤衣
781	312	5min—（10～13min）/100℃	5min—（10～13min）/100℃
8113	567	5min—（14～16min）/100℃	5min—（15～18min）/100℃
9121	850	5min—（23～30min）/100℃	

【质量标准】

（1）感官指标　本产品果肉呈橙红色，同一罐中色泽基本一致，糖水较透明。具有糖水橘子罐头应有的滋味和气味，香味清醇，甜酸适口，无异味。果实去皮、籽。橘瓣片形完整，果心口整齐，无核无橘络。

（2）理化指标　糖度按折光计，开罐时，优级品和一级品为 14%～18%，合格品为 12%～18%。

（3）微生物指标　应符合罐制品商业无菌要求。

实训二　青豆罐头制作

【工艺流程】

原料选择→去荚→大小分级→盐水浮选→预煮→冷却、漂洗→选豆→装罐→排气、密封→杀菌、冷却→揩罐贴标、入库

【工艺要点】

（1）原料选择　加工用的青豆要求是白花种豆，能抗机械加工而不易破碎，糖分和维生素 C 含量高，风味好，组织柔嫩，色绿而表面具有光泽。罐藏品种主要有大青荚、小青荚、羊角尖和宁科百号等。

（2）去荚　青豆去荚一般在脱粒机上进行。青豆的出豆率一般达 40%～50%。实验室中可手工进行去豆荚。

（3）大小分级　根据豆粒直径进行大小分级。一般采用滚筒式分级机，将豆粒分为五级，分级情况见表 3－3。

表 3-3　　豆粒直径的大小分级　　单位:mm

级别	一级	二级	三级	四级	五级
直径	5~7	7~8	8~9	9~10	10 以上

分级后的豆粒不得带有碎壳及杂质,并及时将豆送入下道工序加工,否则豆粒容易老化。

(4)盐水浮选分级　根据青豆的成熟度进行盐水浮选分级。操作时先配制 4、10、13 和 16g/L 四种不同浓度的盐水,分别置于 4 个浮选池中,盐水占水池容积的 2/3。加入的豆量为盐水的 1/2。将青豆首先倒入 4g/L 的盐水池中,上浮的豆为太嫩不合格的次品;将下沉的豆移入 10g/L 的盐水池中再进行浮选,上浮的豆为一级豆;再将下沉的移入 13g/L 的盐水池中,用同样的方法进行其他浓度的浮选。豆粒在盐水中的时间不宜过长,一般不超过 3min。捞出的豆立即放入清水中漂洗,以及时除去盐分。

(5)预煮　在夹层锅中用沸水预煮或用连续式预煮器中预煮,温度为 100℃,预煮时间为 6~9min。豆粒大、成熟度较高的豆,预煮时间应长一些,防止预煮不足。杀菌时豆皮破裂而引起汤汁浑浊。预煮后的豆应立即投入流动水中进行漂洗。

(6)选豆　漂洗后的豆粒用人工再进行一次复检,剔除黄色豆、红花豆,剔除斑点、虫蛀、破裂等不合格豆及杂豆,然后各级豆再用清水淘洗一次,沥水后装罐。

(7)装罐　不同大小、不同成熟度、不同色泽的豆粒分开装罐,然后灌入 80℃ 的 1.5~2.3g/L 热盐水。装罐量见表 3-4。

表 3-4　　青豆罐头的装填量　　单位:g

罐型	净含量	青豆质量	汤汁质量
6101	284	145~160	124~139
7103	397	235~210	162~187
7114	425	235~255	170~190
9116 或 9121	822	450~470	352~372

(8)排气密封、杀菌冷却　装罐后的罐头立即进行排气密封,排气杀菌条件见下表 3-5。杀菌以后的罐头急速冷却至 40℃左右。

表 3-5　　青豆罐头的排气杀菌条件

罐型	净含量/g	热排气	抽空排气	热杀菌条件
6101	284	罐中心温度在 60℃ 以上	真空度 46kPa	10′—30′—10′/118℃
7103	397			10′—35′—10′/118℃
7114	425			10′—35′—10′/118℃
9116 或 9121	822			10′—45′/118℃,反压冷却

【质量标准】

(1)感官指标　豆粒呈青绿色,表面有光泽,色泽一致;外观完整,颗粒完整,细嫩绵滑,汤汁较清晰,允许少量沉淀物,不允许有外来杂质;具有青豆特殊风味,咸淡适口,无异味。

(2)理化指标　固形物:不低于净含量的55%;氯化钠含量:4.5~6.0g/L;重金属含量:锡≤250mg/kg,铅≤1mg/kg。

(3)微生物指标　应达到商业无菌状态。

实训三　糖水梨罐头制作

【工艺流程】

原料选择→分选→摘把去皮→切分去心→修整→洗涤→抽空→热烫→冷却→分选装罐(糖水的配制)→排气密封→杀菌、冷却→检验→揩罐贴标、入库

【工艺要点】

(1)原料选择　选择果形正、石细胞少、香味浓郁、单宁含量低的品种。罐藏品种主要有巴梨、莱阳梨、雪花梨、秋白梨等。

原料的成熟度要适当。采收的成熟度标准主要是皮色(如莱阳梨的皮色应绿中透黄)和籽巢(如巴梨的籽巢应呈乳白色),同时可品尝其风味及糖酸口感。

(2)去皮　梨的去皮以机械去皮为多。去皮后的梨切半,挖去籽巢和蒂把,使巢窝光滑并去尽籽巢。去皮后应浸入护色液(1~2g/L盐水)中。巴梨不经抽空和热烫,直接装罐。

(3)抽空　梨一般采用湿抽法。如莱阳梨等单宁含量低,加工过程中不易变色的梨可以用盐水抽空。加工中容易变色的梨(如长把梨)则以药液作抽空液为好,药液的配比为:盐2g/L,柠檬酸0.2g/L,焦亚硫酸钠0.02~0.06g/L;药液的温度以20~30℃为宜,若温度过高会加速酶的作用,使水果变色,也会使药液分解产生二氧化硫而腐蚀抽空设备。

(4)热烫　凡用盐水或药液抽空的果肉,抽空后必须经清水热烫。热烫时应沸水下锅,迅速升温。含酸量低的梨(如莱阳梨)可在热烫水中添加适量的柠檬酸(0.15g/L)。热烫后急速冷却。

(5)调酸　糖水梨罐头的酸度一般要求在0.1%以上,如果低于这个标准会引起罐头的败坏和风味的不足。因此,生产梨罐头时要根据原料的酸含量及成品的酸度要求添加酸量。一般当原料梨酸度为0.3%~0.4%时,不必再额外加酸,但要调节糖酸比,以增进成品风味。

(6)装罐、注液　糖水梨罐头若选用金属罐,则应采用素铁罐,可以利用锡离子的还原作用使成品具有鲜明的色泽;若采用涂料罐,成品梨色暗、发红、味也差。

装罐时，按成品标准要求再次剔除变色、过于软烂、有斑点和病虫害等不合格的果块，并按大小、成熟度分开装罐。一般要求果块重量不低于净重的55%。每罐加入糖水量一般控制在比规定净重稍高，防止果块露出液面而色泽变差。采用素铁罐时，为防止氧化圈的形成应尽量加满。

(7)排气、密封　加热排气时，排气温度控制在95℃以上，罐中心温度为75～80℃。真空密封排气时，真空度控制在53～67.1kPa。

(8)杀菌、冷却　热杀菌的参考条件如表3－6。杀菌完毕必须立即冷却至38～40℃。

表3－6　各种罐型的杀菌冷却参数(引自王丽琼，《果蔬贮藏与加工》，2008)

罐型	净含量/g	杀菌条件	冷却
781	300	5—15min/100℃	立即冷却
7110	425	5—20min/100℃	立即冷却
8113	567	5—22min/100℃	立即冷却
9116	822	5—25min/100℃	立即冷却
玻璃瓶	510	升温—25min/100℃	分段冷却

【质量标准】

(1)感官指标　本产品果肉呈浅黄色，同一罐中色泽基本一致，糖水较透明。具有糖水梨罐头应有的滋味和气味，香味清醇，甜酸适口，无异味。果实去皮、籽，软硬适度，块形完整，切削良好，果块大小基本一致，无刺伤斑点。

(2)理化指标　开罐时，优级品和一级品糖度为14%～18%，合格品为12%～18%；重金属含量不超标。

(3)微生物指标　应符合罐头食品商业无菌要求。

实训四　玉米笋罐头制作

【工艺流程】

原料选择→采收→剥笋→贮藏→漂洗→预煮→分选、整修→注液→密封→杀菌→保温→检验→成品

【工艺要点】

(1)原料选择　原料一般为生长周期短，适合高密植、矮秆、多穗、穗型整齐的玉米新品种，当玉米穗长至20cm左右，穗丝吐出即将变色时采收。

(2)采收　一般是果穗抽出后5d，穗顶抽出花丝，在花丝将露时，剥开包叶见到穗轴上籽粒雏形已经形成，长出排列整齐晶亮的小泡时为采收适期。

(3)剥笋　人工剥取，在去包叶的同时，要将花丝及穗花丝及穗柄去除干净，

按不同等级分别存放，除去虫蛀变色笋、畸形笋和脱粒笋。

(4)贮藏　当日进料，当日加工，不进行贮藏。若来不及加工应放在0~4℃、相对湿度90%~95%的冷库中，贮存时间最长不超过一昼夜。

(5)漂洗　将验收后的合格笋，用清水漂洗，切忌用力搅拌，并在清洗时剔除夹杂物。

(6)预煮　为去除玉米笋的黏液湿味，使组织软化，排除细胞间隙内的空气，破坏酶的活性，稳定色泽，杀死微生物，将漂洗过的玉米笋在夹层锅中预煮。用95℃的热水热烫1~5min，以煮透为准。烫后用流动水迅速冷却。并在流动水中去净残留的穗丝及杂质。

(7)分选、整修　热烫后的原料还需把掉尖、折断的玉米笋选出，切成2~4cm的段，要求切面整齐。

(8)装罐、加汤汁　将冷却过的玉米笋按等级分别装罐，应特别注意，每罐内笋体大小基本一致。装罐后，应迅速注入汤汁，注意保持净重。汤汁配比：1%糖，1%盐，维生素C适量。

(9)封罐、杀菌、冷却、检验　采用真空自动封罐机封口，真空度不低于53.3kPa。杀菌公式为5′—25′—10′/118℃。杀菌后，迅速冷却至罐中心温度为40℃以下。冷却后擦干罐表水，经保温检验后，即得合格产品。

【质量标准】

(1)感官指标　玉米笋有光泽，色泽一致；外观完整，汤汁清亮，允许少量沉淀物，不允许有外来杂质；具有玉米笋特有风味，咸淡适口，无异味。

(2)理化指标　固形物：不低于净重的55%；氯化钠含量：4.5~6.0g/L；重金属含量：锡≤250mg/kg，铅≤1mg/kg。

(3)微生物指标　应达到商业无菌状态。

知识拓展

拓展　如何在家自制菠萝罐头？

菠萝肉色金黄，香味浓郁，具有清暑解渴、消食止泻、补脾胃、固元气、益气血、祛湿、养颜瘦身等功效。菠萝营养丰富，含有大量的果糖、葡萄糖、维生素B、维生素C、磷、柠檬酸等物质。吃不完的新鲜菠萝，可以做成罐头。

菠萝清洗去皮、去黑眼后，切分成小块，然后用开水热烫果肉3~5min，后趁热放入25%的冰糖液中煮沸15min左右，冷却后密封放入用开水消毒过的玻璃瓶，加盖密藏。放几天就可以吃了。

模块四
果蔬汁加工技术

任务

果蔬汁加工

果蔬汁是指将新鲜水果、蔬菜经挑选、洗净、榨汁或浸提等预处理制成的汁液，装入包装容器中，经密封杀菌，能得以长期保藏的果蔬饮料。果蔬汁含有近似于新鲜果蔬的风味和营养价值，风味佳美，易被人体吸收，有的还有食疗效果，素有“液体水果蔬菜”之称。它色泽艳丽、甜酸适度、清鲜爽口、可直接饮用，也可制成各种饮料，还可作其他食品的原料，果蔬汁加工具有较大的市场发展空间。

学习目标

1. 能说出果蔬汁的种类及特点，能有效利用实验实训条件，设计果汁的加工工艺流程和操作要点。
2. 会自己准备加工所需的试剂、材料；会使用主要的生产设备。
3. 能针对果汁加工中出现的变色、混浊等质量问题提前采取措施。
4. 能自主学习，与别人较好沟通共同完成任务。

任务描述

要求以当地典型果蔬为原料加工汁制品。主要技术指标要求：

(1)糖度为 11% ~12%，酸度 0.4% 左右。

(2)具有该品种应有的色泽、香气和滋味，无异味。

(3)理化指标和微生物指标符合国家标准。

知识链接

学习单元一

果蔬汁分类及加工工艺

一、果蔬汁分类、特点

目前，世界各国果蔬汁分类方法并不相同，其中欧洲各国大体相同，但与美国、日本等国的分类方法相差很大。我国果汁饮料的分类有许多方法，有的按加工方法分类，有的按原果汁的含量分类，有的按果品、蔬菜的种类分类。

（一）按《果蔬汁类及其饮料》（GB 31121—2014）、《果蔬汁类及其饮料（第 1 号修改单）》[GB/T 31121—2014（XG 1—2018）]分类

1. 果蔬汁（浆）（含量 100%）

以水果或蔬菜为原料，采用物理方法（机械方法、水浸提等）制成的可发酵但未发酵的汁液、浆液制品；或在浓缩果蔬汁（浆）中加入过程中除去的等量水分复原制成的汁液、浆液制品。

（1）原榨果汁(非复原果汁)　以水果为原料，通过机械方法直接制成的为原榨果汁即非复原果汁，其中采用非热处理方式加工或巴氏杀菌制成的原榨果汁为鲜榨果汁。

（2）复原果汁　在浓缩果汁中加入其加工过程中除去的等量水分复原而成的为复原果汁。

（3）蔬菜汁　以蔬菜为原料，采用物理方法制成的可发酵但未发酵的汁液制品，或在浓缩蔬菜汁中加入其加工过程中除去的等量水分复原而成的制品。

（4）果浆/蔬菜浆　以水果或蔬菜为原料，采用物理方法制成的可发酵但未发酵的浆液制品，或在浓缩果浆或浓缩蔬菜浆中加入其加工过程中除出去的等量水分复原而制成的制品。

（5）复合果蔬汁（浆）　含有不少于两种果汁（浆）或蔬菜汁（浆）、或果汁（浆）和蔬菜汁（浆）的制品。

2. 浓缩果蔬汁（浆）

以水果或蔬菜为原料，从采用物理方法制取的果汁（浆）或蔬菜汁（浆）中除去

一定量的水分制成的，加入其加工过程中除去的等量水分复原后具有果汁（浆）或蔬菜汁（浆）应有特征的制品。

（1）浓缩果汁（浆） 以水果为原料，从采用物理方法制取的果汁（浆）中除去一定量的水分制成的，加入其加工过程中除去的等量水分复原后具有果汁（浆）应有特征的制品。

（2）浓缩蔬菜汁（浆） 以蔬菜为原料，从采用物理方法制取的蔬菜汁（浆）中除去一定量的水分制成的，加入其加工过程中除去的等量水分复原后具有蔬菜汁（浆）应有特征的制品。

（3）复合浓缩果蔬汁（浆） 含有不少于两种浓缩果汁（浆）、或浓缩蔬菜汁（浆）、或浓缩果汁（浆）和浓缩蔬菜汁（浆）的制品。

3. 果蔬汁（浆）类饮料（含量5%～20%）

以果蔬汁（浆）、浓缩果蔬汁（浆）、水为原料，添加或不添加其他食品原辅料和（或）食品添加剂，经加工制成的制品。

（1）果蔬汁饮料（含量≥10%） 以果汁（浆）、浓缩果汁（浆）或蔬菜汁（浆）、浓缩蔬菜汁（浆）、水为原料，添加或不添加其他食品原辅料和（或）食品添加剂，经加工制成的制品。

（2）果肉（浆）饮料（含量≥20%） 以果浆、浓缩果浆、水为原料，添加或不添加其他食品原辅料和（或）食品添加剂，经加工制成的制品。

（3）复合果蔬汁饮料（含量≥10%） 以不少于两种果汁（浆）、浓缩果汁（浆）、蔬菜汁（浆）、浓缩蔬菜汁（浆）、水为原料，添加或不添加其他食品原辅料和（或）食品添加剂，经加工制成的制品。

（4）果蔬汁饮料浓浆（按标签标示的稀释倍数稀释后含量≥10%） 以果汁（浆）、蔬菜汁（浆）、浓缩果汁（浆）或浓缩蔬菜汁（浆）中的一种或几种以及水为原料，添加或不添加其他食品原辅料和（或）食品添加剂，经加工制成的，按一定比例用水稀释后方可饮用的制品。

（5）发酵果蔬汁饮料（含量≥5%） 以水果或蔬菜、或果蔬汁（浆）、浓缩果蔬汁（浆）经发酵后制成的汁液以及水为原料，添加或不添加其他食品原辅料和（或）食品添加剂的制品。如苹果、橙、山楂、枣等经发酵制成的饮料。

（6）水果饮料（含量5%～10%） 以果汁（浆）、浓缩果汁（浆）、水为原料，添加或不添加其他食品原辅料和（或）食品添加剂，经加工制成的果汁含量较低的制品。

（二）按加工工艺不同分类

1. 澄清汁

该种类型的果汁清澄透明不含果肉颗粒和果胶物质，稳定性较好，是由鲜果压榨取汁后，经过滤、静置或加澄清剂澄清后而得。

2. 混浊汁

该种类型的果汁保留有果肉颗粒及果胶物质，其风味、色泽、营养价值均优于澄清果汁，是由鲜果压榨取汁后，经均质、脱气等工艺而制得。

3. 浓缩汁

该种类型的果汁是一种高糖、高酸的果汁，是将榨取的果蔬原汁，经浓缩以除去果蔬汁中部分水而得；其浓缩倍数常为1～6，可溶性固形物为40%～60%。

二、果蔬汁加工工艺

在这主要介绍按工艺不同分类生产的三种果蔬汁加工方法。生产不同产品的果蔬汁，主要是在后续工艺上有区别。首要的是进行原汁的生产，一般原料经选择、预处理、榨汁或浸提、粗滤为共同工艺，这是果蔬汁制作的必经途径。而原汁或粗滤液澄清、均质、脱气、浓缩等为后续工艺，是制作某一产品的特定工艺。

（一）工艺流程

果蔬汁加工工艺流程如下所示：

原料选择 → 洗涤 → 破碎（打浆） → （预煮） → 榨汁（浸提）粗滤 → 原果汁 →

- 澄清、过滤 → 调配 → 杀菌 → 装瓶 → 澄清果蔬汁
- 均质、脱气 → 调配 → 杀菌 → 装瓶 → 浑浊果蔬汁
- 浓缩 → 调配 → 装罐 → 杀菌 → 浓缩果蔬汁

（二）工艺要点

1. 原料的选择

要求原料新鲜，成熟度高。剔除过生、过熟以及虫、病、烂果和蔬菜。

适宜加工果汁的水果从种类上大体可以分为仁果类、核果类、柑橘类和软果类四类。仁果类水果主要是苹果和梨；核果类水果以桃和杏为代表，也包括李和樱桃；柑橘类又可分为甜橙和酸橙两类，甜橙的主要品种有温州蜜柑、脐橙、血橙和低酸甜橙，温州蜜柑是最主要的加工品种；软果类又有浆果（悬钩子属的黑莓、树莓、桑葚等）、茶藨子属（醋栗、蓝莓）、猕猴桃属和草莓属四类。

部分蔬菜适合于制汁，如番茄、胡萝卜、芹菜、菠菜等。

品种选择主要考虑以下几个方面：

(1)果实出汁(浆)率高　出汁(浆)率一般是指从水果原料中压榨(或打浆)出的汁液(或原浆)的质量与原料质量的比值。果汁加工的目的就是要获得果汁，出汁率低不仅会使成本升高，而且会给加工过程造成困难。

(2)糖酸比适宜　糖酸比是水果中的还原糖(或总糖含量)与其总酸含量的比值。水果的糖酸比越高，则越甜；反之，则越酸。不同人群对水果糖酸比有不同的味觉感受。据研究，对大多数人而言，所谓酸甜适度的水果，其糖酸比为8～20。

(3)香气浓郁　每种水果都有其各自的典型香气。如苹果、杏的香气主要来自酯类和酸类，桃主要为4-癸内酯，葡萄主要为萜品醇，柑橘主要为萜类。只有用于加工果汁的原料具有该品种典型香气时，才能加工出香气诱人的果汁产品。

(4)果皮、果肉颜色　水果在成熟时会表现出特有的色泽，良好的色泽能提高果汁产品的吸引力，所以应选用具有本品种典型色泽，着色度好，在加工中色素含量稳定的原料来加工制汁。

(5)营养丰富且在加工过程中保存率高。

(6)可溶性固形物含量较高　可溶性固形物的含量过低，说明果汁中溶质较少，营养成分含量较少；同时这也会给加工带来困难，如加大机械负荷与能量消耗等。

不同的品种加工成相同类型果蔬汁后的表现是不同的。有些适于制澄清汁，有些适于制浑浊汁，还有的只适合制果浆。应根据产品要求来选择加工品种。

2. 原料清洗

清洗的目的在于洗去果蔬表面附着的尘土、泥沙和大量的微生物以及部分的化学农药，保证产品的清洁卫生，从而保证产品品质。对于农药残留的果蔬，清洗时常在水中加化学洗涤剂，常用的有盐酸、醋酸，有时也用氢氧化钠等强碱及漂白粉、高锰酸钾等强氧化剂。

要求充分清洗原料，除去果面污垢、泥土、杂物及微生物。以苹果清洗为例：

苹果等具有光滑硬表面的硬皮果蔬原料一般可以采用洗果槽(池)来完成清洗，按照作业要求在浸泡槽中停留一段时间，但要注意果实的浸没与翻动；在分裂污染物质和杂物时，反向搅拌果实并使之相互碰撞，可以改善清洗效果。苹果清洗的方法有流槽清洗、刷洗、喷淋等，一般几种方法结合起来使用。

3. 破碎或打浆

破碎粒度要适当，粒度过大，出汁率低，榨汁不完全；如果粒度过小，压榨时外层汁液很快榨出，形成厚层，会阻碍内层果汁榨出，降低汁液滤出速度。通过压榨取汁的果蔬，如苹果、梨、菠萝、杧果、番石榴以及某些蔬菜，其破碎粒度以3～5mm为宜；草莓和葡萄以2～3mm为宜；樱桃以5mm为宜。

果蔬汁加工使用的破碎设备要根据果实的特性和破碎的要求进行选择。如对于葡萄、草莓等浆果可选用桨叶型破碎机，使破碎与粗滤一起完成；对于肉厚且致密的苹果、梨、桃等，可选用锤碎机、辊式破碎机；生产带果肉果蔬汁时可选择磨碎机等，桃和杏等水果，可以用磨碎机将果实磨成浆状，并将果核、果皮除掉；对于山楂，按工艺要求，宜压不宜碎，可以选用挤压式破碎机，将果实压裂而不使果肉分离成细粒时最合适；葡萄等浆果也可选用挤压式破碎机，通过调节辊距大小，使果实破裂而不损伤种子。果实在破碎时常喷入适量的氯化钠及维生素C配成的抗氧化剂，防止或减少氧化作用的发生，以保持果蔬汁的色泽和营养。破碎时还要注意避免压破种子，否则种子含糖苷物质进入汁液，给制品带来苦味。

许多种类的蔬菜如番茄可采用打浆机加工成碎末状再行取汁，打浆机是由带筛眼的圆筒体及打浆器构成，原料进入打浆机内，由于打浆器的桨或刷子的旋转，使果肉浆从筛眼中渗出，而种子、皮、核从出渣口中出去，筛眼的大小可根据产品要求调节。

有一些原料在破碎后须进行预煮，使果肉软化，果胶物质降解，以降低黏度，便于后续榨汁工序，如桃、杏、山楂等。

4. 榨汁或浸提

（1）榨汁　榨汁的方法依果实的结构、果汁存在的部位、组织性质以及成品的品质要求而异。对于大多数水果来说，一般通过破碎就可榨取果汁，但对于柑橘类果实和石榴来说，其表皮很厚，榨汁时外皮中的不良风味和色泽的可溶性物质会一起进入到果汁中，影响产品的风味，应先去除后再进行榨汁。

榨汁机主要有螺旋式榨汁机、带式榨汁机等，一般原料经破碎后即可用榨汁机进行压榨，对于汁液含量少的原料，须采用浸提法取汁，即将原料用水浸泡，使原料中的可溶性营养成分以及色素等溶解于水中，然后滤出浸提液即可，如山楂、枣等。

果实的出汁率取决于果实的质地、品种、成熟度、新鲜度、加工季节、榨汁方法和榨汁效能等。一般情况下，浆果类出汁率最高，柑橘类和仁果类略低。榨汁的工艺过程应尽可能短，防止和减轻果汁色、香、味的损失，最大限度的防止空气的混入。

以草莓压榨工艺为例，草莓既可采用热榨，也可采用冷榨。

①热榨新鲜草莓：完全成熟的、清洗干净和分拣好的浆果放在蒸汽夹层锅中加热到60～82℃，加热过程中浆果用机械搅拌或手工搅拌。果实受热后可以钝化酶的活性，抑制维生素C被氧化损失。在加热和搅拌过程中部分浆果被捣碎，有利于色素的溶出，这样有助于提取和固定果汁的色泽，同时加热可以降低浆果内胶质的黏性，有利于压榨作业。浆果越快达到要求的加热温度，压榨就越容易。但是，应避免长时间连续热处理，否则单宁和其他有害的风味物质就有可能从种子中提取出来。用热榨法制汁，一些浆果的出汁率如下：红树莓在82℃的出汁率为68%，黑

莓加热到60℃时出汁率为65%，草莓加热到76℃时出汁率为60%。

②冷榨新鲜草莓：冷榨适于制造草莓澄清汁。草莓经过装有4～6mm筛子的锤式破碎机破碎，然后在压破的草莓中加入3%～10%的助滤剂，立即在压榨机中压榨。添加助滤剂的量决定于草莓饼的结实程度，添加足够量助滤剂是为使压榨时产生比较干的草莓饼。草莓出汁率为70%～80%，出汁率与草莓的品种、成熟度有关。

为了除去果汁中凝胶反应生成的果胶成分，压榨出的浑浊草莓汁应立即用果胶酶制剂处理。

(2)浸提　浸提就是把果蔬细胞内的汁液转移到液态浸提介质中的过程。实践中常常是用加热的方法破坏细胞壁，使其完全渗透，易于与外界进行液体交换，加速浸提过程。

该法适用于某些难以用压榨方法获得汁液的果蔬原料，如山楂、梅、酸枣等。较适宜的浸提条件为时间60～80min，温度为40～65℃，常采用逆流式浸提工艺。与榨汁比较，浸出汁明亮，氧化程度小，微生物含量低，易进行净化处理，芳香物成分含量高。

5. 粗滤

粗滤或称筛滤。粗滤可除去果蔬汁中的粗大果肉颗粒及其他一些悬浮物质。对于浑浊果汁要求保存色粒以获得色泽、风味和香气，除去分散在果汁中的粗大颗粒或悬浮颗粒。对于透明果汁，粗滤后还需精滤。

粗滤一般采用筛滤机，所以也称筛滤，滤孔大小约为2mm。生产上粗滤常安排与榨汁同时进行，也可在榨汁后独立操作。如果榨汁机设有固定分离筛或离心分离装置，榨汁与粗滤可在同一台机械上完成。单独进行粗滤的设备为筛滤机，如水平筛、回转筛、圆筒筛、振动筛等，此类粗滤设备的滤孔大小约为0.5mm。此外，框板式压滤机也可以用于粗滤。

6. 精滤

这是生产澄清汁必经的一道工序。粗滤后的汁液还含有大量的微细果肉、果皮、色粒、胶体物质等，精滤的目的就是要除去这些物质，它通过澄清和过滤两个步骤完成。澄清的方法有自然澄清法、明胶单宁澄清法、加酶澄清法、加热凝聚澄清法、冷冻澄清法。常用的过滤设备有袋滤器、纤维过滤器、板框压滤机、离心分离机，滤材有帆布、不锈钢丝布、纤维、硅藻土等。

7. 脱气

脱气是生产混浊汁必经的一道工序，其目的是减少汁液中所含的空气。这些气体的存在，特别是大量的氧气，不仅会使果蔬汁中的维生素C破坏，而且与果蔬汁中的各种成分反应使香气和色泽发生变化,还会引起马口铁罐内壁腐蚀;附于悬浮微粒上的气体,会导致微粒上浮而影响制品的外观;气体的存在还会造成装罐和杀菌时产生气泡,从而影响杀菌效果。生产中常采用的去氧法有真空法、氮气交换法、酶法脱气法和抗氧化剂法等。

(1)真空法　果蔬加工一般常采用真空脱气罐进行脱气,真空度为0.0907～0.0933MPa。

(2)抗氧化剂法　一般可加入维生素C,它能与果品汁中的氧气发生反应,从而达到排除氧气的目的。

(3)氮气交换法　一般在气提柱中进行,果蔬汁由上部流入,高压氮气由底部喷入。在氮气泡沫流的强烈冲击下,果品汁中的空气被氮气取代,从而达到排除氧气的目的。

(4)酶法脱气法　有些酶制剂能与氧反应而除去氧。常用的酶制剂有葡萄糖氧化酶和过氧化氢酶。

8. 均质

均质是混浊汁必经的另一道工序,其作用是使果蔬汁中的悬浮微粒进一步破碎,减小粒度,保持均匀的混浊状态,增强混浊汁的稳定性。均质设备有高压式、回转式和超声波式等。高压均质设备主要有高压均质机,混浊果蔬汁饮料的均质压力一般为18～20MPa,果肉型果蔬汁饮料宜采用30～40MPa。果蔬汁在均质前,必须先进行过滤除去其中的大颗粒果肉、纤维和沙粒,以防止均质阀间隙堵塞。高压均质机磨碎力大,均质时空气不会混入物料,操作结束后宜清洗。但物料在高压下通过狭小的间隙容易引起均质阀的磨损,因而应注意保持正常的工作状态。另外,也可以考虑采用超声波均质机和胶体磨进行均质。

9. 糖酸调整

果蔬汁饮料的糖酸比例是决定其口感和风味的主要因素。果蔬汁的糖酸调整是为了改善制品的风味,使之更适宜于人们口味的需要,但调整范围不宜过大。不浓缩果汁适宜的糖分和酸分的比例在13∶1～15∶1范围内,适宜于大多数人的口味。因此,果蔬汁饮料调配时,首先需要调整含糖量和含酸量。一般果蔬汁中含糖量为8%～14%,有机酸的含量为0.1%～0.5%。调整时一般使用砂糖和柠檬酸。

10. 浓缩

浓缩是生产浓缩汁的关键工序。浓缩果汁体积小,可溶性物质含量达到65%～68%。浓缩方法主要有真空浓缩法、超滤浓缩法、反渗透浓缩法以及冷冻浓缩法。

(1)真空浓缩法　由于在真空状态下,果蔬汁的沸点降低,使果汁中的水分在较低的温度下迅速蒸发。果汁受热温度低、时间短，既可保持果汁风味，亦减少营养物质的损失。目前采用较多的是中温真空浓缩设备，温度一般为 45～55℃。生产中常用的真空浓缩设备使用及方法在后文中会详述。

（2）反渗透浓缩法　是我国20世纪60年代开始研究的一种较新的膜分离技术。水分子较多的溶液向水分子低的溶液经过半透膜的扩散为渗透作用，但若给予水分子低的溶液（较浓的可溶性固形物）以较渗透压大的压力促使分子通过半透膜向水分子高的溶液（可溶性固形物含量低或为零）渗透，这种水分子反方向穿过半透膜的扩散称为反渗透或逆渗透。果蔬汁中的水分通过加压透过只允许溶剂分子通过而不允许溶质分子通过的半透膜而被除掉，果蔬汁达到浓缩目的。用于果蔬汁浓缩的反渗透压为2.94～14.7MPa，果蔬汁色、香、味及营养成分保持良好，耗能低，但半透膜易老化，成本较高。目前以醋酸纤维膜最适宜果蔬汁反渗透，其具有结构均匀，较耐温、耐腐蚀、耐水解，且不含有害物的优点。

（3）超滤浓缩法　与反渗透原理相同。依靠反渗透压力可以除去水分子使果蔬汁被浓缩。不同之处在于，超滤法压力低（0.05～0.06MPa），一般可以使果胶等高分子通过半透膜。利用这种方法还可以把果胶从果蔬汁中被除去，从而使果蔬汁被澄清，常使用聚丙烯腈和聚烯烃系的半透膜。

（4）冷冻浓缩法　将果蔬汁降温，当达到冰点时，水分首先结晶，用离心方法除去冰晶，余下果蔬汁浓度加大，冰点幅度更低，进而又一次达到经一次冷却浓缩后的果蔬汁相应的冰点，水分又析出冰晶，待去冰晶后，使余下的果蔬汁浓度再增加，反复几次，果蔬汁中大部分水分被除去，使果蔬汁达到浓缩的目的。温度越低，生成冰晶越多，果蔬汁浓度也越高。冷冻浓缩可以避免营养物质及芳香物质的损失，果蔬汁风味好，分离后的冰碴可供预冷原果蔬汁用，能量消耗少，比真空浓缩好几倍。但此法由于果蔬汁浓度不断增加，黏度加大，冰晶上易附着果蔬汁（通常冰中残留1%果蔬汁），会造成果蔬汁损失。

11. 杀菌

（1）果蔬汁的热力杀菌　即采用（93±2）℃杀菌，特殊情况下可采用120℃以上温度保持3～10s杀菌。目前，高温瞬时杀菌法得到了普遍应用。果蔬汁杀菌后须迅速冷却，避免余温对制品的不良影响。

果蔬汁的杀菌和灌装的顺序，可加热杀菌后灌装，也可灌装后再加热杀菌。不论采用哪一种方法，果蔬汁经加热杀菌、灌装后，要及时冷却至40℃以下，以防各种营养成分的破坏。果蔬汁先加热杀菌后灌装时，一般用间接法杀菌。即加热蒸汽不直接与被加热物料接触，而是通过传热壁将物料加热杀菌。

（2）果蔬汁的非热力杀菌　主要包括物理杀菌和化学杀菌。

①物理杀菌：主要是指辐照杀菌、紫外线杀菌、超高压杀菌、高压脉冲电场杀菌、磁力杀菌和超声波灭菌等。物理杀菌的主要优点是杀菌效果好，对果蔬汁污染

小，易于操作和控制，能更好地保持食品自然风味，但杀菌成本较高。

②化学杀菌：主要是指在加工中通过添加抑菌剂和防腐剂，如臭氧、二氧化氯和乳酸链球菌素等，达到抑菌或杀菌的目的。化学杀菌易于操作、控制，杀菌效果好，成本较低。但在使用中易受水分、温度、pH 和机体环境等因素的影响，作用效果变化较大。

12. 灌装

目前果蔬汁的灌装方法常用的有热灌装和无菌灌装等。

（1）热灌装　是将果蔬汁加热杀菌后立即灌装到清洗过的容器内，封口将瓶子倒置 10 ~ 30min，对瓶盖进行杀菌，然后迅速冷却至室温。使用玻璃瓶时，要对瓶子预热。若使用塑料瓶，先将果蔬汁冷却至 40℃ 以下，再进行灌装封口。若灌装后杀菌，是先将果蔬汁灌入瓶内并封口，再放入杀菌釜内用 90℃ 的温度杀菌 10 ~ 15min；也可装入回转式杀菌设备中，以 85℃ 的温度杀菌 5min。热灌装比较简单，但由于灌装过程中易受到污染，保质期较短。灌装后杀菌较彻底，保质期较长，但要求容器能承受高温。

（2）无菌灌装　无菌灌装可使产品达到商业无菌的目的。无菌灌装的条件是果蔬汁和包装容器要彻底杀菌。灌装要在无菌的环境下进行，灌装后的容器应密封好，防止再次污染。无菌灌装的优点是分别连续加工出无菌果蔬汁和对容器进行杀菌，从而得到高经济性和高质量的产品。

包装材料可用热成形的无菌容器，也可用化学、物理的方法（如过氧化氢、紫外线）或化学与热相结合的方法等对包装容器进行杀菌，它可节约包装材料和能耗，而不像常规的灌装方式，要用耐热的包装容器。

学习单元二

果蔬汁加工常用的设备及使用方法

一、果蔬汁的榨汁设备

1. 裹包式榨汁机

裹包式榨汁机（图 4 – 1）主要用于制取果品汁，通用性很广。一般是将果浆用合成纤维挤压布包裹起来，每层果浆的厚度为 3 ~ 15cm，层层整齐堆码置于支承面上，层与层之间用隔板隔开，通过液压力增压，挤压力高达 2.5 ~ 3.0MPa。由于挤压层薄，汁液流出通道短，因而榨汁时间短，一般周期为 15 ~ 30min，生产能力 1 ~ 2t/h。

裹包式榨汁机造价低廉，操作方便，出汁率高，但其效率低，劳动强度大，果浆及果汁氧化严重。目前国内外生产的全自动裹包式榨汁机的铺层、榨汁和排渣均采用连续作业，适用于苹果、梨、菠萝及浆果的榨汁，使小型裹包式榨汁机的缺点得到较大改善。

2. 带式榨汁机

带式榨汁机（图 4 - 2）属于连续式榨汁机，主要由上、下两条多孔滤带、转筒和许多压辊组成，转筒和压辊表面有橡胶并带有孔。

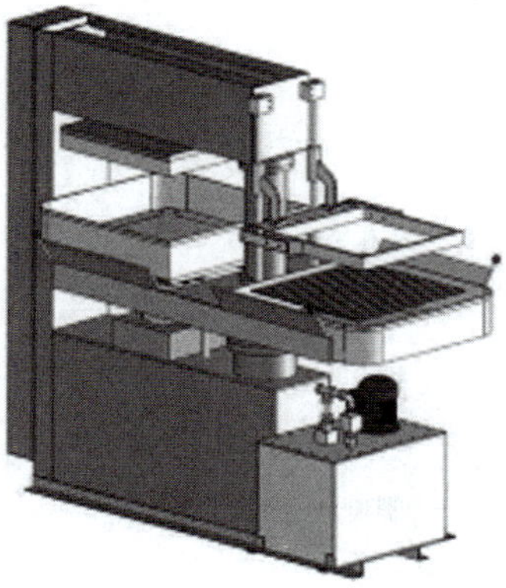

图 4 - 1　裹包式榨汁机

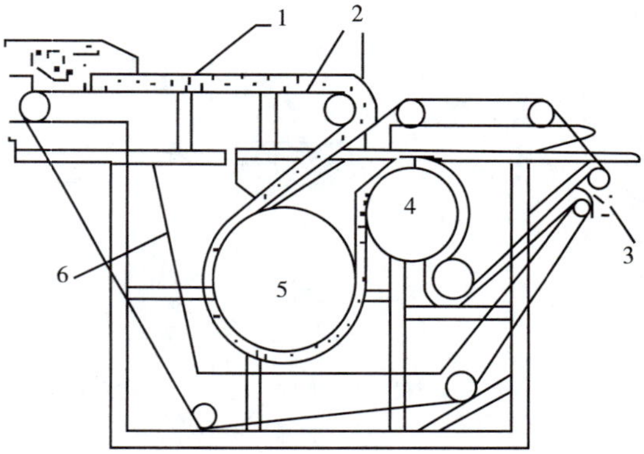

图 4 - 2　带式榨汁机

1—果浆　2—上、下传动带　3—果渣
4—第二道压辊　5—第一道压辊　6—汁液收集槽

破碎后的苹果被均匀地铺放在两条滤带之间，当两条滤带绕过转筒时，物料受到的压力逐渐增加，榨出的果汁通过带孔和转筒上的孔流至下面的集液盘内。带式榨汁机的带宽为 60 ~ 180cm，相应处理的苹果量为 5.0 ~ 15t/h，出汁率 70% 以上，产品的含气量较低，操作的劳动强度低。

这种榨汁机的带子每工作循环一次后，必须将带子彻底清洗干净，将压入带面和带孔内的果渣清洗出来，否则，带子再次进入榨汁工作区时，果汁不能透过带孔，带上的物料会被挤向两侧，甚至排出机外，不能正常工作。清洗带子时，用约 3.5MPa 的高压水从带下向上冲洗带孔。生产中，应避免带子安装不当，造成两压榨带跑偏现象。

带式榨汁机的优点是，逐渐升高的表面压力可使汁液连续榨出，出汁率高，果渣含汁率低，清洗方便。但是压榨过程中汁液全部与大气接触，所以，对车间环境卫生要求较严。

3. 螺旋式榨汁机

螺旋压榨机(图4－3)主要用于葡萄、番茄、菠萝、苹果、梨等果蔬的汁液压榨。

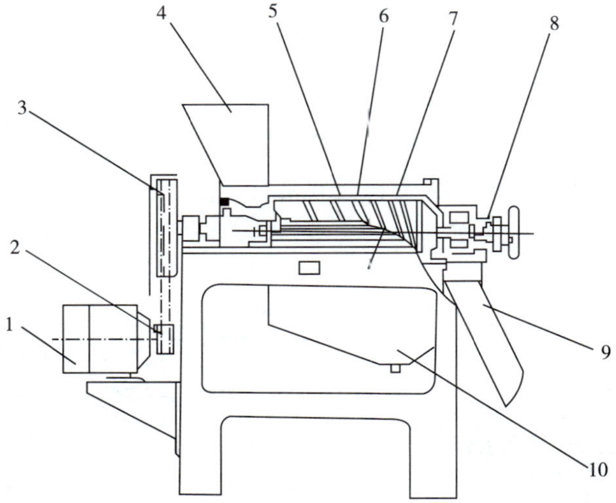

图4－3　螺旋式榨汁机

1—电动机　2—小皮带轮　3—主轴皮带轮　4—料斗　5—螺旋杆　6—筒筛
7—机架　8—调整装置　9—出渣口　10—盛汁器

主要工作部件为螺旋杆,采用不锈钢材料铸造后精加工而成。其直径沿废渣排出方向从始端向终端逐渐增大,螺距逐渐减小,因此它与圆筒筛相配合的容积也越来越小,果浆所受压力越来越大,压缩比可达1∶20,果品汁通过圆筒筛的孔眼中流出。圆筒筛常用两个半圆筛合成,外加两个半圆形加强骨架,通过螺栓紧固成一体,螺旋杆终端成锥形,与调压头内锥形相对应。废渣从二者锥形部分的环状空隙中排出。通过调整空隙大小,可改变出汁率。可根据物料性质和工艺要求,调整挤压压力,以保证设备正常工作。

螺旋榨汁机属于连续式榨机,该设备在压榨过程中,进料、压榨、卸渣等工序均是连续进行的。具有结构简单、外形小、榨汁效率高、操作方便等特点。螺旋式榨汁机的不足之处是榨出的汁液含果肉较多,要求汁液澄清度较高时不宜选用。

二、果蔬汁的均质与脱气设备

(一)果蔬汁的均质设备

均质设备有高压式、回转式和超声波式等,我国常用的是高压式均质机,压力达到 20MPa 左右。操作时，主要是通过一个均质阀的作用，使加高压的果蔬汁从极端狭小的间隙中通过，然后由于急速降低压力而膨胀和冲击作用，使粒子微细化并均匀地分散在果蔬汁中。

1. 高压式均质机

高压式均质机（图 4 – 4）一般采用三柱塞往复泵，结构上可分为两部分：使料液产生高压能量的高压泵和产生均质效应的均质阀头。

高压均质机的使用方法如下：

（1）准备工作　均质机在使用前，应彻底进行清洗与消毒，在生产中每周至少消毒 1 ~ 2 次，以防止微生物繁殖，其方法可按下列程序进行。将均质阀及相关管路全部拆下用温水将污垢刷洗干净；后将各零件用热碱水（65℃左右，浓度 1.5% ~ 2%）刷洗一遍，再用温水冲洗除去碱渍；将洗净的零件及机身有关部分用蒸汽直接喷射一遍，然后将零件装妥；开动电动机，将沸水吸入均质阀，进行约 10min 的循环灭菌，最后排除积液。

图 4 – 4　高压均质机

（2）操作　启动：启动前，检查运动部件是否有卡阻及松动现象，各紧固件是否紧固，油箱内油位是否正常，并接通冷却水管。检查电气装置，无误后，可点动一下，核对大带轮的转动方向。打开进出料管上的阀门，启动电动机，经进水放气后，调整各处压力至正常值，运转一段时间，确认一切正常后，即可正式运行。

停车：停车前，放松压力调节阀，降低压力，然后关闭电动机，待泵停止工作后，再关闭进、出料阀门。停车后，应立即进行清洗，可用温水、碱水依次循环清洗，再用 90℃左右热水消毒 10min，长期不用时，应彻底清洗消毒。

（3）维护与保养　每日检查油位、油压，若油压在 0.3MPa 以下，需检查零件是否过烫。随时注意冷却是否正常、是否有泄漏及异常响动；在每日检查的基础上，每月检查所有的螺母是否拧紧，油液是否失效。皮带有松动需调紧，更换已经损坏的零部件；在每月检查维修的基础上，每半年更换润滑油，清洗曲轴箱及滤油器，将液力端所有紧固件重新紧固及重新调试均质机。油液 1 ~ 2 个月更换一次；泵体拆装前一定要仔细查看泵体拆装示意图，泵体一经拆装后，应以净水为介质运转一会，无异常情况方可投料工作。在装配过程中，零件一定要用力压到底，并且在压力表座内加满机油，一般夏天用 19 号压缩机油或 HJ40 ~ 50 润滑油，冬季用 13 号压缩机油或 HQ – 6 润滑油。

2. 胶体磨

目前,也大量采用胶体磨的方法均质。当果蔬汁流经胶体磨的狭腔时,间隙约为0.05～0.075mm,因受到强大的离心作用,颗粒互相冲击、摩擦、分散和混合,微粒的细度可达0.002mm,从而达到均质的目的。

胶体磨(图4－5)主要有以下几部分:进料斗、外壳、定盘(定齿)、动盘(转齿)、电机、调节装置和底座等。

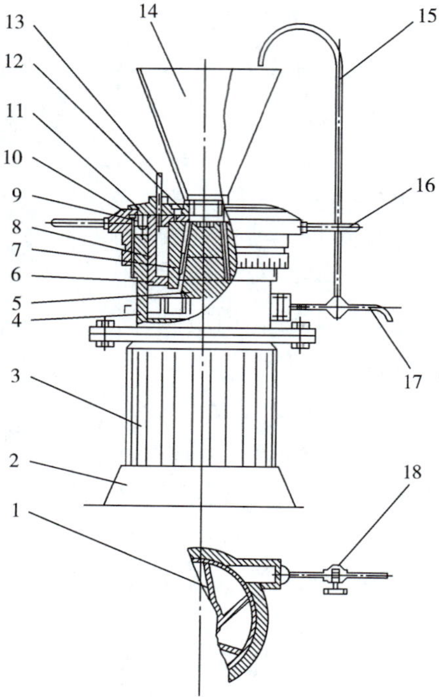

图4－5 立式胶体磨

1—机座 2—电机 3—叶轮 4—磨体 5—动磨盘 6—静磨盘套 7—静磨盘 8—密封圈 9—限位螺钉 10—调节轮 11—盖板 12—联接螺钉 13—进出冷却水管 14—料斗 15—循环管 16—调节手柄 17—出料管 18—三通阀

工作过程:将待均质的果蔬汁倒入料斗中,并由中心进入两磨的间隙中(该间隙一般在0.05～0.75mm)。旋转磨随电机作高速旋转,转速可达3000～12000r/min。由于受到强大的离心力作用,果蔬汁中所含颗粒受到冲击、摩擦、分散及混合,从而实现均质。磨中的槽可以增加其摩擦、剪切的作用,有利于均质。由于高速转动,摩擦而产生的热,可由环形水槽中的冷却水带走。均质后的果蔬汁由和旋转磨固联的叶轮排出,经过三通旋塞阀及循环管回到料斗。经过一段时间的循环,果蔬汁达到均质要求,旋转三通旋塞阀,果蔬汁就通过出料管被引入下一工序。需要时可调整固定磨与旋转磨间的间隙。

与高压均质机相比，胶体磨价格便宜，占地面积小，但操作时容易使空气混入果蔬汁中。

(二) 果蔬汁的脱气设备

常用的脱气设备为真空脱气机(图4-6)。

条件：真空度98.4~99kPa；温度25℃。

果蔬汁进入真空脱气罐内，在一定真空条件下分散成薄膜或雾状除去空气。可除去90%的气体，也能脱去2%~5%的水分。

这种真空脱气机属喷雾式的。果蔬汁由泵通过控制阀进入喷雾嘴并被喷射出，成雾状的物料在具有一定真空度的罐体内落下，在此过程中被脱气。脱气果蔬汁集于罐底部，由出料口排出下道工序。真空罐内的物料液面由控制阀的浮子控制，液面上升，浮子也升高，使控制阀关小，进液量减少，反之亦然。真空脱气的效果取决罐内真空度、果蔬汁温度、果蔬汁的表面积、脱气时间等。

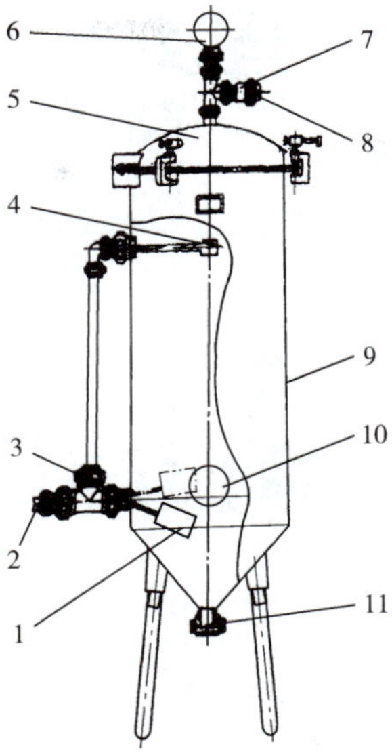

图4-6 真空脱气机

1—浮子 2—进料管 3—三通阀 4—喷头 5—顶盖 6—真空表 7—单向阀 8—真空管 9—脱气室 10—视孔 11—放液口

使用真空脱气，可能会造成挥发性芳香物质的损失，为减少这种损失，必要时可进行芳香物质的回收，加回到果蔬汁中去。

三、果蔬汁的浓缩设备

生产中常用真空浓缩设备。

1. 升膜式真空浓缩设备

升膜式真空浓缩设备属于长管薄膜式外加热自然循环浓缩设备，物料在设备的管壁内分散成液膜的形式流动，停留时间为几秒至几十秒，由于形成薄膜流动，提高了浓缩效率，适合于果蔬汁等热敏性物料的生产。

升膜式真空浓缩设备主要由加热器(蒸发器)、分离器、雾沫捕集器、水力喷射器和循蒸汽环管等部分组成。如图4-7所示为单效升膜式真空浓缩设备的加热器和分离器部分。

需浓缩的果蔬汁自蒸发器1的底部进入管内，加热蒸汽在管外将热量传递给

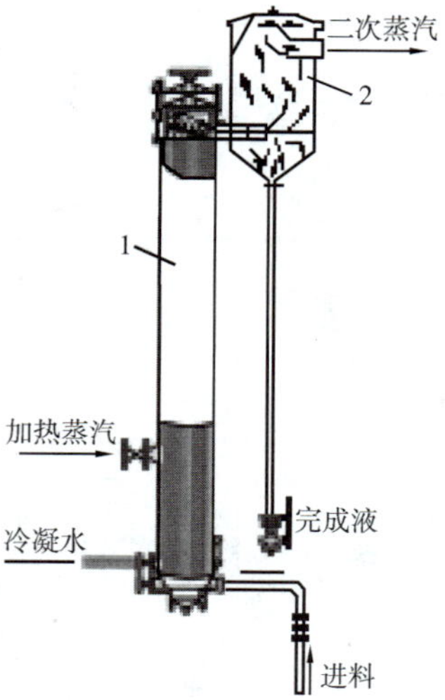

图 4－7 单效升膜式真空浓缩设备

1—蒸发器 2—汽液分离器

管内果蔬汁，在加热和减压真空状态下，果蔬汁中的水分迅速汽化，产生大量二次蒸汽，并以 80～200m/s 的速度带动浓缩液沿管内壁成膜状上升，在管顶部以较高速度进入汽液分离器 2。由于离心力作用下，在汽液分离器 2 中浓缩液与二次蒸汽分离。二次蒸汽从分离室的顶部排出，而浓缩液的一部分通过循环管，再回流到蒸发器 1 底部，继续被浓缩，达到浓缩要求的浓缩液则可从分离器 2 的底部放出。蒸发器的加热管采用直径为 30～50mm 的长管，长径比可达到 100～300，一般长管式的管长为 6～8m，短管式的管长为 3～4m。

操作时，物料应当进行预热处理并控制好进料量，使物料既能形成液膜被蒸发又不会发生管壁结焦现象。一般经过一次浓缩的蒸发水量不宜大于进料量的 80%，若进料量过多，物料加热不足，二次蒸汽产生量少，管的下部积液过多，使物料成液柱上升而不能形成液膜，传热效果大大降低；而进料量太少，则易导致管壁结焦。

在果蔬汁蒸发浓缩过程中，若单效升膜式蒸发器达不到工艺要求的果蔬汁浓度，可采用多效联用的方式，但一般不超过三效。图 4－8 为双效升膜式浓缩设备流程图。

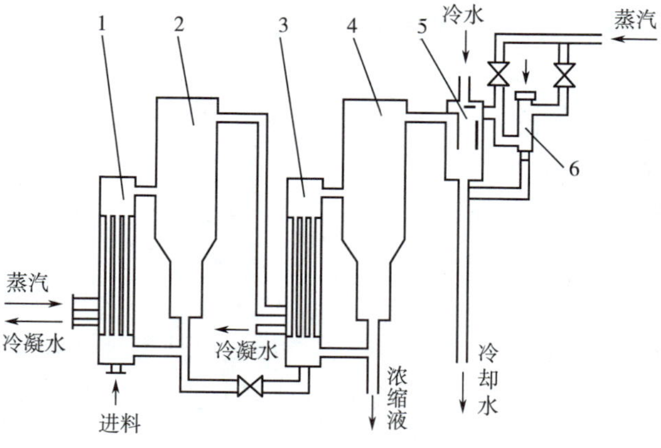

图 4－8 双效升膜式浓缩设备

1—一效加热器 2—一效分离器 3—二效加热器 4—二效分离器

5—混合式冷凝器 6—中间冷凝器

该设备主要由一效和二效加热器、一效和二效分离器、混合式冷凝器、中间冷凝器、热泵、蒸汽喷射泵及各种液体输送泵组成。设备工作时，果蔬汁自一效加热器1的下部进入蒸发器中，由于管外蒸汽的加热及真空的诱导作用，使果蔬汁沿着加热管上升，并加热汽化、蒸发，被二次蒸汽挟带的果蔬汁液滴经分离器2分离后，由回流管仍返回一效加热器的底部，当一效的果蔬汁达到预定的浓度时，可部分地进入二效加热器3的底部，再循环蒸发，当达到出料浓度时，即可连续不断地将其抽出。

正常操作后，进料量必须等于各效蒸发量及出料量之和。

2. 降膜式真空浓缩设备

降膜式真空浓缩设备与升膜式相类似，也属于长管薄膜式自然循环浓缩设备，具有传热效率高、受热时间短的特点。主要区别是经预热后的果蔬汁从加热器管束的顶部进入，在管束的顶部安装有降膜分布器，使果蔬汁在重力作用下沿管内壁呈膜状分布流下。图4－9所示为单效降膜式真空浓缩设备的加热器和分离器部分。图4－10所示为几种浓缩果蔬汁生产中常用降膜分布器的结构示意图。

操作时，果蔬汁自蒸发器的顶部加入，在顶部降膜分布器的作用下，果蔬汁均匀地分布在每一根加热管中。果蔬汁受蒸汽加热后所产生的二次蒸汽与浓缩液并流而下，并在二次蒸汽的作用下，料液呈膜状下降流动，由底部进入离心分离室2，二次蒸汽与浓缩液在此进行分离，二次蒸汽由分离室的顶部排出，浓缩液由底部抽出。

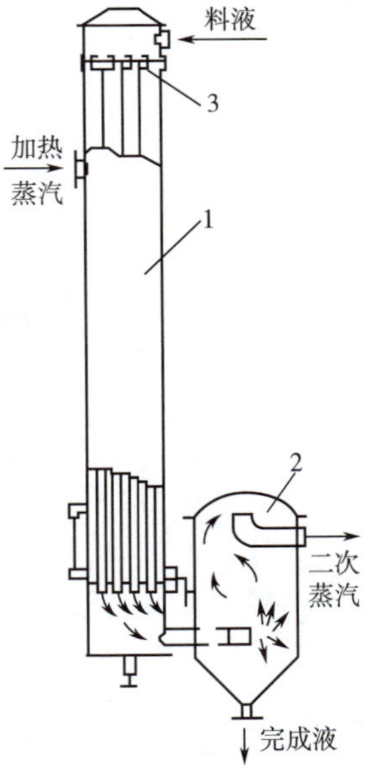

图4－9　单效降膜式真空浓缩设备
1—蒸发器　2—离心分离器
3—液体分布器

在降膜分布器的结构图4－10(1)为导流管是具有螺旋形沟槽的圆柱体；图4－10(2)为导流管下端为一锥体，锥体的端面向内凹入，以免果蔬汁再次向中央聚集；图4－10(3)为利用加热管上端管口的齿缝来分配果蔬汁；图4－10(4)为用于强制循环降膜蒸发的旋液分布器，使果蔬汁沿切线方向加入管中，呈螺旋下降方式布料。

除蒸发器之外，降膜式浓缩设备仍需配备抽真空、冷凝等附属设备。

若单效降膜式蒸发器达不到工艺要求的果蔬汁浓度，可采用多效联用的方式。图4－11为三效真空降膜浓缩设备。

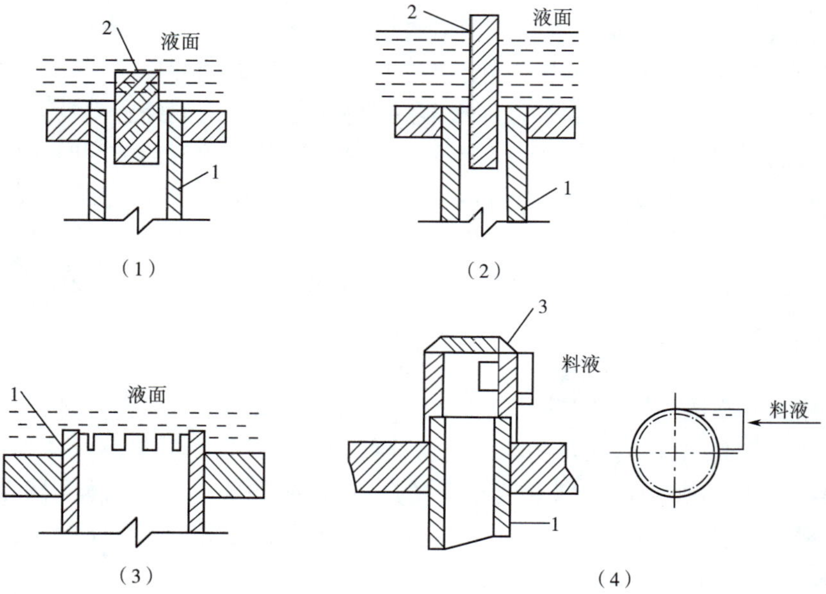

图 4－10　降膜分布器

1—加热管　2—导流管　3—旋液分配头

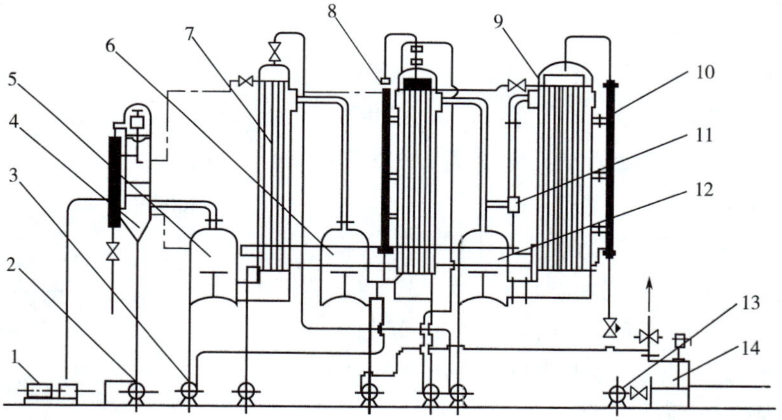

图 4－11　三效真空降膜浓缩设备

1—真空泵　2—水泵　3—料液泵　4—冷凝器　5—第三效分离器　6—第二效分离器　7—第三效蒸发器　8—第二效蒸发器　9—第一效蒸发器　10—预热器　11—热压泵　12—第一效分离器　13—料液进料泵　14—料液平衡槽

包括第一、二、三效蒸发器，第一、二、三效分离器，直接式冷凝器、液料平衡槽、热泵、液料泵和双级水环式真空泵等部分。果蔬汁自平衡槽 14，靠进料泵 13，经预热器 10 先进入第一效蒸发器 9，通过受热降膜蒸发，引入第一效分离器 12，被初步浓缩的果蔬汁，由第一效分离器底部排出，经循环泵送入第三效蒸发器 7，再被浓缩并经第三效分离器 5 分离后，通过出料泵送入第二效蒸发器，最后经第二效分离器和出料泵排出浓缩成品。生蒸汽先进入第一效蒸发器，对管内果蔬汁加热后，经预热器 10 再对未进蒸发器的果蔬汁进行预热，然后成为冷凝水由泵排出。第一效分离器所产生的二次蒸汽除部分引入第二效蒸发器作为第二效蒸发水分的热源之外，其余部分利用热压泵 11 增压后，再作为第一效蒸发器的热源。第二效分离器所产生的二次蒸汽，引入第三效蒸发器作为蒸发水分的热源。第三效分离器产生的二次蒸汽则导入冷凝器 4，冷凝后由水泵 2 排出。各效蒸发器中所产生的不凝结气体均进入冷凝器，由水环式真空泵 1 排出。

3. 离心式薄膜真空浓缩器

离心式薄膜真空浓缩器是一种传热效率高、蒸发强度大的浓缩设备。由于果蔬汁薄膜的厚度仅有 0.1mm 左右，物料受热时间极短，在 1 ~3s 内即能完成蒸发过程，使成品浓汁质量较好，能较好保持果蔬汁的原有色泽、风味和营养成分。离心式薄膜真空浓缩器可浓缩的液汁黏度高达 20Pa · s。很多品种的果蔬汁可以浓缩到 85°Bx。但该设备结构比较复杂，处理量一般不很大。图 4 – 12 所示为离心式薄膜真空浓缩器的结构示意图。

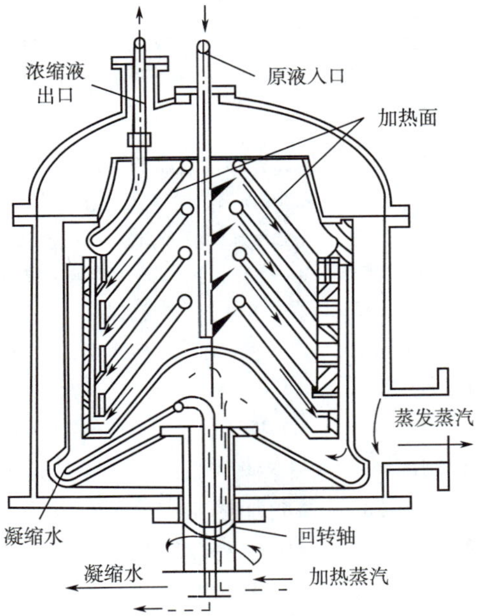

图 4 – 12 离心式薄膜真空浓缩器

在操作过程中,果蔬汁先经过滤器,再进入可维持一定液面的储槽,由螺杆泵将料液输送至浓缩器,由喷嘴将果蔬汁液料喷在离心盘背面,并在离心力作用下使其形成薄膜。离心盘中的夹层内,通入加热蒸汽。果蔬汁浓缩后由浓缩液出口排出,并通过膨胀式冷却器冷却为20℃的成品。果蔬汁浓缩过程中产生的二次蒸汽经过板式冷凝器冷凝后,再用真空泵抽出。

瑞典 Alfa - Laval 公司的单效离心式苹果汁浓缩设备的工作流程如图 4 - 13 所示。被浓缩的果汁液料首先经过滤器 1 进入平衡罐 2,然后被进料泵 3 输入离心式薄膜真空浓缩泵 4。平衡罐用于维持进料量的均匀,如进料因故中断,则清水取代液料进入浓缩器中,以免过热和烧焦。果汁中被蒸发出来的二次蒸汽抽至板式冷凝器 7 中,用冷却水冷凝;冷凝液与不凝结气体在捕集器的作用下分离,分别由冷凝水泵 10 和真空泵 11 排出。浓缩泵 4 中的真空度是由蒸汽喷射泵 6 实现。浓缩果汁通过冷却器 5 冷却后由浓缩汁泵 8 卸出。

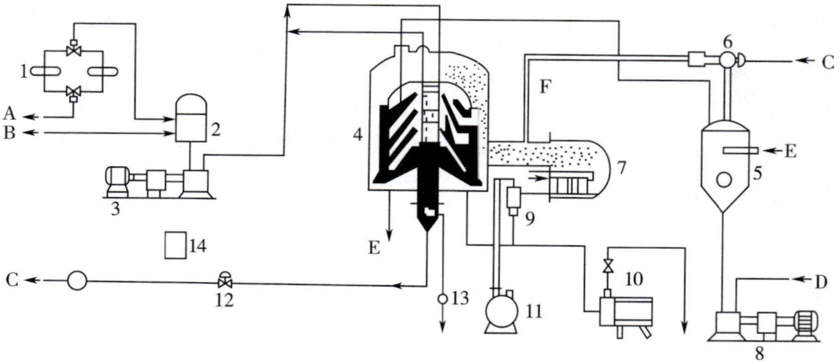

图 4 - 13　单效离心式浓缩器工作流程

A—原料　B—水　C—蒸汽　D—浓缩汁　E—CIP　F—二次蒸汽

1—过滤器　2—平衡罐　3—进料泵　4—浓缩泵　5—冷却器　6—蒸汽喷射泵　7—板式冷凝器　8—浓缩汁泵　9—分离器　10—冷凝水泵　11—真空泵　12—蒸汽调节阀　13—疏水器　14—压力控制器

4. 刮板式真空浓缩器

刮板式真空浓缩器的原理如图 4 - 14 所示。液汁从进料管定量送入,通过旋转的分配盘,在离心力的作用下被抛向加热室夹套的传热面,刮板的旋转将液汁强制地均匀分散于加热管内壁,形成薄膜。与此同时,液汁受到重力作用沿着加热管内壁向下流动。在此过程中,液汁在加热区受热,水分被蒸发,液汁不断形成新的液膜并被蒸发浓缩,浓缩汁最后汇流至底部,进入接受器内。

四、果蔬汁杀菌设备

常用的加热杀菌设备如下：

1. RP6L20 型超高温瞬时灭菌机

该设备既能保证杀菌完全彻底，又能保护营养成分。该机的工作原理如图 4－15 所示。

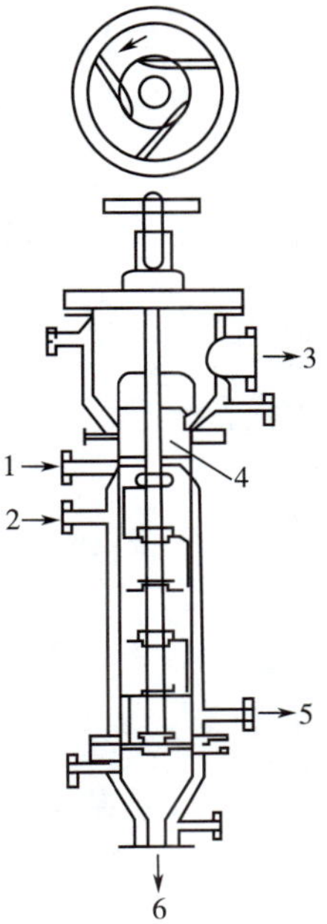

图 4－14 刮板式真空浓缩器

1—原料口 2—蒸汽入口 3—二次蒸汽 4—液滴分离器 5—冷凝水出口 6—浓缩液出口

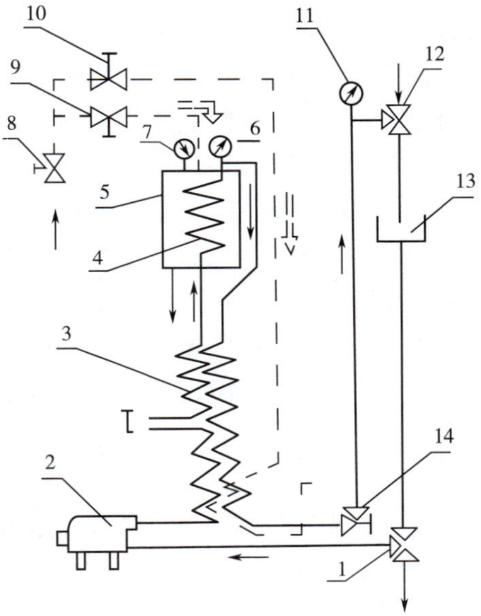

图 4－15 RP6L20 型超高温瞬时灭菌机

1—进料三通旋塞 2—进料泵 3—双套盘管 4—高温盘管 5—高温桶 6,11—温度表 7—压力表 8—截止阀 9,10—角式截止阀 12—出料三通旋塞 13—循环贮槽 14—节流阀

工作时料液由进料泵 2 送入双套盘管 3 内而得到预热，除后通过高温桶 5 内的高温盘管 4，由于桶内充满压力蒸汽，管内料液被迅速加热，使其保持 3s 以上即达灭菌目的。此时的料液温度可从温度表中显示出来。热料出高温桶后，再通过双套盘管 3 与冷料进行热交换得到冷却，出料温度便下降，一般低于 65℃。

某物料进入下道工序时需要较高温度，可打开角式截止阀补充加热，若需继续冷却，可接入冷水（1～20℃）。出料是通过节流阀调节，该阀能使物料维持一定的压力，使其沸点高于最高加热温度。循环贮槽可用来配制化学洗涤剂进行循环洗涤盘管壁面的积垢。

另外，当处理高黏度物料时，可加接高压均质机，当需要提高处理能力时，可再加接一台中间泵，即用两台泵输液。

若运行中物料短时间供应不上，可以在循环贮槽中注满清水，当最后的物料用完的瞬间，立即将进料三通旋塞转换，使贮槽中的清水代替物料流入并循环。待物料供上时，重新转入正常操作。但若物料较长时间供应不上，则可按上述方法用清水循环数分钟后，将设备全部停止运行。

在一般情况下，该设备连续使用6～8h必须清洗一次，清洗过程如下：

（1）水洗　当操作行将结束时，用水清洗，以排除残余的物料，利于下一步洗涤。当设备中流出的水变清时，水洗即可停止；

（2）碱洗　在循环贮槽中将苛性钠（NaOH）配制成2%浓度的碱性洗涤剂，加热至80℃，循环约30min；

（3）水洗排除碱液后用水冲洗约15min；

（4）酸洗　将HNO_3配制成2%浓度酸性洗涤剂，加热到80℃，循环约30min；

（5）水洗　排除酸液后用水冲洗约15min。

冲洗完毕后，应将清水充满于设备中，直至下次操作。洗涤时，清水要求含氯量小于50mg/L。洗涤剂不能用氯化物（如食盐）配制。

2. 列管式热交换器

列管式热交换器（图4－16）是目前使用较多的一种，其优点是易于制造，成本低，适应性强、制造材料广，在换热设备中处于主导地位。

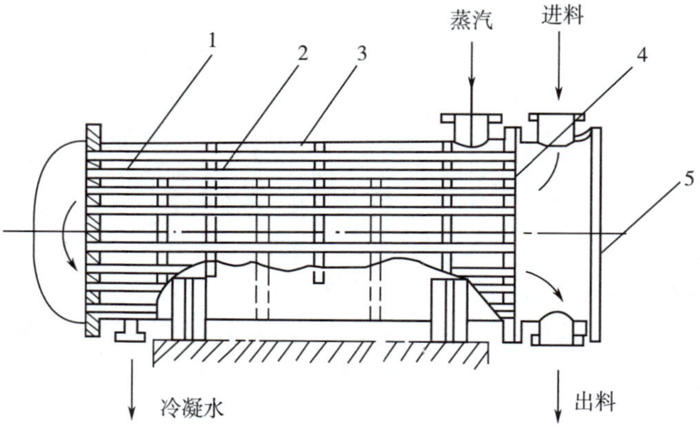

图4－16　列管式热交换器

1—管束　2—折流板　3—外壳　4—管板　5—封头

列管式热交换器有单程式和多程式之分。若物料自一端进入后，一次通过全部管道而到达另一端排出，这种热交换器为单程式。若将管束分成若干组，并在封头处加装隔板，使之多次的曲折往复流动即为多程式。国产的列管式热交换器有二程、四程、六程等多种。图4－16所示为二程式。程数为偶数的热交换器，物料进出口都在同一端封头上。

果蔬汁杀菌常采用多程式。在物料的进出口都安装有温度表，测定杀菌前后的温度，用阀门控制流量和杀菌时间。没有满足杀菌温度和时间要求的物料经三通阀和管道返回进料口重新加热。在自动化设备中，杀菌温度、时间等都用自动控制阀门调节。

管式热交换器也能像板式热交换器一样，可根据不同工艺要求如高温短时杀菌、热灌注、冷灌注等组成各种不同的结构。常用于果蔬汁原浆和果肉含量很高的混浊果蔬汁等杀菌操作。

五、果蔬汁的灌装设备

常用的灌装方法有常压法灌装机、等压法灌装机、真空法灌装机、压力法灌装机等设备。

（一）常压灌装机

常压灌装机主要由灌装系统、进出瓶机构、升降瓶罐机构、工作台、传动系统等组成，图4－17所示为目前在易拉罐灌装线上应用较普遍的常压灌装机的机构原理图。

在传动系统作用下，转轴16带动转盘11和定量杯一同回转，液料从贮液筒经管道13靠自重流入定量杯内。在端面凸轮2作用下使瓶托1带动瓶子上升。当瓶口顶着压盖盘5上升时弹簧压缩，此时滑阀6就在活动量杯8的内孔向上滑动。随着转轴回转，已定好量的量杯已转离贮液筒14下方，进入灌装位置。当滑阀6上升使进液孔7打开时液料便流入瓶内，瓶内气体从压盖盘5下表面的四条小槽排出，完成一个瓶子的灌装任务。随着转盘转动，8个定量杯逐次进入贮液筒14正下方完成定量工作，当转离定量位置，进入灌装位置时又开始灌瓶，如此反复连续不断地工作。

这种机构，它定量准确，机构简单，调整方便，密封良好，适宜多种规格罐的灌装，广泛应用于中小型生产企业。

（二）负压灌装机

负压灌装设备常称为真空式灌装机。这种灌装方法是使贮液箱内处于常压，在灌装时，只对瓶内抽气使之形成真空，到一定真空度时，液体靠贮液箱与容器间

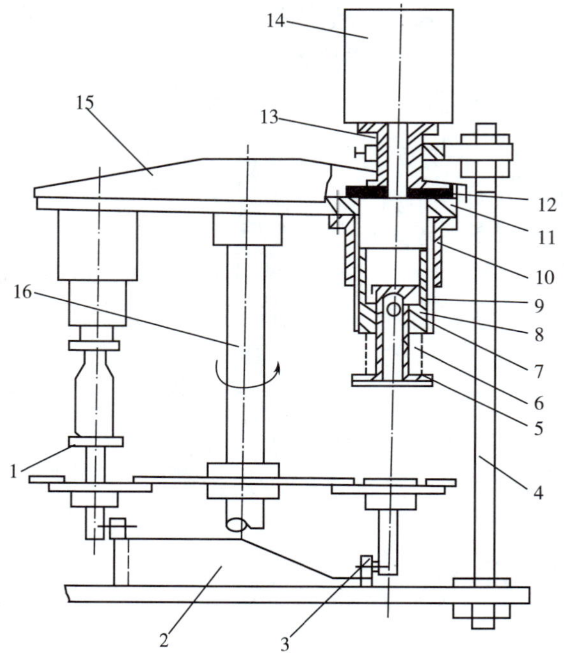

图 4－17　常压灌装机

1—瓶托　2—端面凸轮　3—滚子　4—撑杆　5—压盖盘　6—滑阀　7—进液孔　8—活动量杯　9—密封圈　10—固定量杯　11—转盘　12—密封盘　13—进料管　14—贮液筒　15—罩盖　16—转轴

的压差作用流入瓶中,完成灌装。它主要用于不含气的液体灌装,如果蔬汁类。由于在真空下灌装,所以当瓶罐破漏时就停止灌装,可减少损失。但在真空下,对某些带有芳香的液体,要损失一些香味。

负压灌装法对于瓶子规格要求较严,因为它的定量由灌装嘴深入瓶子的深度来确定,瓶的容积直接影响定量准确度。但因其调整容易,仍被广泛应用。

1. 单室真空灌装机

图 4－18 为单室真空灌装机原理示意图,它实际上是真空等压灌装,是靠液体自身重力灌入容器。真空室和贮液箱连通在一起,当瓶子上升推压灌装头(阀)、打开灌装头液流出口的同时,吸气管便插入瓶中开始抽真空。当瓶内压力小于贮液箱 2 中的气压与被灌液料压力之和时,料液便从进液口灌入瓶内。当瓶内液面上升到抽气管管口时,进入的多余料液便被抽到贮液箱,此时,瓶托升降机构正好处于下降位置,进液口关闭,完成灌装任务。单室真空灌装机的气室和贮液箱合在一起,整个液面成为扩散面,液味容易挥发,不宜灌装含有香味液体。但它的结构简单,灌装阀类似于弹簧阀门式。

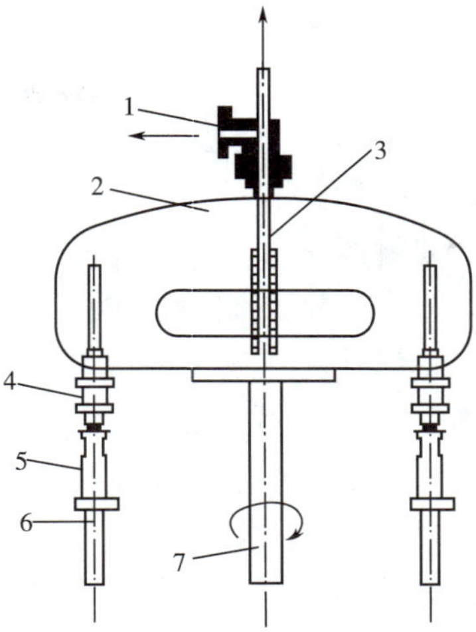

图 4－18　单室真空灌装机

1—接真空泵　2—贮液箱　3—进料管　4—灌装阀　5—瓶子　6—瓶托　7—立轴

2. 双室真空灌装机

双室真空灌装机（图 4－19）的气室与贮液箱分开，但通过两根回流管联接，这样就避免了单室式的缺点，但结构要复杂些。

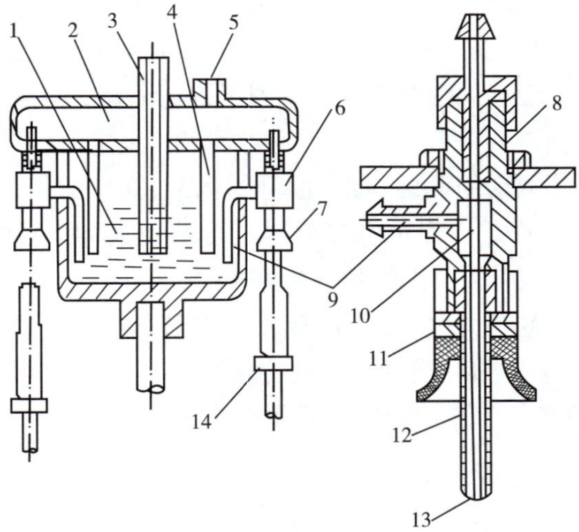

图 4－19　双室真空灌装机

1—贮液箱　2—真空室　3—进料管　4—回流管　5—抽气管　6—灌装阀　7—橡皮碗头
8—阀体　9—吸液管　10—吸气管　11—灌装量调整垫片　12—输液管
13—吸气口　14—顶杆托盘

如图 4－19 所示，瓶子由于升降机构的作用，被顶杆托盘托起并紧贴橡皮碗头 7。吸气管 10 对空瓶抽气，当瓶内达到一定真空度时，吸液管 9 便从处于低位置、常压状态下的贮液箱 1 吸液料，并流经阀体 8 和输液管 12 灌入瓶内。当瓶内液面上升到吸气口 13 时，吸气孔内就吸入液体，一直到吸气管内液面与回流管 4 内液面高度相同时，灌装就停止，这时瓶内液面称为第一次液面。当瓶子在升降机构控制下第一次下降一定高度，此时输液管 12 仍插在瓶内。吸气管 10 所吸入的液体被吸回到真空室 2 中，并通过回流管 4 回到贮液箱 1 中，而阀体 8 内的存液一部分随同吸液管 9 回流，另一部分经输液管 12 流入瓶内，这部分液量较少，约占总灌装量的 3% ~5%，这时瓶内出现第二次液面，也就是灌装所要求的液量。

从上面叙述可知，输液管 12 插入瓶内的深度将影响灌装量，通过灌装量调整垫片 11 可对灌装量进行调节。此种以瓶定量的方法，是许多灌装机中最普遍的定量方法。

（三）无菌灌装机

无菌灌装可使产品达到商业无菌的目的。无菌灌装的条件是果蔬汁和包装容器要彻底杀菌。灌装要在无菌的环境下进行，灌装后的容器应密封好，防止再次污染。无菌灌装的优点是分别连续加工出无菌果蔬汁和对容器进行杀菌，从而得到高经济性和高质量的产品。试验证明，随着温度的升高，杀死微生物量的提高速度要比物料劣变增加的速度快得多。如温度每提高 10℃，耐热菌被杀死的量增加 11 倍，而褐变的增加仅为 3 倍。因此，产品经高温短时（数秒）的处理，然后迅速冷却，物料的质量劣变少。由于果蔬汁冷却到常温下进行灌装，可用便宜的包装材料，包装材料在灌装前单独进行杀菌。

包装材料可用热成形的无菌容器，也可用化学、物理的方法如过氧化氢、紫外线或化学与热相结合的方法等对包装容器进行杀菌，它可节约包装材料和能耗。而不像常规的灌装方式，要用耐热的包装容器。

按产品销售方式的不同，包装形式有大包装和小包装两种。大包装用于贮藏或作为原料出售，一般用塑料桶或无菌大袋容器包装。小包装用于市场零售，一般用玻璃瓶、塑料瓶和纸—铝箔复合材料容器包装。

1. 无菌小包装

目前世界上使用最广泛的小包装无菌灌装设备，是瑞典利乐公司（Tetra Pak）生产的无菌灌装机。我国 20 世纪 80 年代就引进了 50 余台。包装容器是用纸、塑料薄膜和铝箔等 7 ~8 层复合包装材料制成的。在灌装机上可一次完成包装材料的成形、杀菌、灌装、封口和切断等工序，如图 4－20、图 4－21 所示。

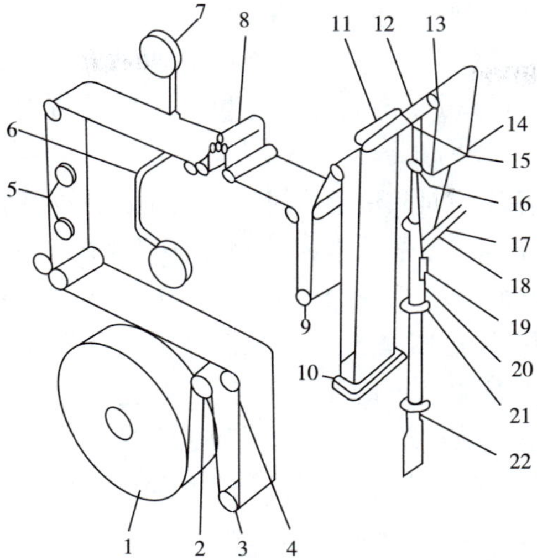

图 4－20　无菌灌装示意图

1—包装材料　2—滚筒　3,4,13,15—辊轮　5—计数器具　6,7—封条和拉舌供应器　8—控制轮　9,14—分度轮　10—过氧化氢池　11—过氧化氢挤压轮　12—干燥热空气　16,17—制管器　18—灌装管　19—纵向封口器　20—液料水平面　21—制方轮　22—横向封口器

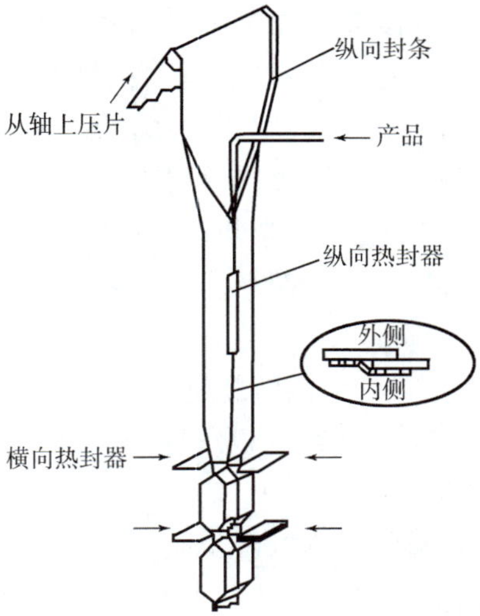

图 4－21　无菌灌装过程

这种包装材料成卷状出售，根据用户的设计，在纸加工厂预先印上产品名字、厂商和标签等。使用时，整卷的包装材料装在机器上，纸带通过一系列的辊轮到达机械的顶部，过氧化氢对包装材料与内容物的接触表面喷淋或浸渍杀菌后，然后形成筒状，此时清洁的热空气喷入筒内将过氧化氢吹干，然后沿纸筒的纵向将纸筒热封。这时，果蔬汁通过浮动的不锈钢管进入筒内，此进料管位于纸筒的中心部

分。果蔬汁灌至一定的水平位置后,在果蔬汁液面下的水平位置将包装容器热封,使容器内充满果蔬汁,不会有空隙。最后,在两水平密封缝隙之间将纸切断,形成一个砖头形的长方体包装产品。这种包装形状节省材料,贮藏和运输时占用的空间小。

有的无菌灌装机是用一对热滚轴将过氧化氢挤压并加热除去的。包装材料内的过氧化氢残留量必须在规定的范围内,一般在 0.1×10^{-6}以下。

(1)果蔬汁在杀菌机内经历三个阶段 ①预热4~6s;②杀菌温度130℃,时间4~5s;③经4~6s冷却,温度降至50℃以下。经杀菌后的果蔬汁通过密封的管路送至无菌自动灌装机。这中间不能停止和存储,防止果蔬汁二次污染。因杀菌机是连续作业的,而灌装机每袋需有准备过程和送出过程,是间断作业的,为解决这一矛盾,灌装机可以采用双灌装头轮流灌装,保证整个工艺的连续性。灌装机每个灌装头各有一个小无菌灌装室,里面装有机械手,机械手由电脑控制。工作时只需将无菌袋灌装口放在无菌室特定位置。机械手就能自动完成夹紧、杀菌、开盖、灌装、关盖、送出等全部动作。由于整个灌装过程在密封的无菌室中完成,从而保证整个灌装过程无细菌污染。一般正常工作时,两个灌装头轮流工作,一个在灌装,另一个在做准备工作,不存在物料回流。如其中一个有故障,不能保证连续灌装时,则果蔬汁可经过旁路阀返回平衡罐经再杀菌后灌装。

(2)无菌灌装技术要点 该系统和杀菌冷却系统是紧密连接在一起的,与自动控制系统也是互相紧密联系的。根据物料品种、生产能力、包装形式的不同,无菌灌装机可以制成多种形式。如单头的和双头的,灌装头口径可配成不同大小的,灌装头可制成固定式或升降式;灌装盒有适用于灌装小袋的,有适用于灌装大袋的,有先灌装然后将灌好的袋子装入外包装桶,也有先将空袋装入外包装桶然后再灌装的,有适于单个桶输送的,有适于四个桶一起采用托盘输送的等。即使功能相同,无菌灌装机的外形也会不同。

从果蔬汁杀菌、冷却直至进入无菌灌装机灌装头,所有物料经过之处必须保证无菌。在此部位的要求比杀菌冷却系统要求更严,采取的措施要更加可靠,对水、电、汽、压缩空气的要求更高。

果蔬汁自灌装头进入包装袋时不可避免地要与空气接触,故此空间必须无菌。包装袋的开盖、灌装完毕后的扣盖动作也是在此无菌空间进行。长期暴露于空气中的袋口在进入此空间时立即进行专门的杀菌处理,然后才开盖灌装。当采用蒸汽杀菌时,必需设置可靠的、连续工作的冷凝水排除设施。杀菌的方式可以采用高温蒸汽杀菌,也可采用氯气杀菌。

在灌足设定量后,根据产品要求,也可进行充氮。系统运行可进行程序控制,除了简单的人工辅助操作外,设备可自动完成灌装过程。操作人员可随时调出运行参数,在显示屏上显示出。运行参数可间断记录,也可连续记录,设打印装置。根据需要还可设自动称重、标签打印功能。自动控制系统连续对各监测点运行参数进行监测,且进行调节。若调节后还达不到要求,物料可通过旁路回到杀菌冷却设备之前去。若参数在规定时间内不能恢复,将自动停机。条件齐备后,需重新启动。

包装袋在出厂前均进行 γ – 射线杀菌处理,保证袋子无菌。袋上有明显的颜色标志,可以方便地发现袋子是否处于无菌状态。

2. 无菌大包装

商业上无菌灌装使用的容器主要是铝塑复合无菌袋,容量一般在 10 ~ 1000L。许多国家还使用 10000L 的无菌不锈钢罐在常温下贮藏果蔬汁。我国果蔬汁行业常用的无菌袋分别是 220 和 1000L。

学习单元三

果蔬汁常见的质量问题及预防措施

果蔬汁以色、香、味优于其他果蔬制品,深受消费者欢迎。但果蔬汁经常出现败坏、变色、变味等质量问题,如何防止这种现象的产生是生产上比较突出的问题,也是提高果蔬汁饮料品质的关键。

一、果蔬汁的败坏

果蔬汁败坏常表现为表面长霉、发酵,同时产生二氧化碳、醇或因产生醋酸而败坏。

1. 产生原因

(1)细菌的危害　引起果蔬汁败坏的细菌主要是乳酸菌,除产生乳酸外,还有醋酸、丙酸、乙醇等,并产生异味。这种菌耐二氧化碳,在真空和无氧条件下繁殖生长,其耐酸力强,温度低于 8℃ 时活动受到限制。因醋酸菌、丁酸菌等感染引起苹果汁、梨汁、橘子汁等败坏,使汁液产生异味。它们能在厌氧条件下迅速繁殖,对低酸性果蔬汁具有极大的危害。

(2)酵母菌的危害　酵母是引起果蔬汁败坏的重要菌类,引起果蔬汁发酵产生乙醇和大量的二氧化碳,发生胀罐现象,甚至会使容器破裂。有时可产生有机酸,分解果实中原有的酸;有时可产生酯类物质。酵母菌需氧,在低温条件下活性受到抑制。

(3)霉菌的危害　霉菌主要侵染新鲜果蔬原料,当原料受到机械损伤后,霉菌迅速侵入造成果实腐烂,霉菌污染的原料混入后易引起加工产品的霉味。这类菌大多数都需要氧，对二氧化碳敏感，热处理时大多数被杀死。它们在果蔬汁中破坏果胶引起果蔬汁混浊，分解原有的有机酸，产生新的异味酸类，使果蔬汁变味。

2. 预防措施

果蔬汁中所含的化学成分如碳水化合物、有机酸、含氮物质、维生素以及矿物质，均是微生物生长活动所必需的，因此在加工中必须采取各种措施尽量避免微生物的污染。

（1）采用新鲜、健全、无霉烂、无病虫害的原料取汁。

（2）注意原料取汁打浆前的洗涤消毒工作，尽量减少原料外表微生物数量。

（3）防止半成品积压，尽量缩短原料预处理时间。

（4）严格车间、设备、管道、容器、工具的清洁卫生，并严格加工工艺规程。

（5）在保证果蔬汁饮料质量的前提下，杀菌必须充分，适当降低果蔬汁的 pH，有利于提高杀菌效果等。

只有这样，才能减少微生物的污染，生产出质量较好的产品。

二、果蔬汁的变味

果蔬汁加工中风味的变化主要是指果蔬汁中的呈味物质（甜、苦、酸、涩等）的变化。

（一）变味原因

一种果蔬汁能否满足消费者的要求，关键在于能否保存其风味。

（1）果蔬汁饮料加工的方法不当以及贮藏期间环境条件不适宜都会引起产品变味。

（2）原料不新鲜，绝对不可能生产出风味良好的产品。

（3）加工时过度的热处理会明显降低果蔬汁饮料的风味，有煮熟味。

（4）调配不当，不仅不能改变果蔬汁的风味，反而会使果蔬汁饮料风味下降。

（5）加工和贮藏过程中的各种氧化和褐变反应，不仅影响果蔬汁的色泽，风味也随之变劣。非酶褐变引起的风味变化尤以菠萝汁和葡萄柚汁为甚；金属离子可以引起果蔬汁变味，如铁和铜能加速某些不良化学变化，铜的污染加剧抗坏血酸的氧化，同时铜的催化常因铁的存在而加剧，从而引起汁液风味变劣。

（6）此外微生物活动所产生的不良物质也会使果蔬汁变味。

选择新鲜良好的原料，合理加热，合理调配，同时生产过程中尽量避免与金属接触，凡与果蔬汁接触的用具和设备，最好采用不锈钢材料，避免使用铜、铁用具及设备。

下面以柑橘汁为例,重点讲述柑橘汁出现过度苦味的原因及其防止方法。

(二)柑橘汁出现的过度苦味的原因及其防止方法

1. 柑橘汁出现的过度苦味的原因

柑橘汁出现的过度苦味是柑橘加工业所面临的严重问题。中晚熟的无损伤柑橘鲜果并无苦味,但当被加工成果蔬汁后,就会带上令消费者难以接受的苦味。

柑橘类苦味物质主要分为两大类:

(1)三萜系化合物　脐橙和茯苓夏橙中的主要苦味物质是被称为柠檬苦素的三萜双内酯(A 环和 D 环)化合物,它也是葡萄柚的苦味成分。在完整的水果中,并无柠檬苦素存在,但含有柠檬苦素的无苦味衍生物,该衍生物是由酶水解柠檬苦素的 D－内酯环而产生。果蔬汁提取后,酸性条件使 D 环闭合形成柠檬苦素,产生滞后的苦味,同时也引起严重的经济后果。

(2)黄烷酮糖苷类化合物　柑橘类水果还含有几种黄烷酮糖苷类化合物,而柚皮苷是葡萄柚和苦橙中主要的黄烷酮。柚皮苷含量高的果汁非常苦,除非有大量柚皮苷含量低的果汁将它稀释,否则这种果汁几乎没有经济价值可言。工业上也从葡萄柚皮中回收柚皮苷,并将它用于某些食品中代替咖啡因(产生苦味)。

2. 防止与脱苦方法

(1)用锥形榨汁机或全果榨汁机压榨时分别取油和取汁,或先行磨油再行榨汁,同时改变操作压力,不要压破种子和过分压榨果皮,以防橘皮油和苦味物质进入果汁。

(2)杀菌时控制适当的加热温度和时间。

(3)将柑橘汁于4℃条件下贮藏,风味变化较缓慢;如果在 21～27℃下贮藏,柑橘汁在 2～3 个月后就会变味。在柑橘汁中加入少量经过除萜处理的橘皮油,以突出柑橘汁特有的风味。

(4)脱苦　目前脱苦的主要方法有代谢脱苦、屏蔽脱苦、吸附脱苦、酶法脱苦、固定化细胞脱苦、超临界 CO_2 脱苦、膜分离脱苦、基因工程脱苦等。酶法脱苦具有操作简单、脱苦条件温和、脱苦效率高、便于应用等优点。柠碱前体脱氢酶和柚皮苷酶是常用的脱苦酶。

三、果蔬汁的变色

果蔬汁色泽的变化比较明显,包括色素物质引起的变色和褐变引起的变色两种变化。

（一）色素物质引起的变色

1. 叶绿素变化引起的变色

（1）产生原因　果蔬汁进行加热处理时，叶绿素蛋白变性释放出叶绿素，同时细胞中的有机酸也释放出来，促使叶绿素脱镁而成为脱镁叶绿素；在果蔬汁中加酸，同样会使叶绿素变成脱镁叶绿素，而使果蔬汁的颜色消失。叶绿素受光辐射可发生光敏氧化，从而裂解为无色的产物。果蔬中存在的叶绿素水解酶可使叶绿素水解为脱叶醇基叶绿素及叶绿醇，最后被氧化成无色产物。

（2）预防措施　叶绿素只有在常温下的弱碱中稳定，在碱液中加热则分解为叶绿醇、甲醇及水溶性的叶绿酸，该酸呈鲜绿色而且较稳定；此外，若用铜离子取代卟啉环中的镁离子，使叶绿素变成叶绿素铜钠，可形成稳定的绿色。

2. 类胡萝卜素变化引起的变色

（1）产生原因　类胡萝卜素是包含异戊二烯共轭双键的一类色素，按结构上的差异可分为胡萝卜素和叶黄素两大类。类胡萝卜素为脂溶性色素，比较稳定，一般耐 pH 变化，较耐热，在锌、铜、锡、铝、铁等金属存在时也不易破坏，只有强氧化剂才能使其破坏褪色，但光敏氧化作用极易使其褪色。

（2）预防措施　含类胡萝卜色素的果蔬汁饮料必须采用避光包装或避光贮藏。

3. 多酚类色素变化引起的变色

（1）产生原因　多酚类色素包括花青素类、花黄素类、单宁物质类，均为水溶性色素。花青素类是一类极不稳定的色素，其颜色随环境 pH 的变化而改变，易被氧化剂氧化而退色，对光和温度也极敏感，含花青素的果蔬汁饮料在光照下或稍高的温度下会很快变褐色，二氧化硫可以使花青素退色或变成微黄色。花青素还可以与铜、镁、锰、铁、铝等金属离子形成络合物而变色。花黄素主要是黄酮及其衍生物，颜色自浅黄至无色，偶为鲜明橙黄色，但遇碱会变成明显的黄色，遇铁离子可变成蓝绿色，如能控制果蔬汁饮料的铁离子含量，则花黄素对果蔬汁饮料色泽的影响较小。

（2）预防措施　加工、运输、贮藏、销售时尽量低温、避光、隔氧、避免与金属接触。

（二）褐变引起的变色

（1）产生原因　果蔬汁发生非酶褐变产生黑蛋白，使其颜色加深。非酶褐变引起的变色对浅色果蔬汁饮料明显，对类胡萝卜素含量较高的柑橘汁及花青素较多的红葡萄汁等的影响较小，对浓缩果蔬汁色泽影响较大，因为褐变变化随反应物的浓度增加而加快。影响非酶褐变的因素主要是温度和pH，温度高，酸度低，褐变加快。果实组织中的酶，在加工过程中接触空气，多酚类物质在酶的催化下氧化生成有色的醌类物质，使果蔬汁发生酶促褐变。

（2）预防措施　果蔬汁加工中应尽量降低受热程度，控制pH在3.2或以下，避免与非不锈钢的器具接触，延缓果蔬汁的非酶褐变。防酶促褐变除采用低温、低pH贮藏之外，还可添加适量的抗坏血酸及苹果酸等抑制酶促褐变，减少果蔬汁色泽变化

四、果蔬汁饮料的混浊与沉淀

澄清果蔬汁要求汁液清亮透明，浑浊果蔬汁要求有均匀的混浊度，但果蔬汁生产后在贮藏销售期间，常达不到要求，易出现异常。例如，苹果和葡萄等澄清汁常出现混浊和沉淀，柑橘、番茄和胡萝卜等混浊汁常发生沉淀和分层现象。

（一）澄清果蔬汁的混浊、沉淀

1. 产生原因

加工过程中杀菌不彻底或杀菌后微生物再污染。微生物活动会产生多种代谢产物，因而导致混浊沉淀；果蔬汁中的悬浮颗粒以及易沉淀的物质未充分去除，在杀菌后贮藏期间会继续沉淀；加工用水未达到软饮料用水标准，带来沉淀和混浊的物质；金属离子与果蔬汁中的有关物质发生反应产生沉淀；调配时糖和其他物品质较差，可能会有导致混浊沉淀的杂质；香精水溶性低或用量过大，从果蔬汁中分离出来引起沉淀等。

2. 预防措施

由于果蔬澄清汁出现混浊和沉淀的原因是多方面的，为防止不同果蔬汁的混浊和沉淀，需要根据具体情况而定。在加工过程严格澄清和杀菌质量，是减轻果蔬汁混浊和沉淀的重要保障。

（二）混浊果蔬汁的沉淀、分层

1. 产生原因

果蔬汁中残留的果胶酶水解果胶，使汁液黏度下降，引起悬浮颗粒沉淀；微生物繁殖分解果胶，并产生导致沉淀的物质；加工用水中的盐类与果蔬汁中的有机酸反应，破坏体系的pH和电性平衡，引起胶体及悬浮物质的沉淀；香精的种类和用

量不合适，引起沉淀和分层；果蔬汁中所含的果肉颗粒太大或大小不均匀，在重力的作用下沉淀；果蔬汁中的气体附着在果肉颗粒上时，使颗粒的浮力增大，引起果蔬汁分层；果蔬汁中果胶含量少，体系黏度低，果肉颗粒不能抵消自身的重力而下沉等。

2. 预防措施

导致浑浊果蔬汁分层和沉淀的原因也很多，要根据具体情况进行预防和处理。但在榨汁前后对果蔬原料或果蔬汁进行加热处理，破坏果胶酶的活性，严格均质、脱气和杀菌操作，是防止浑浊果蔬汁沉淀和分层的主要措施。

（三）果粒果肉饮料的悬浮稳定性问题

果粒果肉饮料经常出现的问题是不稳定。因此为了使其比较稳定，要注意以下问题：

（1）在工艺允许的情况下，通过均质尽量降低果肉颗粒的粒度，以降低果肉颗粒的运动速度，增加果粒果肉饮料的悬浮稳定性。但由于果粒果肉饮料要求果肉颗粒有一定粒度，因此很难完全通过改变果肉颗粒的粒度来达到增加悬浮稳定性的目的。

（2）果粒果肉饮料生产中虽然很难使果肉颗粒密度与汁液的密度相等，但可以采取一些措施使两者的密度接近。例如，通过调整汁液的浓度来改变汁液的密度；通过对果肉颗粒进行适当的热处理，部分破坏细胞膜的半透性，增加物质的通透性，当果肉颗粒加入到汁液中后，很快使两者的密度接近；在果肉颗粒加入汁液之前，可在与汁液密度和成分相同或接近的液体中进行适当时间的浸泡，以缩小果肉颗粒与汁液的密度差。

（3）添加合适的稳定剂增加汁液的黏度。果肉颗粒要达到悬浮平衡必须有一定的汁液黏度值，临界黏度值的确定既要考虑果肉颗粒的悬浮平衡，又要考虑果粒果肉饮料的口感风味，否则汁液黏度高，易品尝到稳定剂的稠腻味。生产中通常使用混合稳定剂，稳定剂混合使用的稳定效果比单独使用好。如果汁液中钙离子含量丰富，则不能选用海藻酸钠、羧甲基纤维素（CMC）作稳定剂，因为钙离子可以使此类稳定剂从汁液中沉淀出来。

五、果蔬汁饮料的其他问题及预防和控制

（一）果蔬汁中农药残留及控制技术

农药残留仍是果蔬汁加工中需要关注的一个问题。果蔬汁中最大残留限量见《食品安全国家标准　食品中农药最大残留限量》（GB 2763—2019）。果蔬汁中农

药残留的去除方法主要包括以下几种。

1. 清洗果实表面

有些农药易溶于水,通过清洗表面就可将大部分农药残留除去。用清水洗3~4次,可去除60%以上的残留农药,用高压水喷淋、开水烫、酸水或碱水洗可去掉大部分残留农药。果蔬汁生产企业中大部分采用次氯酸钠溶液清洗。另外,近年来,用臭氧水清洗水果表面也有研究报道,主要是利用臭氧的强氧化性去除果实表面的农药残留。

2. 双氧水降解

主要是利用双氧水的强氧化作用,使农药降解。研究表明,用双氧水处理浓缩果汁时,添加8%双氧水,处理5min,可使甲胺磷降解,样品中无甲胺磷检出,在榨汁前用双氧水处理水果表面也可达到同样的效果。双氧水降解去除农药残留目前还处于研究阶段,尚未在工业化生产中应用。

3. 吸附

经验表明,吸附技术可用于去除农药残留。活性炭对甲胺磷残留有较强的吸附作用,添加15%的活性炭,吸附1min,硅藻土助滤层厚度为4mm,果蔬汁中的残留量能达到很低的水平,同时结果表明硅藻土层厚度的增加有利于果蔬汁中农药的去除。树脂对农药残留也有吸附作用,采用XAD-16型树脂对甲胺磷农药有吸附作用,吸附量可达99ng/g树脂。

利用树脂吸附去除农药残留是非常成熟的技术,已实现工业化。目前,多数工厂都采用了树脂柱吸附去除农药工艺。

(二)果蔬汁中富马酸及控制技术

富马酸(又名延胡索酸、反丁烯二酸)是苹果浓缩汁的品质检测项目之一。其含量的高低可以从侧面反映一个生产厂家的生产工艺和管理状况。自1999年以来,一些外商对我国出口的苹果浓缩汁提出了新的质量指标要求,相关规定要求浓缩汁中的富马酸含量(在11.2°Bx下测定)不得超过5mg/L。在实际生产中,由于各种原因,富马酸含量常超标,使得我国苹果浓缩汁的国际竞争力严重下降,给果蔬汁生产企业造成了一定的经济损失。

1. 果蔬汁中富马酸的来源

(1)来自原料果　目前,用来榨汁的原料果主要以鲜食果中的低档果、残次果为主。原料果的组织在正常代谢时不可能产生富马酸,但如果果实采收或贮运过程中造成机械损伤或虫害,则伤果易遭受空气和土壤等外界环境中霉菌的侵染,从而引起果实的病害。

(2)加工过程　果浆与空气的接触时间过长会导致霉菌的侵害,因此加工时间对富马酸的生成有一定的影响。主要表现在:果浆在果浆罐中的停留时间、浊汁在缓冲罐中的停留时间、超滤后的清汁在清汁罐中的停留时间、浓缩过程。

随着每道工序的延时操作,富马酸的含量会逐渐上升。有些是由于依附于原料表面的微生物尤其是霉菌,以及残留的病害水果进入生产线,并利用葡萄糖产生富马酸;有些则是因为微生物发酵产生了富马酸;还有些是由于苹果酸在加热的条件下形成富马酸。

因此,在果汁加工过程中,避免每道工序的延时操作,将有助于降低富马酸的含量。

(3)生产线清洗不彻底　对生产线上的设备、管道清洗消毒不彻底,致使残留果汁与空气中的霉菌接触,为其中的霉菌提供了营养物质,使果汁受到污染。

2. 果蔬汁中富马酸的控制技术

(1)严把原料收购质量,控制烂果率,拒收污染果、农药残留超标果。

(2)加大苹果清洗力度,选用药物浸果清洗及优质水喷淋清洗。苹果的清洗流程设计要合理,不宜过短。可采用含消毒剂的冲洗水冲洗原料果,一般用含有效氯 25~50mg/kg 的次氯酸钠水冲洗 20min 以上,清洗用水不宜过多地反复循环利用,喷淋用水需符合标准。

(3)加强拣果工序责任制,控制入线烂果率。选果台上苹果单层摆放,选果人员密度 2 人/m^2以上,同时根据烂果率调整进料量,应控制入线烂果率小于 2%。

(4)切实保证生产的连续化,避免每道工序的延时操作。若遇到突发事件,使得生产中断,应对中间产品进行检测,若指标超标,应及时重新处理或销毁。

(5)实施良好操作规范(GMP)和卫生标准操作程序(SSOP),严格管理,以确保生产环境和人员的良好卫生条件。加工设备及各种罐的清洗消毒时,应用符合饮用水彻底冲洗其表面的残留物,然后还要用含有效氯 50~100mg/kg 的次氯酸钠水冲洗维持 7~10s(12~37℃)以上或用原位清洗(CIP)系统清洗处理,再用符合标准的饮用水或冷凝水冲洗,直至除去余氯和余钠。

(6)加强质量控制过程,建立危害分析和关键控制点(HACCP)质量控制体系,定期进行质量指标的跟踪检测,发现问题及时解决。

学习单元四

鲜榨果蔬汁加工

果蔬汁饮品以其丰富的营养、良好的保健功效以及更加安全和环保而受到青睐。天然蔬果汁口感好，香气四溢，而且能为身体补充维生素、膳食纤维、微量元素等营养物质。在人们日益注重营养和健康的今天，蔬果再次成为餐桌上的新宠，多吃蔬果不仅可以美容养颜，还能养生保健，因此我们应该多吃一些蔬果。

一、鲜榨果蔬汁的优点和缺点

用榨汁机制作新鲜果蔬汁在时下非常流行，现将鲜榨果蔬汁和市面上的纯果汁、果汁型饮料比较，其优缺点介绍如下。

(一)鲜榨果蔬汁的优点

(1)鲜榨果蔬汁能量更低　由于鲜榨的果蔬汁不必加入大量的糖来调整口味，所以能量更低，多饮也不用担心摄入能量太多而导致的发胖问题。而市售的果汁和果汁饮料通常存在这个问题。

(2)鲜榨果蔬汁不含添加剂　由于自制的果蔬汁都是即榨即饮，所以不会加入防腐剂，更没有必要像果汁饮料那样加入色素和香精。

(3)原料更新鲜、更安全　在自制鲜榨果蔬汁时人们都会用最好的原料，榨汁机和原料的清洗也都会很仔细，所以不必为食物的安全担心。

(4)鲜榨果蔬汁的维生素C等营养素的损失更少　如果鲜榨果蔬汁即榨即饮的话，维生素的损失较少，而市售的果汁和饮料在加工过程中通常有加热环节，并与空气接触时间较长，所以维生素C的损失相对要大一些。

(5)鲜榨果蔬汁可以根据个人的口味任意搭配　不同的原料、不同的配比会产生不同的口味和口感。

(6)对于牙不好以及消化能力不太好的人群来说，每天要保证充足的果蔬摄入会有一定的困难，此时自己榨汁则是很好的补充途径，适合老人和小孩。

(二)鲜榨果蔬汁缺点

(1)鲜榨果蔬汁不能长期保存　当水果蔬菜在打汁时，细胞结构被破坏，各种抗氧化成分和维生素C暴露出来。当遇到氧气或者水果蔬菜本身的一些酶时，这些营养素就会被破坏。而且存放的时间越长，维生素和抗氧化成分的损失越多。另外，自己制作的果蔬汁没有进行杀菌，所以微生物在果蔬汁中生长繁殖是不可避免的，所以鲜榨果蔬汁不宜存放过久。

(2)鲜榨果蔬汁不如包装好的饮料方便　鲜榨果蔬汁要自己动手清洗原料、榨汁机，不如现成的果汁取用方便。

(3)鲜榨果蔬汁容易褐变　这是因为许多果蔬中含有多酚类物质和酚氧化酶。平时，这两类物质被分隔在细胞的不同区域中，彼此难以“见面”，所以相安无事不会发生反应。榨汁时破坏了细胞，这两类物质相遇，再加上空气中充足的氧气,酚氧化酶很快会催化无色的多酚类物质发生氧化反应,生成有色的醌类物质。这些醌类物质能够相互聚合,使颜色越来越深。开始时为粉红色,然后变成浅褐色、褐色以至黑色。马铃薯、甘薯、茄子、苹果等果蔬切开后会变黑,都是一个道理。

(4)鲜榨果蔬汁的营养价值不如完整果蔬　尽管鲜榨果蔬汁比市售的果汁、果汁饮料更健康更营养,但是仍有一部分营养素受到了破坏,所以不如吃完整的果蔬。

鲜榨果蔬汁是用来补充维生素、矿物质、膳食纤维等营养素的一种方法,用它来替代各种市售的果汁、饮料是非常可取的。但不应用喝果蔬汁来代替吃水果蔬菜。

二、鲜榨汁工艺流程及要点

(一)工艺流程

鲜榨果蔬汁加工工艺流程如下所示:

原材料挑选 → 清洗、去皮、去核、切分(护色) → 榨汁(护色) → 调配 → 成品

(二)工艺要点

1. 原料的选择

果蔬的原料只选择色香味浓郁、汁液多、营养功能强的种类和品种。必须新鲜、饱满、健壮、无异味、无腐烂、成熟度适中易于清洗和去皮。如苹果、梨、杨梅、草莓、樱桃、番茄、柑橘、黄桃、杧果、香蕉、火龙果、胡萝卜、莲藕、甘蓝等。辅料可用牛奶、酸奶等。

2. 清洗、去皮、去核、切分(护色)

果蔬的清洗用水,应符合国家饮用水标准。水中加入0.05% ~0.1%的盐酸有助于消除农药残留,果蔬的清洗一般手工清洗。果蔬去皮的方法有很多,最好使用锋利的刀具进行手工去皮。手工去皮的鲜切胡萝卜比机械去皮的呼吸速率低50%。另外手工去皮后的产品感观品质比机械去皮更好,更能充分利用原料减少浪费。根据产品的不同,可切成丁、块、片、条、丝、半片等各种形式。切分要求刀具特别锋利。果蔬去皮、切分后,果蔬表面已造成一定程度的破坏,汁液渗出更有利于微生物活动和酶反应的发生,引起腐败、变色,导致质量下降。为防止果实软化和酶促褐变的发生,对于易变色的果蔬应用化学保鲜剂与护色剂处理。防褐变可加柠檬酸、抗坏血酸、异构抗坏血酸钠等;抑制微生物的生长繁殖可用丙酸和丙酸

盐、山梨酸及盐、苯甲酸及盐等。一般用漂洗温度不高于20℃的水漂洗、去皮、去核、切分后的果蔬1~5min,漂洗用水需符合饮用水标准。

3. 榨汁(护色)、调配、成品

用榨汁或料理机对果蔬进行处理,同时加入辅料(如牛奶或酸奶)。也可以在这个时候进行护色处理,加入柠檬酸、抗坏血酸等。最后,按个人喜好进行糖(蜂蜜、果糖等)、酸(柠檬汁)口味的调配。

三、鲜榨汁中主要问题及预防措施

鲜榨果蔬汁容易褐变。市场上卖的果汁、蔬菜汁产品之所以不是褐色的,是因为在这些产品的加工中采取了一些特殊的保护措施。

(1)先将食物在沸水中短暂热烫,让酚氧化酶失活,不能再催化氧化反应。

(2)在榨汁时添加少量亚硫酸盐、柠檬酸、抗坏血酸等,它们有的能够抑制酚氧化酶的活性,有的能够与促进氧化的金属离子结合,有的能够把氧化后的有色物质还原成无色物质。

(3)是经过吸附作用,除去部分褐色物质。经过几方面的努力,产品基本上可以保持漂亮的颜色。

不过尽管褐变的果汁很难看,但引起褐变的物质却都是一些抗氧化的健康成分。所以说,不要因为颜色改变而歧视这些水果蔬菜。当然,如果能选择那些不容易褐变的果蔬来榨汁是最简单的办法。这些原料包括柑橘、草莓、番茄、胡萝卜、杧果、西瓜等,其实它们也会褐变,只是速度不会像苹果等那么快。

四、鲜榨汁主要案例

(一)天然果蔬汁

(1)猕猴桃果汁　猕猴桃因其维生素C含量在水果中名列前茅(一个猕猴桃的维生素含量是一个成年人每日维生素需求量的两倍多),被誉为“水果之王”。

做法:先将猕猴桃用清水洗干净,去皮切块备用。再将猕猴桃块放入榨汁机内,往杯体内加入适量纯净水或凉开水,开动榨汁机,几分钟后即可,亦可调入少许白糖(图4-22)。

(2)南瓜蔬汁　南瓜中有多糖、氨基酸、活性蛋白质、类胡萝卜素及多种微量元素等对人体有益的成分,平常应多吃。

做法:将南瓜切块,煮熟,晾凉备用。再将南瓜块放入榨汁机内,往杯体内加入适量纯净水或凉开水(以淹没食材一横指为准),启动榨汁机,几分钟后即可,亦可调入少许白糖(图 4－23)。

图 4－22　猕猴桃果汁

图 4－23　南瓜蔬汁

(3)莲藕蔬汁　莲藕微甜而脆,可生食也可做菜,有消食止泻、开胃清热、滋补养性等功效。

做法:将莲藕去皮、切块,煮熟,晾凉备用。将莲藕块放入榨汁机内,往杯体内加入适量纯净水或凉开水(以淹没食材一横指为准),启动榨汁机,几分钟后即可,亦可调入少许白糖(图 4－24)。

(4)柠檬果汁　柠檬是最有药用价值的水果之一,富含维生素 C、糖类、钙、磷、铁、B 族维生素、奎宁酸、柠檬酸、苹果酸、橙皮苷、柚皮苷、香豆精、高量钾元素和低量钠元素等,对人体十分有益。

做法:将柠檬用淡盐水洗干净,去皮切块备用。再将柠檬块放入榨汁机内,往杯体内加入适量纯净水或凉开水(以淹没食材一横指为准),启动榨汁机,几分钟后即可,亦可调入少许白糖(图 4－25)。

图 4－24　莲藕蔬汁

图 4－25　柠檬果汁

(二)乳饮、果饮

乳饮、果饮是利用天然果蔬汁再加入牛奶、酸奶、蜂蜜、糖浆、柠檬等调制而成的饮品。

(1)牛奶香蕉乳饮　有安神促睡眠之效,可以帮助稳定心神。

原料:新鲜香蕉1个、蜂蜜10mL、糖浆10mL、鲜牛奶150mL、纯净水100mL、冰块适量。

做法:取新鲜香蕉1个,切块后用淡盐水浸泡3min,榨汁。在搅拌机中依次加入香蕉块、蜂蜜、糖浆、鲜牛奶、纯净水、冰块,高速搅打成糊状后倒入杯中,即可饮用(图4-26)。

(2)牛奶雪梨润肺果饮　有滋阴润肺之效,女性朋友饮用。

原料:新鲜雪梨1个、鲜牛奶150mL、蜂蜜10mL、糖浆10mL、冰块适量。

做法:取新鲜雪梨,榨汁,取150mL。在搅拌机中依次加入雪梨汁、鲜牛奶、蜂蜜、糖浆、冰块,高速搅打均匀。倒入杯中,即可饮用(图4-27)。

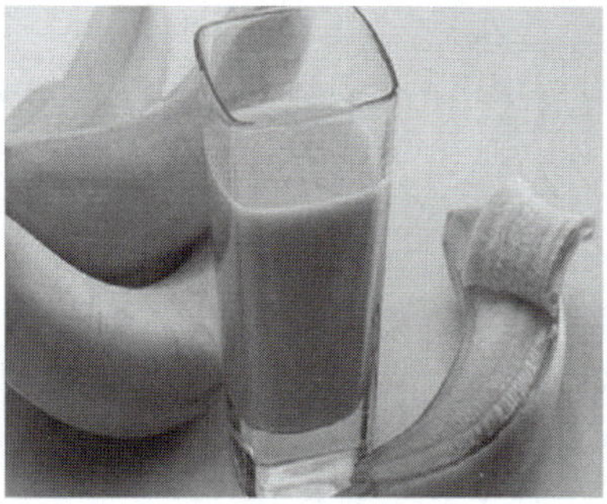

图4-26　牛奶香蕉乳饮

图4-27　牛奶雪梨润肺果饮

(3)杧果乳饮　可增强皮肤。

原料:新鲜杧果果肉30g、鲜牛奶250mL、糖浆10mL、蜂蜜10mL、冰块适量。

做法:杧果去皮去核,切成小块。在搅拌机中依次加入杧果丁、冰块、蜂蜜、糖浆、鲜牛奶,高速搅打成糊状倒入杯中,即可饮用(图4-28)。

(4)玉米乳饮　有效改善肠胃功能,有降脂功效。

原料:玉米粒50g、鲜牛奶100mL、纯净水150mL、蜂蜜10mL、糖浆10mL、冰块适量。

做法:取玉米粒放入锅中煮至软糯,冷却。依次把玉米粒、鲜牛奶、纯净水、蜂蜜、糖浆、冰块加入搅拌机,高速搅打均匀。倒入杯中,即可饮用(图4-29)。

图 4－28　杧果乳饮

图 4－29　玉米乳饮

自测训练

1. 果蔬汁制品按《果蔬汁类及其饮料》（GB 31121—2014）、《果蔬汁类及其饮料（第 1 号修改单）》［GB/T 31121—2014（XG 1—2018）］如何分类？
2. 简述果蔬汁制品的一般工艺流程？
3. 果蔬汁制品对原料有何要求？
4. 澄清和过滤处理通常采用哪些方法？
5. 混浊果汁工艺特点是什么？
6. 均质和脱气处理常用的方法有哪些？
7. 浓缩处理的方法有哪些？
8. 果汁制品常见的质量问题有哪些？加工制作中应如何控制？

实验实训

实训一　苹果汁制作

【工艺流程】

原料选择→清洗和分选→破碎→压榨→粗滤→澄清→精滤→糖酸调整→杀菌→包装→成品

【工艺要点】

(1)原料选择　选择成熟适中、新鲜完好的苹果。

(2)清洗、分选　把挑选出来的果实放在流动水槽中冲洗。如表皮有残留农药,则用0.5% ~1%的稀盐酸或0.1% ~0.2%的洗涤剂浸洗,然后再用清水强力喷淋冲洗。清洗的同时进行分选并清除烂果。

(3)破碎　用苹果磨碎机和锤碎机将苹果粉碎,颗粒大小要一致,3 ~4mm为宜。破碎使颗粒微细,可提高榨汁率。为防止果肉发生褐变,在果实破碎的同时添加一定的护色剂,如维生素C、柠檬酸等。

(4)压榨、粗滤　常用压榨法和离心分离法榨汁。用孔径为0.5mm的筛网进行粗滤,使不溶性固形物含量下降到20%以下。

(5)澄清、精滤　用冷冻澄清法进行澄清,即将榨取的苹果汁加热至82 ~85℃,再迅速冷却,促使体凝聚,达到澄清的目的。也可以用明胶单宁法进行处理,将单宁0.1g/L、明胶0.2g/L加入苹果汁后在10 ~15℃下静置6 ~12h,取上清液和下部沉淀分别过滤。澄清处理后的苹果汁,采用需要添加助滤剂的过滤器进行精滤。用硅藻土作滤层还可除去苹果中的土腥味。

(6)糖酸调整　天然苹果汁中的可溶性固形物含量为12% ~15%。可根据具体情况加糖、加酸,使果汁的糖酸比例维持在18∶1 ~20∶1,成品的糖度为12%,酸度为0.4%。

(7)杀菌　用列管式热交换机或板式热交换机将果汁迅速加热到135℃以上,维持数秒至6min,以达到高温瞬时杀菌的目的。

(8)灌装　可采取热灌装的方法,即将经过杀菌的果汁迅速装入消毒过的玻璃瓶或马口铁罐内,趁热密封。密封后迅速冷却至38℃,以免破坏果汁的营养成分。

【质量标准】

(1)感官指标　产品有光泽,色泽一致,酸甜适口,具有苹果应有的香气和滋味,无异味;果汁清澄透明不含果肉颗粒和果胶物质,稳定性较好,不允许有杂质,无异味。

(2)理化指标　成品的糖度为12%,酸度为0.4%。重金属含量:锡≤250mg/kg,铅≤0.05mg/kg。

(3)微生物指标　不含致病菌。

实训二　葡萄汁制作

【工艺流程】

原料选择→清洗→压碎除梗→加热软化→榨汁→杀菌、冷却→澄清、过滤→除酒石→调整糖度→杀菌→灌装、密封→冷却→检查→成品

【工艺要点】

(1)原料选择　选新鲜良好、完全成熟、呈紫色或乌紫色、无腐烂及无病虫害的果实。未成熟果的色、香、味差,酸味强;过于成熟果的机械损伤部位易引起酵母菌繁殖,风味不正。雨天裂果、长霉果以及发酵变质的原料也不适合加工果汁。

(2)清洗　为了洗去附着在原料果表面和梗部的农药、灰尘等,在水中浸泡一次后,再于0.03%高锰酸钾溶液中浸泡消毒2~3min,取出用水漂洗干净。

(3)压碎除梗　洗净葡萄后,将葡萄压碎,再由带桨叶的回转轴将果梗排出,通过滤网分离出葡萄,注意不要使果梗混入,否则在加热操作时,会溶解出大量单宁,色泽发黑。

(4)加热软化　为了使红葡萄色素溶出,一般要进行热压榨,这是决定红葡萄汁质量优劣的重要工艺,但不得损害原料葡萄的色、香、味等特性。必须避免过度加热,否则会促进种子和皮中单宁的溶出。加热条件为65~75℃。

(5)榨汁　将加热软化后的葡萄取出进行粗滤、取汁,对滤渣再进行榨汁,将两次所得葡萄汁混合后进行冷却。

(6)杀菌、冷却　为了杀死果汁中的微生物,以防在果胶酶处理时以及其他工序中发酵,需加热至85℃维持15s进行杀菌,然后迅速冷却至45℃。

(7)澄清、过滤　生产透明果汁时必须进行澄清处理,然后再用200目的筛网进行过滤,分离得汁液。

(8)除酒石　将果汁冷却至-2℃,促使酒石析出,然后放在贮汁罐里静置,就可使相当数量的酒石沉淀下来。将上层清汁过滤后,装入不锈钢桶中,放在-7~-5℃下冷藏,进行第二次、第三次除酒石的操作。

(9)调整糖度　将除酒石后的果汁进行最后一次过滤,并向果汁中兑入芳香成分回收液,把糖度调到15%°Bx。

(10)杀菌、灌装、密封　可采用瞬间加热至93℃并保持30s的杀菌方式,杀菌后迅速冷却至85℃,立即装罐密封。

【质量标准】

(1)感官指标　产品色泽一致,果汁清澄透明,酸甜适口,有葡萄应有的香气和滋味,无异味;稳定性好,无杂质,无异味。

(2)理化指标　成品糖度为15%。重金属含量:锡≤250mg/kg,铅≤0.05mg/kg。

(3)微生物指标　不含致病菌。

实训三　胡萝卜原汁制作

【工艺流程】

原料选择→清洗、去皮→修整、切块→打浆、榨汁→过滤→均质、脱气→杀菌→灌装、密封→冷却→成品

【工艺要点】

(1)原料选择　选择新鲜、成熟度适当、无木质化芯、无病虫害、无采收铲伤的胡萝卜,不宜用储存时间长、有糖芯、霉烂的胡萝卜。

(2)洗净、去皮、修整、切块　用水冲洗,洗净原料表面泥土、杂物和微生物;再用3% ~4%氢氧化钠,于90 ~95℃浸泡1 ~2min,使原料去皮;然后用清水冲漂干净。人工修整切除青头和损伤部分,机械切成边长3 ~5mm小块。

(3)预煮、打浆、榨汁　原料小块加水预煮,温度95 ~100℃,时间2 ~3min,使组织软化,并钝化酶活力。然后进入打浆机中进行破碎,通过打浆器与胡萝卜的撞击将胡萝卜打成果肉浆,通过筛孔渗出浆汁,经过滤布过滤得到胡萝卜汁。

(4)均质、脱气　用均质机进行处理,均质压力一般为20 ~25MPa,温度为65 ~70℃。由于是用打浆机取汁,混入空气较多,应采用真空脱气除氧。

(5)杀菌、灌装、密封　可采用瞬间加热至93℃并保持30s的杀菌方式,杀菌后迅速冷却至85℃,立即装罐密封。

【质量标准】

(1)感官指标　产品色泽一致,具有胡萝卜应有的香气和滋味,无异味,无杂质。

(2)理化指标　产品含糖4% ~5%。重金属含量:锡≤250mg/kg,铅≤0.05mg/kg。

(3)缴生物指标　不含致病菌。

知识拓展

拓展　如何选择购买果蔬汁?

(1)应学会看配料表　对于复原汁,产品的配料表为浓缩果汁、水或其他食品添加剂等;果蔬汁饮料会标示其果汁的含量比例,如10%、30%等。还要会看包装上标注的生产日期、保质期、贮藏条件。

(2)对于糖尿病患者应关注果汁中的碳水化合物含量,以免血糖升高;对于肾病患者应关注果蔬汁中的钾含量,以免出现心慌,心律失常等问题。如香蕉汁和甜瓜汁就不适宜肾病患者。

(3)果蔬汁的贮藏应根据产品标签说明进行贮藏　一般采用超高温瞬时杀菌的复原汁产品,常温可以保存6个月以上。果蔬汁在开封后应贮藏在0 ~5℃冰箱内,并在48h内饮用完。而巴氏杀菌或超高压杀菌的非复原汁则要求低温冷藏,保存时间较短,大多只有7 ~10d,开封后应尽快饮用,避免贮藏期间微生物大量繁殖对人体产生危害。

模块五
果蔬糖制品加工技术

任　务

果蔬糖制品加工

学习目标

1. 知道果蔬糖制品的类别、特点及加工原理，了解当地果蔬糖制品加工状况。

2. 能利用当地资源和实验实训条件，设计当地典型果蔬糖制品的加工工艺流程和操作要点。

3. 会准备加工果蔬糖制品所需的试剂、材料和相关设备。

4. 能针对果蔬糖制品加工中出现的流汤、返砂、结晶、煮烂、皱缩、褐变、霉变等质量问题采取措施。

5. 能对自己和同学在任务中的表现进行科学评价，达到一定自主学习的能力，具有较强的团队合作能力和交流表达能力。

任务描述

要求以当地典型果蔬为原料加工糖制品。主要技术指标要求：

（1）蜜饯类　有其相对固定的色泽并鲜明、均匀；外形完整，大小均匀，表面不流汤、不返砂、不结晶、无煮烂、无皱缩、无褐变、无霉变；组织柔嫩、脆嫩、柔韧；滋味和气味上有合适的香气和固有的风味，甜、咸、酸味协调，无异味。

（2）果酱类　可溶性固形物 45% >（以 20℃ 折光计）；色泽应符合品种应有的色泽；滋味和口感应无异味，酸甜适中，口味纯正；块状果酱、泥状果酱组织要求具体参见《果酱类罐头》（QB/T 1386—2017）。无明显分层和析水，无结晶；无可见杂质，无霉变，无致病菌及因微生物作用引起的腐败现象。

知识链接

学习单元一

果蔬糖制品加工原理及加工工艺

果蔬糖制品是以果蔬为原料，与糖或其他辅料配合加工而成的制品。我国糖制品加工的历史悠久，制品种类繁多，风味独特，是我国名特食品中的重要组成部分。其中，北京、苏州、广州、潮州等地的产品，如苹果脯、海棠脯、蜜枣、橘饼、糖梅、糖姜片、冬瓜条以及各种凉果和果酱，在国内外市场上享有很高的信誉。

一、果蔬糖制品加工原理

食糖的保藏作用在于高浓度糖液会形成较高的渗透压，微生物在高渗压下会发生细胞脱水而生理干燥直至质壁分离而无法活动；糖具有较强的保水力，束缚水分子，高浓度的糖液使水分活度（Aw）大大降低，可被微生物利用的有效水分减少；糖制时氧在糖液中的溶解度降低，也使微生物的活动受阻，有利于制品保存。糖制加工还结合干燥、包装、杀菌以及加酸、盐、防腐剂等措施，延长制品保存期。

1. 高渗透压作用

溶液都具有一定的渗透压，糖液的渗透压与其浓度和分子质量大小有关，浓度越高，渗透压越大。而大多数微生物细胞的渗透压只有 0.355～1.692MPa，糖液的渗透压远远超过微生物的渗透压。当微生物处于高浓度的糖液中，其细胞里的水分就会通过细胞膜向外流出，形成反渗透现象，微生物则会因缺水而出现生理干燥，失水严重时可出现质壁分离现象，从而抑制了微生物的生长。

2. 降低糖制品的水分活度（Aw）

大部分微生物要求适宜生长的 Aw 在 0.9 以上。当食品中可溶性固形物增加，游离含水量则减少，即 Aw 变小，微生物就会因游离水的减少而受到抑制。

3. 抗氧化作用

由于氧在糖液中溶解度小于在水中的溶解度，糖浓度越高，氧的溶解度越低。由于糖液中氧含量的降低，有利于抑制好氧型微生物的活动，也利于制品色泽、风味和维生素的保存。

4. 加速糖制原料脱水吸糖

高浓度糖液的强大渗透压，亦加速原料的脱水和糖分的渗入，缩短糖渍和糖煮时间，有利于改善制品的质量。

二、果蔬糖制品分类及特点

我国果蔬糖制品加工的历史悠久，原料众多，方法颇多，形成制品种类繁多，风味优美，是我国名特优食品中的重要组成部分。依据加工方法和成品的形态，一般分为蜜饯类和果酱类。

（一）蜜饯类

蜜饯是以果蔬等为主要原料，添加（或不添加）食品添加剂其他辅料，经糖或蜂蜜或食盐腌制（或不腌制）等工艺制成的制品，包括蜜饯类、凉果类、果脯类、话化类、果糕类和果丹类等［《食品安全国家标准　蜜饯》（GB 14884—2016）］。蜜饯类制品保持一定的形态，且含糖量较高。

1. 按产品形态及风味分类

（1）果脯　又称干态蜜饯，基本保持果蔬形状的干态糖制品。如苹果脯、杏脯、桃脯、梨脯、蜜枣以及精制姜片、藕片等。

（2）蜜饯　分为干态蜜饯、湿态蜜饯。干态蜜饯就是果脯；湿态蜜饯是果实经煮制后，保存于浓糖液中的一种制品，如樱桃蜜饯、海棠蜜饯等。

（3）糖衣果脯　果蔬糖制并经干燥后，制品表面再包被一层糖衣，呈不透明状。如冬瓜条、糖橘饼、柚皮糖等。

（4）凉果　指用盐坯为主要原料的甘草制品。原料经盐腌、脱盐晒干，加配料蜜制，再晒干而成。制品含糖量不超过35%，属低糖制品，外观保持原果形，表面干燥，皱缩，有的品种表面有层盐霜，味甘美，酸甜，略咸，有原果风味。如陈皮梅、话梅、橄榄制品等。

2. 按产品传统加工方法分类

（1）京式蜜饯　主要代表产品是北京果脯，又称北蜜、北脯。据传从明代永乐十八年明成祖朱棣迁都北京时，就被列为宫廷贡品。如各种果脯、山楂糕、果丹皮等。

（2）苏式蜜饯　主产地苏州。历来选料讲究，制作精细，形态别致，色泽鲜艳，风味清雅，是中国江南一大名代特产。代表产品有两类：

①糖渍蜜饯：表面微有糖液，色鲜肉脆，清甜爽口，原果风味浓郁。如糖青梅、

雕梅、糖佛手、糖渍无花果、蜜渍金柑等。

②返砂蜜饯:制品表面干燥,微有糖霜,色泽清新,形态别致,酥松味甘。如白糖杨梅、苏式话梅、苏州橘饼等。

(3)广式蜜饯　以凉果和糖衣蜜饯为代表产品,主产地广州、潮州、汕头,已有1000多年的历史,大量出口东南亚和欧美。

①凉果:甘草制品,味甜、酸、咸适口,回味悠长。如奶油话梅、陈皮梅、甘草杨梅、香草杧果等。

②糖衣蜜饯:产品表面干燥,有糖霜,原果风味浓。如糖莲子、糖明姜、冬瓜条、蜜菠萝等。

(4)闽式蜜饯　主产地福建漳州、泉州、福州,以橄榄制品为主产品,是中国别树一帜的凉果产品。制品最大特点是肉质细腻致密,添加香味突出,爽口而有回味。如大福果、丁香橄榄、加应子、蜜桃片、盐金橘等。

(5)川式蜜饯　以四川内江地区为主产区,始于明朝,有名传中外的橘红蜜饯、川爪糖、蜜辣椒、蜜苦爪等。

(二)果酱类

果酱类制品是以水果、果汁或果浆和糖等为主要原料,经预处理、煮制、打浆(或破碎)、配料、浓缩、包装等工序制成的浆状产品[《果酱》(GB/T 22474—2008)]。果酱类制品属高糖高酸食品,一般用来伴面包、大馍、饼干食用。

1. 果酱

分泥状及块状果酱两种。果品原料经处理后,打碎或切成块状,是加糖(含酸及果胶低的原料可适量加酸和果胶)浓缩而成的凝胶制品。制品呈黏糊状,带有细小果块,含糖量45%以上,含酸1%左右。倾倒在平面上,要求“站得住,不流汁,展得开”,甜酸适口,口感细腻。如苹果酱、桃酱、山楂酱、草莓酱、杏酱等。

2. 果菜泥

可以是单种或数种果菜泥的混合,原料经软化、打浆、筛滤后得到细腻的果肉浆液,加入适量砂糖(或不加糖),经加热浓缩而成。制品呈酱糊状,糖酸含量稍低于果酱,口感细腻。如枣泥、什锦果泥、南瓜糊、胡萝卜泥等。

3. 果膏

以果汁加糖浓缩制成,含糖在60%以上,呈浓稠浆状。如梨膏、桑葚膏、山楂膏、金缨子膏等。这类制品多数作为疗效食品。

4. 果冻

选用含果胶丰富的果实为原料,将果实软化、榨汁、过滤后,加糖、酸以及适量果胶（酸或果胶含量高时可以不加），经加热浓缩而制成。该制品应具有光滑透明的形状，切割时有弹性，其切面柔滑而有光泽。如山楂冻、苹果冻、柑橘冻、猕猴桃冻等。其按形态分为凝胶果冻和可吸果冻；按其内容物分为果味型、果汁型、果肉型、含乳型及其他型。

5. 果糕

在果泥中加入预先搅拌成泡沫状的蛋白质，注入容器成形，烘干，呈多孔性而柔软的果糕。将果泥摊成薄层成形或在果泥中加入粉碎的或切成丝的橘皮、苹果皮或山楂皮等摊成薄层成形，再于50～60℃下烘干至不粘手，切成小块，用玻璃纸包装。或在果肉浆液中加入糖、酸、果胶浓缩后浇盘、烘制、包装而成。如南酸枣糕、猕猴桃糕、胡萝卜糕、山楂糕、水晶山楂糕等。

6. 马茉兰

使用柑橘类原料生产，制造方法与果冻一样。但配料中加入有适量用柑橘类外果皮切成的条状薄片，这些薄片经糖渍呈透明状，均匀分布于果冻中，质地软滑，并具有柑橘皮特有的风味。

7. 果丹皮

果丹皮是果泥干燥成皮状的糖制品。在果泥中加糖搅拌，刮片、烘干、成卷或切片，用玻璃纸包装的制品。如苹果果丹皮、山楂果丹皮等。

8. 糖浆水果

果实切成块或保持整形，以糖液加热分段浓缩至可溶性固形物达65%～70%，灌装后杀菌而成。开罐时要求果实应保持应有的体形或块状，固形物符合标准要求。

9. 水果沙司

水果经去皮、去核、破碎、软化后打浆，加入适量浓缩糖液；加热浓缩至可溶性固形物达18%～20%即可（可加入牛奶和奶油等配料），包装及杀菌方法与果酱相同。

三、果脯、蜜饯加工工艺

果脯、蜜饯是以新鲜果蔬为原料，利用高浓度糖的保藏作用，再根据各自的形状，通过各种不同的生产工艺，制成形态、风味各异的产品。

(一)工艺流程

果脯、蜜饯加工工艺流程如下所示:

新鲜果蔬→原料处理→原料预加工→糖制→干制→整理、包装→成品

(二)工艺要点

1. 新鲜果蔬要求

选择优良的原料,是生产优质果脯、蜜饯的关键之一。产品的质量,主要取决于产品外观、风味、质地及营养成分,而它们与原料的优劣有很大关系。

(1)原料的种类、品种　正确地选择原料的种类和品种,是保证产品质量的基本条件。品种不同,加工的效果差异很大。如生产梨脯,应选用石细胞少、含水量较低的洋梨系统中的某些品种,而用含石细胞多的梨生产出来的梨脯,大多色泽发暗,质地粗糙,风味欠佳。生产杏脯,应选择核小、肉厚的鲜杏,而核大、肉薄的杏子是不能用来生产杏脯的。生产金丝蜜枣,应选择果形圆大、肉质疏松、表皮青白、含糖量较少的品种。生产金橘饼,应选择果形小、色泽好的品种。若用红薯制脯,则以纤维素含量小的品种为佳。总之,应当根据产品的要求,正确地选择适宜加工的原料品种,才能保证产品质量。

(2)原料成熟度　一般来说,果品的生理成熟度应在75%～85%,以肉质丰富、组织紧密、含单宁较少、色泽鲜明的为好。但是,对成熟度的高低也不完全一致,它还取决于加工什么产品。如用于加工金橘饼的原料,应当采用皮色全部退绿、色泽朱红的鲜橘,成熟度应在90%以上;而对制作蔬菜果脯、蜜饯的原料,如冬瓜、红薯、胡萝卜等,则以选择完全成熟的为佳。

(3)原料新鲜度　新鲜度是指果蔬表面的颜色、光泽、洁净度和组织的饱满、变质、失水或干枯与否的感观概念。生产果脯、蜜饯的原料,要求新鲜完整、表面洁净、无病虫害、无疤痕瘤块。

2. 原料处理

(1)分级　通过分级使原料能适应机械化操作的需要,便于按同一工艺条件加工。分级的方法主要是筛分法。分级的设备种类较多,在果脯、蜜饯生产中常用的有摆动筛、滚筒筛、振动筛、三辊式分级机、带式分级机、滚轴式分级机。

(2)清洗和去皮

①清洗:能除去原料表面沾染的泥沙、杂质、农药和微生物。常用洗涤的设备有振动式喷洗机、桨叶式清洗机、鼓风式清洗机、浸泡式喷洗机、滚筒式清洗机、转筒式喷洗机、毛刷式喷洗机。

②去皮:由于果蔬外皮都有一层保护膜,它会使浸糖时间延长、浸糖均匀度降

低。原料去皮后，能保证产品口感一致，保证产品形态一致，有利于加工。当然，也不是所有制作果脯、蜜饯的原料均需去皮，如制作金橘饼时的金橘就不用去皮，橄榄、梅等也无需去皮，但多数果蔬原料是需要去皮的。

（3）修整和切分

①修整：包括去核、去心、去蒂梗，以及剔除影响产品质量的部分，如去皮后未除尽的表皮、芽眼根窝处的杂物、肉质部分上残存的黑点、硬点、腐烂点等。原料的修整是一项随机性很强的工作，可变参数很多，是一项看似简单，却是难以完成好的工作，在工厂里是人工与机械并举。常用的修整的机器有除柄（梗）机、切半挖核机、樱桃除核机。

②切分：果蔬原料经切分后，有利于渗糖及其他添加剂的渗入，使得产品的风味更加突出，品质更佳。切分时要求块形整齐一致。切分的规格，可根据原料的形状、性质、大小和加工需要切分成不同的形状和大小，如萝卜可切成条状、片状和块状；生姜可切成薄片状、丝状；菠萝可切成圆片、扇片、碎块状；苹果、梨一般纵切成四块；桃主要是对开；有时也四开或成条状；杏一般是对开等。常用的切分设备有果蔬切片机、盘式切丝机、蘑菇切片机等。

（4）原料刺孔、划纹和切缝

①目的：主要针对不去皮、切分的小型果蔬，主要是便于糖液渗透，从而大大缩短煮制时间。另外，果蔬原料经划纹、切缝后，表面纹路增多，如金丝蜜枣，表面的划缝使其表面均匀布满细密、有如丝状的纹路，宛如金丝，极具美感。有些还可以在果蔬原料表面雕刻，使产品更具艺术化，甚至可雕出花、鸟、虫、鱼等形状，简直是一件艺术品。

②方法：有手工操作和机械操作。手工操作如刺孔工具，可用大头针钉在木板上使用，划纹和切缝工具，可用缝衣针、刮脸刀片扎成月牙形排针使用。机械操作常用设备有划纹、切缝机、刺孔机。

（5）原料护色　果蔬原料在去皮、切分后，与空气接触，会迅速褐变，应当加以防止。常用方法酸液护色、食盐溶液护色、硫处理护色、热处理护色。

3. 原料预加工

（1）脱气　果蔬组织内部都含有一定量的空气，脱气就是要将果蔬组织内的空气排除掉。脱气有利于糖分的渗入；有利于加工，使果蔬组织变得松软或易于煮融；有利于营养成分和风味的保留。

常用方法主要采用真空脱气。真空脱气是将果蔬原料置于真空状态中，原料组织中的空气为了维持气相平衡便会从组织中逸出，代之以糖水或盐水。原料经脱气后，组织中的空隙被液体所充填，使肉质紧密，减少热膨胀，防止煮融现象，并减轻肉质变色。脱气的设备主要由真空设备和脱气罐组成。

（2）漂烫　漂烫能抑制酶的活性，可防止褐变和风味损失，有利于糖的渗透，能去除果蔬原料不良味道，排除原料中的气体，使组织变得柔韧，不易破裂。果蔬颜色更鲜艳，不含叶绿素的果蔬则变成半透明状，使成品更加悦目。另外，排除了气体，可以杀灭附着于果蔬原料表面的虫卵和部分微生物。漂烫的方法主要有两种：热水漂烫和蒸汽漂烫。

工厂中常用的漂烫设备有夹层锅、螺旋式连续预煮机、链带式连续预煮机。

(3)盐渍　盐渍果蔬，利用了高浓度的食盐溶液的高渗透压，可有效地抑制微生物的活动，使原料能长期保存，还使果蔬组织中的某些内容物渗出，改变了果蔬的原有品质使其组织变得松软，有利于以后的糖制加工。经过盐渍处理后，不良风味均会溶出至盐液中，使原料的风味大为改善。果蔬原料盐渍的方法主要有干盐法和盐液法。

①干盐法：是将固体食盐对果蔬原料进行盐渍。主要用于成熟度较高或汁液较多的果蔬。其基本工艺流程：

原料处理→盐渍→干燥→回软→再干燥→成品

为使果蔬组织易于透盐，对不易透盐的皮层组织，须进行透盐预处理，如金橘、青榄、李、细小番茄的皮层，可进行针刺处理，李与青榄亦可用擦皮处理。

对柠檬、野生桃、青榄、小杧果等本身汁液不多，在盐腌后渗出的汁液不足以淹过果面时，则必须补加20%浓度的盐水，以淹过果面为度。在原料盐渍3～4d时即应检查，及时处理，以免原料间隙中的空气为好气性微生物提供条件，使原料发酵变质。

②盐液法：是将果蔬原料浸泡于浓盐水中进行盐渍。该法主要用于未成熟果蔬或汁液较少、肉质紧密、以及酸涩味和苦味较强的果蔬原料。

在盐渍时，先将食盐化成20%的盐水，再将果蔬原料浸没在盐液中，上加竹帘压上石块等重物，防止原料浮出液面。一般经过15～20d即可完成盐渍。腌好后捞出进行干燥处理，即成果坯。

在腌制过程中，盐渍池中会有轻度的乳酸和酒精发酵，对糖分和部分果胶物质的分解有利，并可增加果肉的渗透性，同时也可使原料中的苦、涩等不良风味消除。

盐渍所需的时间，应根据果蔬组织、盐液浓度、腌渍温度等条件而定，以全部透盐、组织软化时为宜。适于制成盐坯的原料有桃、李、梅、金橘、青榄、柠檬、嫩姜、细小未熟的番茄和杧果等。

(4)硬化　经过硬化处理后，果蔬组织硬化，不易煮烂；并中和一部分酸分，降低酸性；果蔬组织的细胞膜有了渗透功能，糖液很容易进入细胞组织中，有利于透糖；经硬化处理的果蔬，食用时有生脆之感；如冬瓜条。在生产中常用的硬化剂有食用的石灰、氯化钙、亚硫酸氢钙、明矾等。浸渍10～16h后捞出，投入清水中多次漂洗，以除去多余的硬化剂。

注意：硬化剂溶液的浓度，因原料的品种不同而异，含水分多者的原料要浓些，质地致密而水分较少者，则可淡些；对硬化剂的选择，应根据原料的具体情况而定。

以明矾溶液浸渍则脆化程度比石灰溶液柔和，久煮仍会软烂。对含单宁成分较多的果蔬，如桃、李、苹果等，则浸亚硫酸氢钙溶液时，既可硬化，还能护色。硬化所需时间，与原料品种、成熟程度、组织状况、原料形状等均有关系。但不管怎样，均应以硬化剂浸渍到原料中心为度。可用 pH 试纸贴在组织中心断面上，若试纸全部变蓝，表明硬化已到中心部，否则仍需继续硬化。

4. 原料糖制

果蔬原料的糖制是果脯、蜜饯生产中极为重要的一道工序。主要分两种：糖煮和糖渍。

（1）糖煮　糖煮是把果蔬原料放在糖液里加热煮制。糖煮时，果蔬组织在糖液中所受的热力是由糖液传导的，直接受糖液温度所支配，糖液的沸腾温度又直接受糖液浓度所支配。

糖煮时，一般应从低浓度糖液煮起，使糖分均匀渗透进果蔬组织中。对于肉质较紧密的果蔬，受热后质地不会过于软烂，宜采用糖煮。因为在加热时，糖分渗透迅速，可加快糖制过程。

①糖煮方法

a. 一次煮成法：是把预处理好的果蔬原料置于糖液中一次性的煮制成功，是糖制加工的最基本方法。适合组织较为疏松，易于透糖的原料。如橘饼、川贝、陈皮等产品原料。在煮制时，一般起始糖度以 25～30°Bé① 为宜，并在 3～4h 内使糖度提高至 40°Bé。要保证吸糖充分，须逐步提高糖液浓度，才能使糖分均匀透入果蔬组织中。一次煮成的时间约 1～2h，直至糖液浓度达到 60% 左右时取出，再连同糖液一起放入容器中浸渍 48h 左右再捞出。

常用两种加糖提高浓度的方法：加蔗糖，原则是少量多次；加糖水，先将蔗糖化成 45～50°Bé 的糖水，分 5～7 次加入煮制容器中。从使用效果看，加糖水比加蔗糖为好，对于产品色泽要求较好的，应当加入亚硫酸盐以护色。

一次煮成法具有速度快、工序少、产量高的优点，但它技术要求较高，如控制不好，轻则影响色泽、外观，重则引起干缩或潮解。

b. 多次煮成法：有些果蔬，如苹果、桃、枣等，本身组织较致密；有些果蔬，如冬瓜、木瓜等，经硬化处理后，组织也较致密，不易透糖，组织内部蒸发失水的速度超过组织内外糖液平衡的速度，用一次煮成法糖制时，不易透糖至中心，产品易成干缩态。为把原料失水蒸发的速度减缓，延长内外糖液平衡所需的时间，可采用多次煮成法煮制。

多次煮成法煮制时，是糖煮、糖渍的结合。煮制只起加热糖液、原料及略微浓缩提高糖度的作用，因此透糖顺利且均匀，原料不致因内外浓度相差太多而干缩，

---

① 1°Bé≈1.8°Bx。

产品质量较好。但生产周期长，占地面积也大。

操作时，将处理好的原料，放入浓度为30%左右的沸糖液中。这时，组织内外的浓度相差不大，可使透糖较为容易。在煮沸3~5min后，使原料开始软化；即将原料和糖液一起转入容器中，浸渍12~20h，使糖分渗入组织内。随后进行第二次糖煮，这时糖液浓度提高至40%左右，煮沸后放入原料再煮5~10min，然后浸渍12~20h，使原料中的含糖量逐步提高。根据原料情况可反复进行多次。最后一次可将糖液浓度提高到50%左右，煮沸后倒入原料，再沸时分几次加入浓糖浆或蔗糖，直到糖液浓度达到60%左右，原料透明时为止，然后将原料捞出，煮制即告完成。

c. 变温煮成法：变温煮成法是利用温差特殊的环境，使原料组织受到冷热交替的变化，果蔬组织内部的水蒸气分压时大时小，变化比较大，这种压力差的存在和变化，促使糖分更快地渗入组织中，加快了内外糖液浓度的平衡速度，大大缩短了糖煮时间，在1~2h内即可完成糖煮操作。

操作时，先把果蔬原料置于30%浓度的糖液中煮沸约5~8min，然后立即捞出放入温度为15~20℃的40%浓度的冷糖液中，这时的温差达80℃以上，果蔬组织中的水蒸气分压因突然受冷而降低，使得组织收缩，糖液也就被迫透入组织内部，加速了组织内外浓度平衡的进程。经5~8min后，原料温度降低，随即又移入到煮沸的40%浓度的糖液中，原料又立刻升温到100℃以上，维持5~8min。原料再次受热，汁液气化，组织膨胀。接着又移入浓度约55%、温度为20℃以下的冷糖液中，经5~8min后，再移入到煮沸的60%~65%浓度的糖液中，持续20min左右，即可达到糖煮的最后浓度，完成糖煮过程。

d. 真空糖煮法：真空糖煮法是在一定的真空度下进行糖煮。它有如下优点：在真空环境下，液体的沸点大为降低，可使组织不受高温糖煮的影响，避免产生焦糖，维生素等营养物质保留较多；由于果蔬组织内部的空气被抽走，有利于糖液的渗入，加速了透糖速度；提高了生产工效；产品品质稳定，色泽浅淡鲜明，风味纯正。

真空糖煮法一般所用的真空度是80~87kPa，温度约为60℃。糖液在不同真空度及不同浓度下，其沸点各不相同。表5-1所示为真空度、糖液浓度与精液沸点的关系。

表5-1　真空度、糖液浓度与糖液沸点　　单位：℃

真空度/kPa	糖液浓度					
	50%	60%	70%	80%	90%	96%
84.26	—	—	60	64	71	82
67.33	—	—	75.5	85.5	87.5	99
33.60	—	—	95	99	107	121
0	102	103	106.5	112	120	138

真空糖煮法需要在真空设备中进行,常用的设备有真空收缩锅或真空罐。基本操作程序是:将经过预处理的原料放入糖煮容器中,加入30% ~40%浓度的糖液(如果蔬组织较疏松,糖液浓度可提高至50% ~60%),然后将容器密封,通入蒸汽加热,至60℃后即开始抽真空减压,使糖液沸腾(若有搅拌器可及时开动),沸腾约5min后,可改变真空度,使果蔬组织内的水蒸气分压也反复随之改变,从而一边使组织内外浓度加速平衡,一边促使糖液蒸发,以便迅速透糖。当糖液蒸发到所需浓度(60% ~65%)时,即可解除真空,完成了真空糖煮过程。全部时间为1h左右。

e. 热煮冷浸法:热煮冷浸法是用热煮和冷浸相结合来处理果蔬组织。本法开始时热煮一次,中间多次冷浸,最后再热煮一次来完成操作。操作时,取与原料等量、浓度为30%的糖液,将果蔬原料放入其中,煮沸3 ~5min,然后停止加热,使原料在糖液中浸渍10 ~20h,接着移出果蔬原料,煮沸糖液,调整糖液浓度为40%,再放入原料,浸渍10 ~20h。如此操作,直到糖液浓度浓缩到60%左右,最后将原料与糖液一起迅速煮到所需的浓度,从而完成糖煮操作。

f. 冷浸热煮法:冷浸热煮法是冷浸与热煮相结合。先将原料在常温下,经逐次增浓的糖液多次浸渍,组织内的汁液浓度和糖液浓度逐渐达到平衡状态,最后迅速加热煮沸。本法透糖十分充分均匀,组织饱满,色泽好,营养物质损失少。但它费时长,约需1周时间,生产周期长。

操作时,将已预处理的果蔬原料放入30%浓度的糖液中,浸渍24h左右;将糖液浓度提高至40%,再浸渍24h;然后提高糖液浓度至50%。此时,由于糖液浓度渐次加大,浸渍平衡时间也相应延长,可浸渍40 ~48h;再将糖液浓度提高到60% ~65%,浸渍约60 ~72h。总共浸渍时间约为1周左右。至此,冷浸操作基本结束。随后进行热煮,将糖液连同果蔬原料一起迅速煮沸,即可停止加热,将果蔬组织移出加热容器,从而完成了冷浸热煮操作。

②糖煮后的处理:对于经最后一次糖煮后原料的出锅,不同的果脯、蜜饯,亦有不同的处理方法。

a. 糖霜果脯、蜜饯:对于需要表面成霜的果脯、蜜饯,在煮制到合适浓度时,捞出,沥去多余糖液,倒到不锈钢制的操作台上,进行翻动、抄拌,同时开动大电扇,及时散热。抄拌操作一般采用“三抄三覆”,即把糖煮后的果蔬翻动并均匀抄散开,然后堆集起来,稍候再抄散开;如此重复3次。在冷却和抄覆过程中,糖霜面逐渐形成。要严防抄拌过甚,形成大晶粒。有时在抄拌时可加一些细糖粉,能促进糖霜面的形成,但一般以自然成霜较好。

b. 白色糖衣果脯、蜜饯:糖衣果脯、蜜饯需要裹糖衣,当果蔬原料到达糖煮终点时,捞出、沥干,倒入大容器中,泼上以蔗糖现配的77%以上浓度的热糖浆,迅速用木制工具翻动,很快就能在其表面形成一层白色干态糖衣。在操作时应当注意的是,泼上的糖液应是以蔗糖现配的而不能用旧糖液。旧糖液中,一般还原糖含量较高,会阻碍结晶的产生,效果较差。

c. 透明糖衣果脯、蜜饯：透明糖衣果脯、蜜饯的糖衣液的成分有所不同，其蔗糖、淀粉糖和水的比例是 3 ∶ 1 ∶ 2，将这些原料置于锅中搅拌加热、煮沸至 113 ~ 115℃，停止加热，冷却至 93℃左右，将沥干的果脯、蜜饯浸入此糖液中约 1min，再捞出置于筛面上，于 50℃下晾干，即可形成一层透明的糖衣层。此法是利用一定量的还原糖来抑制过饱和糖液的结晶。另外，也有将沥干的果脯、蜜饯浸渍于 1.5% 的果胶溶液中，取出后在 50℃下干燥 2h，可形成一层透明的胶质薄膜，但此膜较薄，虽外观相似，但口感不同。

d. 湿态果脯、蜜饯：对于湿态果脯、蜜饯，并不需要马上离开糖液。当糖液煮到 70% 浓度时，捞出原料至易散热的铝盒中，加少量糖煮液浸渍之，并用电风扇吹之散热，过 0.5 ~ 1h 翻动一次，使之浸糖均匀，否则，浸不到糖液者，其中心处吃糖不足，易产生“白目”现象。在此操作中，应特别注意散热，若热量不能及时扩散，易产生过多的转化糖，使产品颜色变褐，且原料也易软烂。

(2) 糖渍　糖渍与糖煮的最大区别是加热与否。

①基本原则：要保证糖渍的效果，需要注意以下几点：糖液宜稀不宜浓；果蔬组织宜疏松；时间宜长不宜短，其生产周期一般为 15 ~ 20d。

②糖渍方法：在生产中，常用的糖渍方法有以下几种。

a. 糖液浸渍法：对果蔬原料进行糖液浸渍时，糖液浓度是逐步提高的。一般每次提高浓度 5% ~ 10%，须经 5 ~ 6 次浸渍，历时 15 ~ 20d 完成。

操作时，先调制浓度 25% ~ 30% 的糖液，将经预处理的果蔬原料放入其中，浸渍 12 ~ 24h，再提高糖液浓度 8% 左右，浸渍 24h；又提高糖液浓度 10%，浸渍 48h；随之再提高糖液浓度 10%，浸渍 4 ~ 5d，最后提高糖液浓度至 65% ~ 70%，浸渍 7d 左右，即告完成糖渍。

b. 干砂糖浸渍法：干砂糖浸渍是把经过预处理的果蔬原料，逐次增加干砂糖的量，并进行较长时间浸渍的方法。适合于含水量较高、肉质较疏松的果蔬。本法对果蔬的色、香、味及营养物质的保留较好，口感较脆嫩，但组织会产生收缩。

操作时，取一大缸，同时取原料重量 30% 的砂糖分层撒入，一层原料一层砂糖，各层砂糖的比例一般为上 ∶ 中 ∶ 下 = 3 ∶ 2 ∶ 1，最上层再用砂糖覆盖，约经 12 ~ 24h 后，补加 20% 的干砂糖翻拌均匀，再浸渍 24h 左右，补加 10% 的干砂糖液渍。由于采用干砂糖浸渍，果蔬组织汁液中的水分大量渗出，因而果蔬组织将大幅收缩至原来的 1/2 或更多，使得透糖速度大为降低，胶渍时间大约需要 7 ~ 10d。

(3) 糖制操作终点的判断和糖液浓度的控制

①糖煮制品终点的判断：一般是根据糖液的最后浓度为依据，即糖液中可溶性固形物的含量。一般为 60% ~ 65%。检测浓度的方法主要有以下两种：

a. 仪器测定：其一是波美计测糖度，当测得糖度为 37 ~ 38°Bé，相应的浓度为 69% ~ 71% 时，即为糖煮终点；其二是温度计测温度，糖液浓度与温度之间有一定的对应关系。

b. 感官判断：常用的方法有三种。第一种为挂片法，取一木片，由锅中挑起糖液举起，让糖液在空中由木片下流，泻挂成薄片，根据糖液形成挂片的速度和形状、挂片保持连续悬挂的能力来判断糖制的终点；第二种为滴凝法，取一白瓷板，将糖液滴注其上，冷却后用手指试之，根据手指对不同浓度糖液所形成糖块的韧性的感觉来判断；第三种为手捏法，用木片在锅中沾取糖液，然后用手指捏之，从手感的绵滑程度来判断。

②糖渍制品终点的判断：仪器测定。制品在最后一次糖渍后 2d，用波美计测糖液糖度，如连续 3d 内测得的糖度恒定在 36°Bé 左右，即为达到糖制终点，再于此浓度的糖液中浸渍 1 周左右即可；连续 3d 内，折光计所测的糖度恒定为 62% ~ 65%，即为产品终点。

（4）糖的溶解

①常温溶解法：在室温下进行，所用的设备一般采用内装搅拌器的不锈钢桶，在桶底有排液的管道。生产过程很简单，先将不锈钢桶加入定量的饮用水，开动搅拌器，一边搅拌，一边加入预先计量的蔗糖，边加入边搅拌，直至完全溶解为止，一般需要搅拌 20 ~ 30min，即成为具有所需浓度的糖液。这种糖液的浓度一般为 45% ~64%，若需存放 1d 以上，则须配成 65% 以上。

常温溶解法所需的设备较简单，可节省能源，但须有非常严格的卫生控制措施，且生产效率也较低。实际使用较少。

②加热溶解法：加热溶解法是生产中最常用的溶糖法。通常在化糖锅中进行，并备有搅拌器，用蒸汽进行加热。操作时，将计算准确的水和蔗糖倒入化糖锅，用蒸汽加热至沸点，同时不断搅拌，直至全部溶解为止。

加热溶解法有很多优点，如溶解迅速，在较短时间内可生产大量糖液；可杀死附着于糖粒上的微生物；能分离出凝固于糖中的杂质等。

（5）糖液的过滤　由于蔗糖中含有少量杂质，故溶解后糖液中也含有杂质，所以须经过除杂处理，而除杂的最常用方法就是过滤。常用的过滤法为加压过滤法，生产中常用的过滤设备为板框过滤机。

对于含杂质较多的糖类，应先将糖液进行净化处理。可用活性炭来净化，（即将糖用活性炭加入热糖液中），一般用量为糖的质量的 0.5% ~1%，通过活性炭的吸附作用，可以除去糖液中的异味、色泽。经过净化的糖液，再进行过滤处理。

（6）糖液的配制　在糖制工序中，糖液浓度的配制混合是生产中经常遇到的工作，同时也是十分关键的生产环节，必须认真掌握。糖液配制有直接法和混合法两种。这部分内容与“模块三　果蔬罐制品加工技术”中糖液配制相同。

5. 果蔬糖制后的干燥

果蔬原料经糖制后，所含水分较多，需要经干燥除去多余水分，有利于保存和运输。干燥的方法较多，但主要为两种：自然干燥和人工干燥。

(1)自然干燥　自然干燥是一种传统的干燥方法,其热源来自于太阳,依靠阳光的热量使水分蒸发。自然干燥的方式主要有晒干、风干等。所用的用具有晒盘、席箱等。晒场要向阳,交通要方便,环境空气要干净。自然干燥的最大缺点是卫生条件差:其一是晒制时,易受灰尘、杂质的污染,由于表面黏性大,吸住就不会脱落;其二是苍蝇多,苍蝇会带来大量细菌、病毒,是传播病原菌的主要方式;其三是蜜蜂多,果脯、蜜饯中含糖分高,对蜜蜂有极大的诱惑力,蜜蜂虽没有苍蝇脏,但蜜蜂多会妨碍工人操作,并损耗大量糖。

自然干燥时,一般是将糖制后的原料放到晒盘或席箱上晒制,并应经常翻动,可使水分扩散、蒸发加快,制品干燥均匀。一般在晒制过程中有10%～20%的水分蒸发掉,在夏天通常经2～4d干燥即可达到要求的含水量。

干燥时间的长短和品质的高低,与气候条件有密切的关系,受气候的限制和影响极大。自然干燥的主要优点是节省能源,操作容易,成本较低。

(2)人工干燥　人工干燥是通过人工加热,使制品中的水分蒸发而达到干燥的目的。根据热源的不同,有煤加热、电加热、蒸汽加热等几种。一般是使这些热源加热空气,再用热空气去干燥果脯、蜜饯制品。人工干燥时,因干燥强度较自然干燥高,为使各处受热均匀,其翻动的时间间隔较短,次数也较多。对干燥成品的要求:饱满、色泽鲜亮、无皱缩、无糖结晶和流糖等不良现象。

人工干燥与自然干燥相比,具有较好的卫生条件和劳动条件,能有效地减少或避免制品的污染,不受气候条件的影响,便于操作管理,有利于连续化大量生产。其优点是干燥时间短,产品品质均衡一致;但它设备投资费用高,配套工程较大,故成本也较高,这是它的不足。另外,由于受强制受热干燥影响,产品的色、香、味比自然干燥的略为逊色。但对于某些产品,人工干燥比自然干燥者的质地要柔韧一些。因此,为达到产品品质的最佳要求,可根据需要选择不同的干燥方法。

(3)影响干燥效率、效果和生产能力的主要因素　在人工干燥的操作中,要特别注意温度高低、温度均匀性、通风排湿、烘制时间等,它们对产品质量影响甚大。

①温度高低:在烘烤果脯、蜜饯产品时,对干燥设备内的温度高低控制方式,常有以下三种:

a. 交替变温:初期用中温,中期用高温,后期用低温。本法所得的制品质量好,产品出率高,可根据原料情况而调节各段温度,故烘烤效果较好,是一种比较常用的干燥法,特别适用于肉质较厚的果脯、蜜饯,如苹果脯、桃脯等;或整果的果脯、蜜饯,如蜜枣、金橘饼等。

b. 递次降温:初期用高温,随着水分的渐次排除而降低温度,可分几段降温,直至烘干结束。本法适用于切成细条或薄片的制品,如糖姜片、红薯条等。本法烘烤时间较短,制品品质好,但技术要求较高。

c. 恒温:在整个烘烤时间内,温度均保持在55～60℃的恒温上,直至临近烘干结束时再逐步降温。本法的操作技术较易掌握，制品品质较好，适用于大多数果脯、蜜饯的干燥。

②温度均匀性：在烘烤设备中，温度应当均匀一致，才能保证产品质量一致。

③通风排湿：当设备内的相对湿度达到70%以上时，就应当通风排湿。一般排湿是间断进行，即隔一段时间排湿一次，每次排湿10～15min，在整个烘烤过程中，通常排湿3～5次。

④烘制时间：烘制时，应使制品达到各自的含水量标准，一般应略低一些，以便制品的吸湿回软。果脯、蜜饯的含水量一般控制为16%～20%，全部烘烤时间为12～24h。

干燥设备的型式很多，在果脯、蜜饯生产中常用的干燥设备有烘房、隧道式烘干机、带式烘干机等。

6. 果脯、蜜饯的包装

果脯、蜜饯的包装，应当遵循适用、可靠、美观、经济的原则。果脯、蜜饯是直接入口的食品，其表面又多少带有黏性，易于沾染微生物和灰尘，对其包装自应特别严格，才能保证卫生质量。

（1）包装材料的选择　不论何种包装，所用的材料必须清洁、无毒，符合食品卫生要求。常用包装材料有塑料薄膜、复合薄膜、玻璃纸。

（2）常用包装方法　果脯、蜜饯是一种含糖量很高的食品，一般含糖量在60%以上，也正是这种高含糖量，才得以抑制微生物的活动，使食品得以保质。对于一般产品来说，其包装主要有小包装和大包装两种。

①小包装：果脯、蜜饯产品以小颗粒、小块状居多，为了取食方便，消费者喜欢包装颗粒化，一包一粒或数粒，也可避免果脯、蜜饯产品之间的相互粘连。然后，再将这些颗粒包装按定量要求装袋或装盒。果脯、蜜饯可作为一种馈赠佳品，为了馈赠的需要，其包装要美观大方，色彩鲜明。图案和简介、说明等，字样要清晰，内容要翔实，不夸大宣传。

②大包装：常用的大包装有纸箱包装和木箱包装两种形式。

a. 纸箱包装：多用加厚瓦楞纸箱，在箱中垫防潮纸，将小包装产品放入大塑料袋中，一起装箱。其口部用胶带纸贴牢，外用捆扎带捆扎两道，以防止箱体散坏，还能缓解商品受压变形和黏连结块现象。

b. 木箱包装：木箱亦是一种常见的包装容器。最主要的特点是机械强度大，抗机械损伤能力强，能承受很大的码垛载荷。由于果脯、蜜饯的密度较小，重量较轻，可采用木架结构、外钉胶合板的木箱，这种木箱的承载能力较大，且箱面平滑、外形美观、防尘性能较好，也省木材。装箱时，需先在箱中衬垫牛皮纸，再衬垫防潮纸，然后把用塑料袋包好的成品装入箱内，加盖钉死。木箱包装量为15～30kg。

四、果酱加工工艺

在果酱加工过程中，利用果实中亲水性的果胶物质，在一定条件下与糖和酸结合，在此过程中，糖起脱水剂的作用，酸可中和果胶粒表面负电荷。高度水合的果胶束因脱水和电性中和而凝聚并相互交错，无定向地组成连接松弛的三维网状结构，形成无数空隙，最终形成一种类似海绵的"果胶－糖－有机酸"凝胶体。

凝胶的强度与糖含量、酸含量以及果胶物质的形态和含量有关。一般来说，三者成分比例可参考如下：果胶含量0.6%～1.5%，糖含量65%～70%，pH 2～3。

(一)工艺流程

果酱加工工艺流程如下所示：

原料选择→洗净→
- 切分、破碎→预煮→加糖浓缩→装罐→密封→杀菌→冷却→果酱
- 打浆→过滤→加糖浓缩→装罐→密封→杀菌→冷却→果泥
- 榨汁→过滤→加糖浓缩→入盘冷却成形→果冻
- 打浆→过滤→加糖浓缩→入盘冷却成形→果糕
- 打浆→加糖浓缩→刮片→烘烤→揭皮→整形→包装→果丹皮

(二)工艺要点

1. 果酱、果泥

(1)原料选择　要求原料具有良好的色、香、味，成熟度适中，含果胶及含酸丰富。一般成熟度过高的原料，果胶及酸含量降低；成熟度过低，则色泽风味差，且打浆困难。

原料含果胶及含酸量均为1%左右，不足时需添加和调整。含酸量主要是通过补加柠檬酸来调节，果胶可用琼脂、海藻酸钠等增稠剂取代，也可通过加入另一种富含果胶的果实来弥补。

(2)原料处理　剔除霉烂、成熟度过低等不合格原料，清洗干净，有的原料需要去皮、切分、去核、预煮和破碎等处理，再进行加糖煮制。

果泥要求质地细腻，在预煮后进行打浆、筛滤，或预煮前适当切分，在预煮后捣成泥状再打浆，有些原料还需经胶体磨处理。

以果汁加糖、酸制造果冻产品，其取汁方法与果蔬汁生产相同，但多数产品宜先行预煮软化，使果胶和酸充分溶出。汁液丰富的果蔬，预煮时不必加水，肉质紧密的果蔬需加原料重1～3倍的水预煮。

(3)加热软化　处理好的果块根据需要加水或加稀糖液加热软化,也有一小部分果实可不经软化而直接浓缩(如草莓)。加热软化时升温要快,沸水投料,每批的投料量不宜过多,加热时间根据原料的种类及成熟度控制,防止过长时间的加热影响风味和色泽。

(4)配料

①配方:糖的用量与果浆(汁)的比例为 1∶1,主要使用砂糖(允许使用占总糖量 20% 的淀粉糖浆)。低糖果浆与糖的比例约为 1∶0.5。低糖果浆由于糖浓度降低,需要添加一定量的增稠剂,常用的增稠剂是琼脂。

成品总酸量:0.5% ~1%(不足可加柠檬酸)。

成品果胶量:0.4% ~0.9%(不足可加果胶或琼脂等)。

果肉(汁)40% ~50%,砂糖 45% ~60%,成品含酸量 0.5% ~1%,果胶 0.4% ~0.9%。

②配料准备　所用配料如糖、柠檬酸、果胶或琼脂等,均应事先配制成浓溶液备用。砂糖应加热溶解过滤,配成 70% ~75% 的浓糖浆;柠檬酸应用冷水溶解过滤,配成 50% 溶液;果胶粉或琼脂等按粉量加 2 ~6 倍砂糖,充分拌匀,再以 10 ~15 倍的温水在搅拌下加热溶解过滤。

(5)加热浓缩　将处理好的果酱投入浓缩锅中加热 10 ~20min,这样可蒸发一部分水分,然后分批加入浓糖液,继续浓缩到接近终点时,按次加入果胶液或琼脂液、淀粉糖浆、最后加柠檬酸液,在搅拌下浓缩至可溶性固形物含量达到 65% 即可。浓缩方法和设备有常压浓缩和减压浓缩。注意加热时要不断搅拌,防止焦底和溅出。

①常压浓缩:常压浓缩的主设备是带搅拌器的夹层锅。工作时通过调节蒸汽压力控制加热湿度。为缩短浓缩时间,保持制品良好的色、香、味和胶凝强度,每锅下料量以控制出成品 50 ~60kg 为宜,浓缩时间以 30 ~60min 为好。时间过长,影响果酱的色、香、味和胶凝强度;时间太短,会因转化糖不足而在贮藏期发生蔗糖结晶现象。浓缩过程要注意不断搅拌,出现大量气泡时,可洒少量冷水,防止汁液外溢损失。

常压浓缩的主要缺点是温度高,水分蒸发慢,芳香物质和维生素 C 损失严重。其制品色泽差,欲制优质果酱,宜选用减压浓缩。

②真空浓缩:真空浓缩又称减压浓缩。分单效、双效浓缩装置。单效浓缩装置是一个带搅拌器的夹层锅,配有真空装置。工作时先抽真空,当锅内真空度大于 0.05MPa 时,开启进料阀,使物料被吸入锅中,达到容量要求后,开启蒸汽阀和搅拌器进行浓缩。浓缩时锅内真空度为 0.085 ~0.095MPa,温度为 50 ~60℃。浓缩过程若泡沫上升剧烈,可开启空气阀,破坏真空抑制泡沫上升,待正常后再关闭。浓缩过程应保持物料超过加热面,防止煮焦。当浓缩接近终点时,关闭真空泵,开启空气阀,在搅拌下使果酱加热升温至 90 ~95℃,然后迅速关闭

空气阀出锅。

番茄酱宜用双效真空浓缩锅，该机是由蒸气喷射泵使整个设备装置造成真空，将物料吸收锅内，由循环泵进行循环，加热器进行加热，然后由蒸发室蒸发，浓缩泵出料。整个设备由仪表控制，生产连续化、机械化、自动化，生产效率高，产品质优，番茄酱浓度可高达22% ~28%。

③浓缩终点的判断：主要靠取样用折光计测定可溶性固形物浓度，达65°Bx左右时即为终点；或凭经验控制，用匙取酱少许，倾泻时果酱难以滴下，黏着匙底，甚至挂匙边（称挂片），或滴入水中难溶解即为终点；常压浓缩可用温度计测定酱体温度，达104 ~105℃时，即为终点。

（6）装罐密封　装罐前容器先清洗消毒。果酱类大多用玻璃瓶或防酸涂料铁皮罐为包装容器，也可用塑料盒小包装；果丹皮、果糕等干态制品采用玻璃纸包装。酱类制品属于热灌装产品，出锅后，应及时快速装罐密封，密封时的酱体温度不低于80℃，封罐后应立即杀菌冷却。

（7）杀菌、冷却　果酱在加热浓缩过程中，微生物大多数被杀死，加上果酱高糖、高酸对微生物也有很强的抑制作用。在工艺卫生条件好的生产厂家，可在封罐后倒置数分钟，利用酱体余热进行罐盖消毒。但为了安全，在封罐后还进行杀菌处理，在90 ~100℃下杀菌5 ~15min，依罐型大小而定。杀菌后马上冷却至38℃左右，玻璃瓶罐头要分段冷却，每段温差不要超过20℃，以防炸瓶。然后用布擦去罐外水分和污物，送入仓库保存。

2. 果冻

（1）原料处理　原料进行洗涤、去皮、切分、去心等处理。

（2）加热软化　目的是便于打浆和取汁。依原料种类加水或不加水，多汁的果蔬可不加水。肉质致密的果实如山楂、苹果等则需要加果实重量1 ~3倍的水。软化时间为20 ~60min，以煮后便于打浆或取汁为原则。

（3）打浆、取汁　果酱可进行粗打浆，果浆中可含有部分果肉。取汁的果肉打浆不要过细，过细反而影响取汁。取汁可用压榨机榨汁或浸提汁。

（4）加糖浓缩　在添加配料前，需对所制得的果浆和果汁进行pH和果胶含量测定，形成果冻凝胶的适宜pH为3 ~3.5，果胶含量为0.5% ~1.0%。如含量不足，可适当加入果胶或柠檬酸进行调整。一般果浆与糖的比例是1∶0.6 ~1∶0.8。浓缩达可溶性固形物含量65%以上，沸点达103 ~105℃。

（5）冷却成形　将达到终点的黏稠浆液倒入容器中冷却成果冻。

3. 果糕、果丹皮等

果糕、果丹皮等糖制品浓缩后，将黏稠液趁热倒入搪瓷盘或钢化玻璃容器中并快速铺平，放入烘箱或烘房烘制，成形后切分，并及时包装。

学习单元二

果蔬糖制品加工常用的设备及使用方法

一、果脯、蜜饯加工设备

果脯、蜜饯加工时常用的分选、清洗、去皮、去梗、去核、切分的设备已经在前面的模块中述及，这里就不再赘述。

（一）刺孔、划纹和切缝设备

1. 划纹、切缝机

划纹和切缝是在物料表皮上，顺着果实纵向，划、切满1周，要求划纹切缝要致密，并要深达肉质部分。如生产金丝蜜枣，其划纹深度0.3～0.5cm。生产蜜枣时，划纹是一道十分重要的工序。

图5－1所示为一种结构很简单的脚踏划纹机，主要由划纹装置、机架、压料头等组成。划纹装置是主要工作部件，它是一个圆柱形套筒，在套筒周向均安装了十数把薄而快的刀片3，以适应原料周向划纹的需要，划纹装置固定在工作台上。压料头2的作用是将原料从进料口往下压，其运动动力来自踏板6。

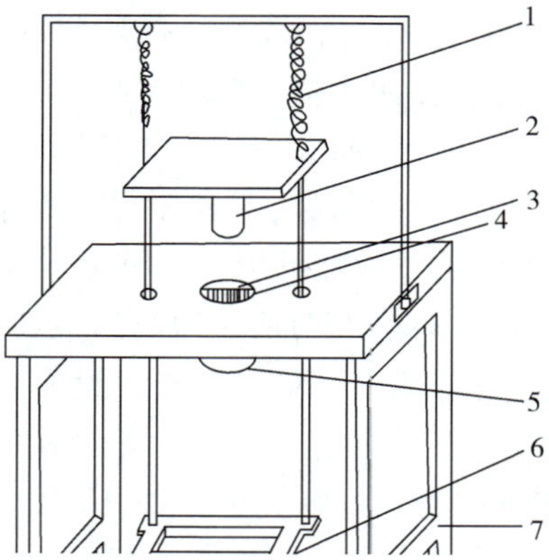

图5－1　脚踏划纹机

1—弹簧　2—压料头　3—刀片　4—进料口　5—出料口　6—踏板　7—机架

工作时，原料需先经分级处理，再将分级好的原料用人工放入进料口4，接着，用脚踏踏板6，使得压料头2下移，将位于进料口的原料往下压，迫使它通过刀片

3，刀片便在它的周向划出深深的纹路，再从出料口 5 落下。随之，脚放松踏板，压料头在弹簧 1 的作用下复位，从而完成了一个工作循环。

2. 刺孔机

对于如金橘、梅、李等体形较小、且以食用果皮为主的蜜饯，需要应用刺孔机在表皮上刺孔。这样，才能利于透糖或透盐。否则，糖分或盐分是很难穿过蜡质表皮而渗入果肉中的。

图 5－2 所示为一种结构较简单，但使用较普遍的刺孔机。其主要工作部件是两个针刺辊 2，它们安装在机架 1 上，针刺辊眩布满了 3～5mm 的尖针，两辊转速为 150～200r/min。在针刺辊的下面，安装有两根具有棕刷的毛刷辊 5，针刺辊之间的间隙可以调节。

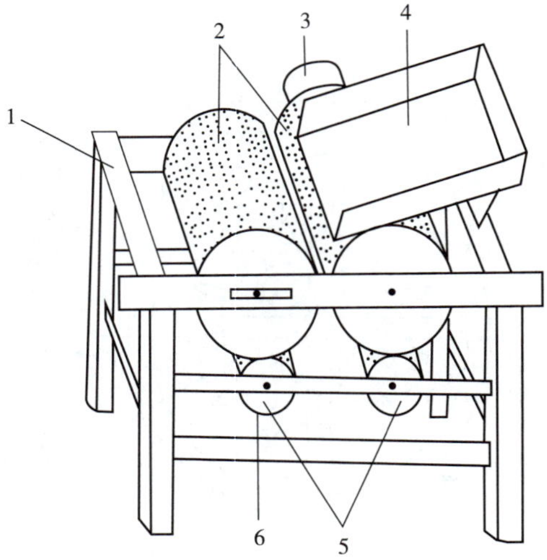

图 5－2　刺孔机

1—机架　2—针刺辊　3—皮带轮　4—料斗　5—毛刺辊　6—接料盘

工作时，需要刺孔的果品置于料斗 1 中，果粒因重力成单层排列滚入两个针刺辊 2 之间，针刺辊之间的间隙随果粒直径大小而调节，由于两针刺辊相向转动，使果粒通过针刺辊，果粒被均匀地扎上针孔，这样，果粒便被黏在针刺辊上，而旋转向下。为了使果粒便于从针刺辊上脱下，在针刺辊下安有毛刷辊 5，毛刷辊高速转动，将针刺辊上黏住的果粒通通刷落，随之跌落到毛刷辊下面的接料盘中，从而完成了针刺操作。

(二) 脱气设备

果蔬原料的脱气的设备较为简单，主要由真空设备和脱气罐组成。

1. 脱气罐

脱气罐一般是带有密封盖的圆形筒,是盛放果蔬原料的容器。由于果蔬原料中含酸碱物质较多,所以其内壁多采用不锈钢,如用碳素钢板做罐身,则罐内须套装不锈钢内筒。在脱气罐上,还装有进、出料口,真空表,视孔等。

2. 真空设备

真空设备是抽吸真空的设备,其种类很多,这里主要介绍一种在生产中较常见的水环式真空泵。其结构如图 5-3 所示,主要由叶轮、泵壳等组成。叶轮 2 的叶片呈放射状均匀分布,偏心地安置在泵壳 3 的圆形工作室内,上面有进气管和排气管,下面是放水螺栓。

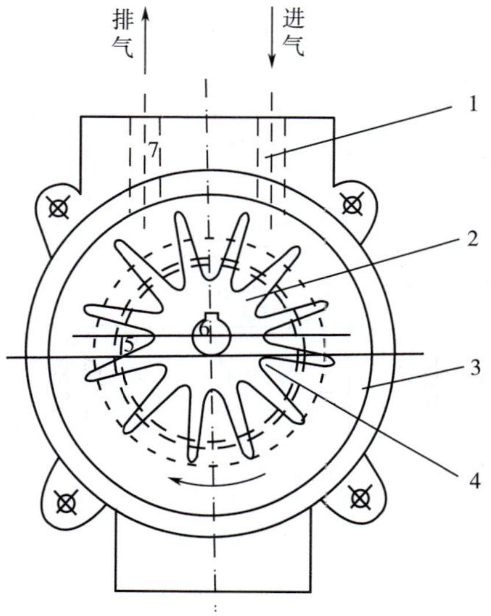

图 5-3　水环式真空泵

1—进气管　2—叶轮　3—泵壳　4—吸气口　5—排气口　6—转轴　7—排气管

工作时,先往工作室里灌满水。当电动机带动叶轮 2 旋转时,由于离心力的作用,将水甩至周壁,形成一个旋转水环。由于叶轮偏心安置,此水环将叶片密封,与叶片形成许多独立的小室。在叶轮旋转的前半转中,这些小室的容积逐渐增大而产生真空,空气便从进气孔被吸入这些小室;而在旋转的后半转中,小室的容积逐渐缩小,于是空气被压缩,并迫使其从排气口 5 排出。叶轮每转 1 周,叶片与水环间的容积便改变一次,便可以连续不断地抽吸和排出气体。

水环式真空泵属于湿式真空泵,这种真空泵的结构简单紧凑,没有活门,工作可靠,经久耐用,它可以抽带有水蒸气的气体,在食品加工上应用很广泛。

(三)糖煮设备

1. 夹层锅

夹层锅是一种间歇式漂烫设备,同时也是一种糖煮设备。在小型企业用得较多。夹层锅按其结构不同,可分为可倾式、固定式及带搅拌器的三种形式。

(1)可倾式夹层锅、固定式夹层锅　图5-4所示为可倾式夹层锅,它主要由锅体、机架、倾倒机构等组成。锅体为夹层结构,锅体上部两边焊有轴颈,安装在机架的轴承上,轴颈为中空,蒸汽管可从一端伸入夹层中,周围加填料以密封。当锅体倾倒时,轴颈要绕蒸汽管回转,若密封不严。易泄漏蒸汽,影响操作,甚至伤人。轴颈的另一端是不凝蒸汽出口。

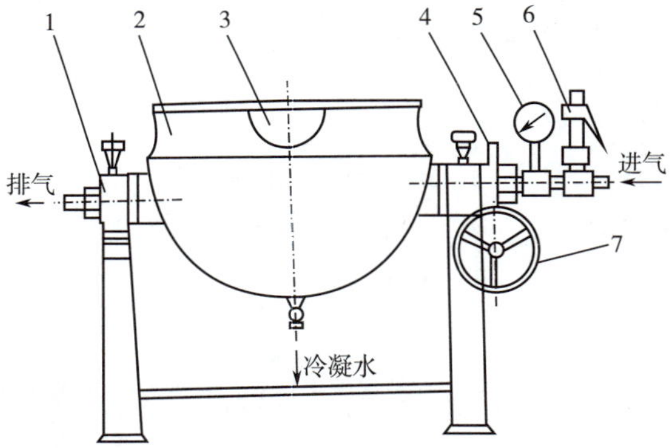

图5-4　可倾式夹层锅

1—机架　2—锅体　3—出料口　4—蜗轮　5—压力表　6—安全阀　7—手轮

工作时,先往锅内注入糖水,再打开蒸汽阀,逐渐开大,使温度升高至沸,此时加入需糖煮的果蔬,到时间后,转动手轮,使锅体翻转,将物料倒出,即完成了一次糖煮操作。

固定式夹层锅的结构简单,其基本结构与可倾式相同。所不同的是它没有倾倒机构。它稳定性好,容积比可倾式为大,一般在400L以上。其操作过程与可倾式基本相同,只是出料的方式有所不同。

(2)带搅拌器的夹层锅

带搅拌器的夹层锅是以固定式夹层锅为基础,再加上搅拌器而成,搅拌器主要由桨叶和驱动系统组成。如图5-5所示。电动机通过减速器带动桨叶旋转,转速一般为10~20r/min。搅拌轴中心应与锅体中心成一定角度,这是为了避免液体形成涡流,并可减小阻力,提高搅拌效果。

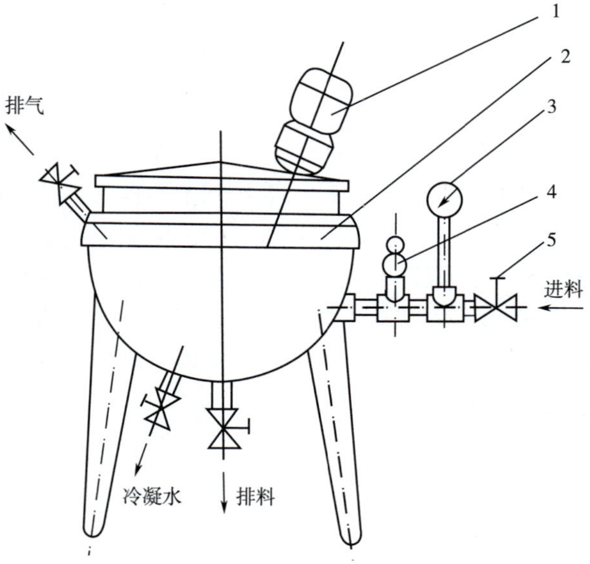

图 5－5　带搅拌器的夹层锅

1—搅拌器　2—锅体　3—压力表　4—安全阀　5—进料阀

2. 真空浸渍罐

真空浸渍罐（图 5－6）广泛用于果脯、凉果的糖腌制、盐腌制等。该设备采用了先进的真空浸渍原理：在真空条件下果脯内微孔及植物细胞间的空气和部分水分先被抽吸排出，然后，高浓度浸渍液在真空浓度差及重力作用下渗入植物细胞间隙，从而极大地提高浸渍效率。

图 5－6　真空浸渍罐

与传统的浸渍方法相比，具有以下特点：缩短了整个渍渗时间，工作效率大大提高了（如传统方式糖腌制杏脯需 10～30d，而真空浸渍锅仅用 80～90min）；由于时间的缩短，使产品营养成分的损失大为减少；由于整个渍渗过程是在密闭状态下进行，保持了果蔬原有的色泽和风味，达到了高效、卫生的要求，并可调和着色，味佳形美，细菌指数低。

二、果酱加工设备

1. 打浆机

打浆机(图 5 －7)是将煮软的水果打碎成浆,并使浆、渣分离。

图 5 －7　水果打浆机

2. 浓缩设备

经过前几道工序处理后的果酱内含有大量水分,一般在 75% ～90% ,而富有营养价值的果糖、蛋白质、维生素、果胶等的含量只占 5% ～10% 。这些成分属于热敏性物质,要保证物料原有的色、香、味,必须进行浓缩。

具体方法是打浆后的浆状物经加糖、加热,除去部分水分后,使其固形物达 66% 以上,含糖量不低于 57% ,就成为果酱产品。浓缩设备有常压式和真空式两种。常压式浓缩设备采用夹层锅装置,真空式浓缩采用真空系统浓缩装置,如图 5 －8 所示。

图 5 －8　果酱真空浓缩设备

学习单元三

果蔬糖制品常见的质量问题及预防措施

一、果脯加工常见的质量问题及预防措施

（一）糖制品的流汤、返砂

1. 产生原因

果脯返砂是由于制品中蔗糖含量过高而转化糖不足的结果。相反，果脯中转化糖含量过高，在高温和潮湿季节就容易吸潮，出现流汤现象。

2. 预防措施

一般成品中含水量达17%～19%，总糖量为68%～72%，转化糖含量在30%，即占总糖含量的50%以下时，都将出现不同程度的返砂现象。转化糖越少，返砂越重。当转化糖占总糖含量的50%以上时，在低温、低湿条件下保藏，一般不返砂。因此，在煮制果脯时，如果能控制成品中蔗糖与转化糖适宜的比例，返砂或流汤现象就可以避免。

成品中蔗糖与转化糖含量之间的比例，决定于煮制时糖液的性质。煮制时，糖液中转化糖含量高，则成品中转化糖也高。影响蔗糖转化的因素是糖液的pH及温度。一般pH为2.0～2.5，在加热时就可以促使蔗糖转化。杏脯很少出现返砂现象，原因是杏原料中含有较多的有机酸溶解在糖液中，降低了pH，利于蔗糖的转化。

对于含酸量较少的苹果、梨等，煮制时常加入一些煮过杏脯的糖液，以增加酸量，避免返砂。目前生产上多采用加柠檬酸或盐酸来调节糖液的pH。

调整好糖液的pH(2.0～2.5)对于初次煮制是适合的，但连续生产，糖液循环使用，糖液的pH以及与转化糖的配合比例时有改变，应不断调整。

若原料中含酸量很低，又是从砂糖开始进行煮制，应按糖液质量加浓盐酸（或柠檬酸）维持糖液的pH在2.5左右。若糖液是循环使用的，应在煮制过程中待绝大部分砂糖加完并溶解后，检验糖液中总糖和转化糖含量。按正规操作方法，这时糖液中总糖量为54%～60%，若转化糖已达25%以上（占总糖量的43%～45%），即可认为符合要求，烘干后的成品不会返砂。

(二)蜜饯的煮烂、皱缩

1. 煮烂

(1)产生原因　原料成熟度太高、过生都比较容易煮烂。

(2)预防措施　采用成熟度适当的果实为原料,是保证果脯质量的前提。此外,采用经过前处理的果实,不立即用浓糖液煮制,先放入煮沸的清水或1%的食盐溶液中热烫几分钟,再按工艺煮制,也可在煮制前用氯化钙溶液浸泡果实,也有一定的作用。

2. 皱缩

(1)产生原因　"吃糖"不足,干燥后容易出现皱缩干瘪。

(2)预防措施　应在糖制过程中按要求准确配制糖液浓度,掌握分次加糖,使糖液浓度逐渐提高,延长浸渍时间。采用真空渗糖。

(三)果脯、蜜饯的褐变

主要包括酶促褐变和非酶褐变。

1. 酶促褐变的预防措施

必须做好护色处理,即去皮后要及时浸泡于盐水或亚硫酸溶液中,有的含气高的还需进行抽空处理,在整个加工工艺中尽可能地缩短与空气接触,防止氧化。

2. 非酶褐变的预防措施

非酶褐变主要包括羰氨反应褐变、焦糖化褐变、抗坏血酸褐变、花青素变色等,其主要影响因素是温度。温度越高变色越深。

因此控制办法是在加工中要尽可能缩短受热处理的过程,而果脯类要配合使用好足量的亚硫酸盐,控制适当的还原糖含量,选择良好的烘烤方式和加强烘烤管理。另外微量的铜、铁等金属的存在也能使产品变色,因此加工用具要用不锈钢的器皿。在贮存期间要控制温度在较低的条件下(如12~15℃),对变色品种最好采用真空包装,在销售时要注意避免阳光照射,减少与空气接触的机会。

(四)果脯、蜜饯的霉变、发酵

霉变和发酵在糖制品的生产中经常发生,主要由霉菌和酵母菌引起。其中霉菌一般适宜在固体和半固体状食品上生长,而酵母一般在液体状食品中生长。

1. 产生原因

(1)食品中存在微生物　食品中的微生物一是原料或盛器具中的微生物,由于没有彻底灭菌而幸存的。

(2)制作后重新感染　一般来说,糖的浓度在50%以上时,即可抑制微生物的生长。

2. 预防措施

(1)保证脯饯中糖的液度在70%以上　在成品入库前,如发现水分含量高于指标,要重新进入烘房进行复烤。在保存中如发现溶化流汤,不可日晒,否则溶化流汤更严重。只可放入烘房复烤,降低含水量,提高糖的浓度。

(2)添加防霉剂　如在食品中添加0.1%~0.2%二丙酸钠或0.05%~0.1%山梨酸钾,即可延长食品的生霉时间。

(3)表面处理法　就是采用紫外线间断的照射无包装脯饯的表面而达到杀菌的效果。例如,用80μW/cm^2紫外光照射数分钟(如4min),便可使食品维持2~3d。这种方法对于高温、高湿天气下的食品防霉效果尤为显著。

二、果酱加工常见的质量问题及预防措施

(一)分层和返砂

分层和返砂是在果酱放置过程中产生的严重质量问题。分层可能是糖加入量不足,或熬制时间过长造成,应及时判断熬制终点,按配方比例下料;返砂主要原因是糖酸比例掌握不好造成,可对风味平淡的原料调配含酸高的果品(如山楂)或适量提高柠檬酸的添加量。

(二)褐变

1. 产生原因

主要是由于果实中的呈色物质在受热、受光、金属离子和氧化物的作用后,发生了非酶褐变,即不需要经过酶的催化而产生的一类褐变,主要指美拉德反应、抗坏血酸氧化、脱镁叶绿素褐变等,是果品在制造及贮藏中发生的主要褐变反应。

2. 预防措施

选择成熟度适中的加工原料,过生的不选;加入适宜的褐变抑制剂来有效防

止酶促褐变。例如，在生产过程中加入 0.008% 维生素 C 和 0.005% 焦亚硫酸钠复合褐变抑制剂，其产品常温下放置 1 个月，色泽依然如故；果酱制作中，打浆机、胶体磨等操作工序是 Fe^{3+} 的主要来源，同时操作过程中会导入大量的空气，加速 Fe^{3+} 引起的变色反应，从而氧化破坏色素和其他营养物质。因此，应尽可能选择非铁质加工机械（器具），可以选高强度、高硬度、耐腐蚀的聚四氟材料，硬质铝合金材料，或加入乙二胺四乙酸（EDTA）、六偏磷酸钠、植酸等作为络合掩蔽剂，但加入量应尽可能少，因为络合剂可广泛络合多种金属离子，会影响食品的矿物质营养。

（三）变质及预防

果酱含有丰富的营养物质故极易受到微生物的污染，尤其在酱表面上，时间一长会生霉斑。因此在加工中应注意环境、器具、操作者的卫生等，并严格按照终点判断方法和灭菌方法操作。

（四）低糖果酱脱水现象及预防

低糖果酱凝胶状态不够稳定，酱体常易析出水分，严重影响商品价值。低糖果酱需借助多价金属离子与果胶分子链中的羧基形成桥联才可成为凝胶，除了添加卡拉胶、琼脂、黄原胶等作为增稠剂外，还必须添加低甲氧基果胶（LMP），利用 LMP 上的羧基与多价金属离子（Ca^{2+}、Mg^{2+}）的桥联作用实现凝胶。

除此之外，还要注意防止凝胶速度过快和凝胶不均，否则也易造成果酱脱水，因为局部凝胶形成速度过快，易造成酱体持水力下降。具体操作方法是先在酱体中加入二价金属离子（如 Ca^{2+}、Mg^{2+}、Zn^{2+} 等），然后调节 pH 至 3.0～5.0，最后加入复合增稠剂。在加入二价金属离子时应选择难溶性的钙盐，利用其在酸性环境下缓慢释放 Ca^{2+} 的特性，可使形成的凝胶均匀。

（五）果酱加工过程中维生素 C 的损失及降低

维生素 C 作为果品最重要的营养成分之一，但在果酱加工过程中会有损失。可在果酱加工过程中加入天然抗氧化剂茶多酚（TP）、植酸（PA）、银杏叶提取物（GBE）等，可有效控制制酱过程中维生素 C 的损失。添加 TP、PA、GBE 的比例为 6∶1∶1。

另外加入 EDTA，它可在不同酸度下与二价、三价金属离子形成稳定的络合物，从而除去介质中的金属离子，也可有效减少果酱中维生素 C 的氧化。

自测训练

1. 果蔬糖制品是怎样进行分类的？
2. 影响果蔬糖制品食品保质期的因素有哪些？
3. 影响果蔬糖制工艺的主要因素有哪些？
4. 常用的果蔬糖制品包装容器有哪些？各类容器的特点如何？
5. 参观并调查当地果蔬糖制品加工企业现状。
6. 如何预防蜜饯类产品的煮烂、皱缩现象？
7. 如何预防低糖果酱脱水现象？
8. 如何预防糖制品的流汤、返砂现象？

实验实训

实训一 京式苹果脯制作

【工艺流程】

选料→去皮→切分→去心→硫处理和硬化→糖煮→烘制→包装→成品

【工艺要点】

(1)选料　选用果形大而圆整、果心小、果肉疏松、不易煮烂和成熟度适当的原料。可选用“红玉”“倭锦”“国光”等品种。

(2)去皮、切分、去心　按损伤程度分级后，削去果皮，挖去损伤部位果肉。沿缝合线对半切开，挖去果心。

(3)硫处理、硬化　将果块于0.1%氯化钙和0.2%~0.3%亚硫酸钠混合液中浸约12h，进行硬化和硫处理。肉质较硬品种只需进行硫处理。每100kg混合液可浸泡120~130kg原料。浸时上压重物，防止上浮。浸后捞起，用清水漂洗2~3次，沥干水分备用。

(4)糖煮　在锅中倒入40%的糖液25kg，加热煮沸，倒入苹果60kg，以旺火煮沸，再添加制作上批产品余下的糖液5kg重新煮沸。这样反复进行3次，需要30~40min。此时，果肉软而不烂，并随糖液沸腾而膨胀，表面出现细小裂纹。后再每隔5min加糖1次。第一、二次分别加糖5kg，第三、四次分别加糖5.5kg，第五次加糖6kg，第六次加糖7kg，再煮20min，加糖总量为果实重的2/3，全部糖煮过程需要1~1.5h，待苹果果块被糖液所浸透呈透明时，即可起锅。

(5)糖渍、烘制　趁热起锅，果块连同糖液倒入缸内浸渍2d，使果肉渗糖均匀。将果坯捞出铺在竹帘或烘盘上送入烘房，用50～60℃的温度烘干36h。也可以在阳光下晒干。

(6)包装　剔除有伤疤、发青、色泽不匀的果脯，即可用塑料薄膜食品袋分包装，再装纸箱。

【质量标准】

(1)感官指标　果脯表面不粘手，果肉带韧性，果块透明，不返砂，不流糖，呈金黄色，食之甜酸适口。

(2)理化指标　含糖量68%～70%，含水量15%～18%，二氧化硫含量不超过0.002%。

(3)微生物指标　细菌总数≤1000个/g，大肠菌群≤10个/g，霉菌≤50个/g，致病菌不得检出。

实训二　枣脯制作

【工艺流程】

选料→削皮、去核→晒晾→烟硫熏→清洗→蒸透→配料糖煮→控干→滚白糖→成品

【工艺要点】

(1)原料选择、削皮去核　选择枣身通红、大个、鲜硬不绵软的枣。用刀削去外皮，捅掉枣核。

(2)晾晒　放在阳光下晾晒1周左右，晒到成枣干为止。

(3)烟硫熏　将枣干放在熏笼里熏1～2h，熏透为止。熏时最好用榆树锯末，25kg锯末加硫黄62.5g。点燃后焖出烟来。熏后不但增加枣脯的香味，还能防腐、防虫、不变质，能存放2～3年。

(4)洗净、蒸透　将熏好的枣干洗2～3遍，洗净后，捞出放入笼里蒸2～3h，蒸透为止。

(5)配料、糖煮　将12.5kg白糖、50g蜂蜜、6kg清水搅拌均匀加火熬开，再加桂花125g，搅拌均匀后，将蒸过的枣干煮20～30min，使枣干浸透糖液，然后捞出控干。

(6)滚白糖　将白糖12.5kg撒在枣干上，摇滚均匀后即成枣脯。

【质量标准】

(1)感官指标　柔韧有劲，保持原来的枣香，甘甜适口。

(2)理化指标　含糖量65%～68%，含水量10%～18%。

(3)微生物指标　同“京式苹果制作”。

实训三 菠萝脯制作

【工艺流程】

选料→去皮、去心→修整→切分→护色、硬化→漂洗→热烫→糖制→干燥→包装→成品

【工艺要点】

（1）选料及处理　要求成熟度七至八成，除去病、虫、烂的菠萝。清水洗去附着在果皮上的泥砂和微生物等，按大、中、小分三级。

（2）去皮、去心　用机械或人工去皮捅心，刀筒和捅心筒口径要与菠萝大小相适应。

（3）修整、切分　用不锈钢刀去净残皮及果上斑点。将去皮捅心后的菠萝果身直径在5cm以内的横切成1.5cm厚的圆片；直径在5cm以上的先横切成1.5cm厚的圆片，然后再分切成扇形片。果心组织致密，可斜切成0.5cm椭圆形片，另外糖制。

（4）护色、硬化　切分后的果片用0.1%焦亚硫酸钠和0.5%石灰溶液浸泡8～12h，然后漂洗。

（5）热烫　将果块冲洗后，在沸水中烫漂5min左右，捞出沥水。

（6）糖制　趁果块尚热用30%的白糖，层果层糖入缸腌渍，用糖盖帽。经24h后，将糖液回锅，再加15%的糖化开煮沸后倒入果块中渍24h。如此多次渗糖，使果块吸糖达60～65°Bx。可用淀粉糖取代45%蔗糖。

（7）干燥、包装　将果块捞起沥去糖液，均匀摊放烘筛，送干燥机在60～65℃条件下干燥，烘至不粘手为止。用PE袋定量密封包装。

【质量标准】

（1）感官指标　呈黄色，有光泽，半透明，色泽一致；外观完整，组织饱满，表面干燥不粘手；具有菠萝风味。

（2）理化指标　含水量18%～20%；含糖量50%～60%。

（3）微生物指标　同“京式苹果制作”。

实训四 草莓酱制作

【工艺流程】

选料→漂洗→去蒂、萼片→配料→浓缩→装罐→封罐→杀菌→冷却→成品

【工艺要点】

（1）原料选择　应选用新鲜良好、八至九成熟、风味正常、果面呈红色或浅红色的鸡心或鸭嘴草莓。

（2）原料处理　将草莓倒入流动水浸泡3～5min，分装于有孔筐中，在流动

水或通入压缩空气的水槽中淘洗，去净泥沙、污物，然后捞出去梗、萼片和青烂果。

(3)配料　草莓300kg，75%糖水400kg，柠檬酸700g，山梨酸钾250g，或草莓100kg，白砂糖115kg，柠檬酸300g，山梨酸钾75g。

(4)浓缩　采用减压或常压浓缩。

①减压浓缩：将草莓与糖水吸入真空浓缩锅内，调控真空度为0.04～0.05MPa，加热软化5～10min，然后提高真空度至0.08MPa以上，浓缩至可控性固形物达60%～65%时，加入已溶化的山梨酸钾、柠檬酸溶液，继续浓缩达可溶性固形物为65%～68%，关闭真空泵，破除真空，把蒸汽压提高到0.2MPa，继续加热。待酱体温度达98～102℃时出锅。

②常压浓缩：把草莓倒入双层锅，加入1/2糖浆，加热软化，搅拌下加入余留糖浆、山梨酸、柠檬酸，继续浓缩至终点出锅。

(5)装罐、封口　出锅后立即装罐，封罐时酱体温度不低于85℃。

(6)杀菌、冷却　5～20min/100℃，冷却。

【质量标准】

(1)感官指标　紫红色或红褐色、有光泽、均匀一致，酱体呈胶黏状，块状酱可保留部分果块，泥状酱的酱体细腻；甜酸适度，无焦煳味及其他异味。

(2)理化指标　可溶性固形物不低于65%(外销)或55%(内销)。

(3)微生物指标　同“京式苹果制作”。

实训五　苹果酱制作

【工艺流程】

原料→分选→清洗→去皮、去心、切块→预煮→打浆→浓缩→装罐→封罐→杀菌→冷却→成品

【工艺要点】

(1)原料处理　将苹果清洗后去皮、去籽，切成小块，入锅，加果重10%～20%的水，煮沸20～30min，使之软化兼防变色。

(2)打浆　用孔径为8～10mm打浆机或绞碎机破碎打浆。

(3)浓缩　按果肉100kg加糖70～80kg(其中砂糖的20%宜用淀粉糖浆代替)和柠檬酸适量的配比入锅加热浓缩。操作时，先将果浆打入锅中，分2～3次加入砂糖，加热浓缩至105～106℃，可溶性固形物达65%以上时出锅。

(4)装罐、封口　出锅后立即装罐，封罐时酱体温度不低于85℃。

(5)杀菌、冷却　5～15s/100℃，冷却。

【质量标准】

(1)感官指标　产品酱红色或琥珀色；黏胶状，不流散，不流汁，无糖结晶，无

果皮、籽及梗；具有苹果酱应有的良好风味，无焦煳和其他异味，可溶性固形物不低于65%（外销）或55%（内销）。

（2）理化指标　可溶性固形物不低于65%（外销）或55%（内销）。

（3）微生物指标　同“京式苹果制作”。

知识拓展

拓展　食用蜜饯注意事项

蜜饯类食品色泽鲜艳，酸酸甜甜，很多人闲暇时、旅行都比较喜欢吃。但有几个问题要注意：

（1）蜜饯类食品属于高糖高酸食品，糖尿病和肥胖者要少食用，老人、小孩子也要少吃。

（2）蜜饯类食品制作中使用香精、色素（胭脂红、苋菜红）、焦亚硫酸钠、防腐剂等食品添加剂比较多。尤其是一些不正规的食品厂使用更多，因而购买时一定要选正规的食品企业产品。

模块六
蔬菜腌制品加工技术

任　务

蔬菜腌制品加工

学习目标

1. 了解蔬菜腌制品加工的基本原理，能设计蔬菜腌制品的加工工艺流程和操作要点。

2. 能根据蔬菜腌制品加工要求准备材料和相关工具。

3. 能对蔬菜腌制品加工中出现的质量问题采取措施。

4. 能对蔬菜腌制品质量进行合理评价，能自主学习，较好协助别人完成任务。

任务描述

以本地常见的蔬菜为原料，进行蔬菜腌制品加工，加工品具有该产品应有的色泽、光泽。主要技术指标要求：

(1)咸菜　质地脆嫩、肉质肥厚，粗纤维少，不易软烂。

(2)泡菜　盐水浓度为6%～8%。

(3)酱菜　造型整齐，无菜屑、杂质及异物，无霉花浮膜，具有本身菜香、酱香。

(4)糖醋菜　含糖30%～40%，含酸2%左右，色泽正常，具有本品种固有的香气、无异味，甜、脆，无农药残留及致病菌检出。

知识链接

学习单元一

蔬菜腌制品分类及加工原理

一、蔬菜腌制品分类

蔬菜腌制是我国最传统、应用最普遍的蔬菜加工技术。腌制品也是蔬菜加工品中产量最多的一类(约占55%)。在日常生活中,也将蔬菜腌制品简称为酱腌菜。按照《食品安全国家标准　酱腌菜》(GB 2714—2015)的定义是以新鲜蔬菜为主要原料,经盐渍或酱渍加工而成的各种蔬菜制品,如酱渍菜、盐渍菜、酱油渍菜、糖渍菜、醋渍菜、糖醋渍菜、虾油渍菜、发酵酸菜和糟渍菜等。

蔬菜腌制品长期以来经过不断改进,涌现出不少新的加工方法,形成不少名特产品,如四川泡菜、北京冬菜、扬州酱菜、萧山萝卜干、云南大头菜等著名特产,深受消费者欢迎。

蔬菜腌制种类繁多,一般根据所用原料、腌制过程、发酵程度和成品状态的不同,可分为两大类,即发酵性腌制品和非发酵性腌制品。

(一)发酵性腌制品

发酵性腌制品腌渍时食盐用量较低,在腌制过程中有显著的乳酸发酵现象,利用发酵产物乳酸、食盐和香辛料等的综合防腐作用保藏蔬菜并增进其风味。根据腌渍方法和产品状态,可分为湿态发酵腌制品和干态(或半干态)发酵腌制品两类。

(1)湿态发酵腌制品　用低浓度的食盐溶液浸泡菜体或用清水发酵而成的一种带酸味的蔬菜腌制品,如泡菜、酸黄瓜等。

(2)干态(或半干态)发酵腌制品　腌制过程不加水,先将新鲜菜体经风干或人工脱去全部(或部分)水分,然后进行盐腌,自然发酵后熟而成。如榨菜、酸白菜等。

(二)非发酵性腌制品

非发酵性腌制品腌渍时食盐用量较高,使乳酸发酵完全受到抑制或轻微发酵,主要利用高浓度的食盐和香辛料等的渗透和扩散作用保藏蔬菜并增进其风味。非发酵性腌制品依其所含配料、水分多少和风味不同可分为以下4种。

(1)盐渍品　盐渍品只进行盐腌，利用较高浓度的盐溶液来保藏蔬菜，并通过腌制过程来改进风味，在腌制过程中有时也伴随着轻微发酵，同时配以调味品和香辛料，其制品风味鲜美可口，但咸味较重。如咸大头菜、腌雪里蕻、榨菜等。

(2)酱渍品　把经过盐腌的蔬菜浸入酱内酱渍而成。经盐腌后的半成品咸坯，在酱渍过程中吸附酱料浓厚的鲜美滋味、特有色泽和大量营养物质，其制品具有鲜香甜脆的特点。如酱黄瓜、酱萝卜干、什锦酱菜等。

(3)糖醋渍品　蔬菜经过盐腌后，再放入糖醋液中浸渍而成。其制品酸甜可口，并利用糖、醋的防腐作用来增强保藏效果。如糖醋蒜等。

(4)酒糟渍品　将蔬菜浸渍在黄酒酒糟内制成。如糟菜。

大部分蔬菜都适宜作蔬菜腌制品，而根用芥菜、雪里蕻、菊芋、草食蚕、蒜、萝卜、莴笋等原料制作腌制品效果更好。各类腌制品均要求蔬菜原料新鲜，嫩脆，肉质肥厚，纤维少，含糖和含氮物质多，色泽正常，加工利用率高，成菜率高，无病虫害，较耐贮藏。

不同腌制品所用原料各有差异。同一种蔬菜可用不同腌制方法，制成不同种类的腌制品，如黄瓜可以做发酵型酸菜制品、酱渍品及糖醋渍品；同一腌制方法，又适宜于很多种蔬菜的腌制，而制成具有不同风味的腌制品。几种腌制品适宜的原料及成品特点，见表6-1。

表6-1　几种腌制品适宜的原料及成品特点

腌制品种类		适宜的蔬菜原料	成品特点
盐渍品	咸大头菜	根用芥菜	咸淡适宜、鲜香脆嫩、可直接食用或烹调食用或作其他腌制品的菜坯
	其他盐渍品	萝卜、胡萝卜、苤蓝、芜菁、雪里蕻	
半干态发酵腌渍品	榨菜	茎用芥菜	鲜香脆嫩、咸淡适宜、回味返甜、可直接食用或烹调食用，含水量低
	冬菜	叶用芥菜的嫩茎及幼芽、大白菜	
湿态发酵腌渍品	泡菜、酸菜	子姜(生姜)、菊芋、草食蚕、豇豆、萝卜、辣椒、甘蓝、黄瓜、大白菜、青番茄、叶用芥菜	咸酸适宜，清香嫩脆，直接食用味酸、嫩脆，烹调食用
	糖醋渍品	黄瓜、蒜、姜、萝卜、胡萝卜	酸甜适宜、脆嫩
	酱渍渍品	根茎类及瓜类如芥菜、萝卜、黄瓜、莴笋	咸甜适宜、嫩脆、有酱香味

二、蔬菜腌制品加工原理

蔬菜的腌制主要是利用食盐的保藏作用，有益微生物的发酵作用，蛋白质的分解作用以及其他一系列的生物化学作用，抑制有害微生物的活动，并增加产品的色、香、味。

（一）食盐在腌制过程中的作用

1. 食盐溶液具有高渗透压

1% 的食盐可产生 0.62MPa，腌渍时食盐用量为 3% ~15%，即能产生 1.85 ~9.27MPa，15% ~20% 的食盐溶液可以产生 9.27 ~12.16MPa 的渗透压。而大多数微生物细胞渗透压为 0.30 ~0.61MPa，能忍受的渗透压为 -1.78 ~0.35MPa。当食盐溶液渗透压大于微生物细胞渗透压时，微生物细胞内的水分会外渗产生生理脱水现象，造成质膜分离，从而使微生物活动受到抑制，甚至会由于生理干燥而死亡。不同种类的微生物具有不同的耐盐能力，一般对腌制有害的微生物对食盐的抵抗力较弱。

2. 降低水分活度的作用

食盐溶于水会电离成 Na^+ 和 Cl^-，每个离子都迅速和周围的自由水分子结合成水合离子状态。随着溶液中食盐浓度的增加，自由水的含量越来越少，水分活度下降，从而大大降低了微生物利用自由水的程度，使微生物生长繁殖受到抑制，从而抑制了有害微生物的活动，提高了蔬菜腌制品的保藏性。

3. 抗氧化作用

水中可以溶解一部分氧气，但是与纯水相比，食盐溶液中的含氧量比较低，这样就减少了腌制时蔬菜周围氧气的含量，抑制了好氧微生物的活动。同时通过高浓度食盐的渗透作用可排除组织中的氧气，从而抑制氧化作用。

（二）腌制过程中微生物的发酵作用

发酵性腌制品在腌制过程中其发酵作用比较明显，而非发酵性腌制品，发酵作用较弱，甚至不存在。在腌制过程中，微生物的发酵种类有多种。常见的发酵形式有乳酸发酵、酒精发酵和醋酸发酵。其中，乳酸发酵是主体，其次为酒精发酵，醋酸发酵极微弱。

1. 乳酸发酵

乳酸发酵是蔬菜腌制过程中最重要的生化反应。它是在乳酸菌的作用下，将糖(单糖、双糖)分解生成乳酸、酒精、二氧化碳等产物的过程。根据发酵机制和发酵产物的不同,乳酸发酵可分为同型乳酸发酵和异型乳酸发酵。同型发酵是指在发酵过程中只生成乳酸,产酸量高,能积累乳酸达 1.4% 以上。常见能进行同型乳酸发酵菌种有植物乳杆菌、乳酸片球菌、乳链球菌等;异型乳酸发酵除生成乳酸外,还有其他产物的生成,如酒精、醋酸、二氧化碳等,参与异型发酵的菌种有肠膜串球菌、短乳杆菌、戊糖醋酸乳杆菌等。乳酸发酵是蔬菜发酵性腌制品中的主要变化过程,其发酵过程进行得好坏,与制品的品质优劣有密切的关系。影响乳酸发酵的因素有食盐浓度、发酵温度、发酵酸度、空气、含糖量等。

2. 酒精发酵

蔬菜腌制过程中的酒精发酵很微弱,是由于蔬菜表面附着的酵母菌,如鲁氏酵母、圆酵母等将糖分解成乙醇而引起的。同时,蔬菜原料在腌制初期被盐水淹没时所引起的无氧呼吸也可生成微量的乙醇。少量乙醇的产生,有助于提高腌制品的品质风味,在酸性条件下,乙醇与有机酸发生酯化反应,产生酯香味,这些酯香味对产品的风味影响很大。

3. 醋酸发酵

在蔬菜腌制过程中还有微量醋酸形成。醋酸发酵是指醋酸细菌在有氧条件下氧化乙醇而生成醋酸。蔬菜腌制中极少量的醋酸不但无损于产品的品质,反而对产品的保藏有利。但含量过多时,会使产品具有醋酸的刺激味,使腌制品质量下降。醋酸菌是好气性微生物,由于过多的醋酸会影响腌制品的质量,生产上应注意保持腌制环境的嫌氧条件,以防止过量醋酸的产生。

(三)蛋白质的分解作用及其他物质的变化

在腌制过程中及后熟期间,蔬菜所含的蛋白质在蛋白酶的作用下,逐步分解为氨基酸。氨基酸本身就具有一定的鲜味和甜味,如果氨基酸进一步与其他化合物作用可以形成复杂的产物。蔬菜腌制品色、香、味的形成,与氨基酸的变化有很大的关系。

1. 色素的变化与色泽的形成

(1)蔬菜中的天然色素及其特性　蔬菜中常见的天然色素有叶绿素、花青素类和类胡萝卜素等。叶绿素在酸性环境中,易失去绿色变成褐色或绿褐色,而在碱性环境中比较稳定。蔬菜腌制时酸性菜水会使叶绿素破坏,失去原有的鲜绿色。花青素的颜色受酸碱性的影响,呈现酸红、碱蓝、中性为紫的特征。此外,腌制过程中,分解、氧化均能使花青素破坏而失去原有颜色。类胡萝卜素包括胡萝卜素、茄红素等,它们的性质比较稳定,腌制过程中不易变色。

(2)褐变引起的色泽变化　蔬菜腌制品在腌制过程中颜色渐渐加深,成为黄褐色或黑褐色。主要的褐变类型有:

①酶促褐变:当原料组织破坏并有氧存在时,蛋白质水解后生成的氨基酸如酪氨酸在过氧化物酶的作用下,经过一系列复杂的氧化作用,生成一种深黄褐色或黑褐色的黑色素。

②非酶褐变:蛋白质分解所产生的氨基酸中氨基与含有羰基的化合物如醛、还原糖等产生羰氨反应,生成黑色素。如盐渍蒜、冬菜的变色等。

(3)外来色素的影响　由于各种辅料如酱油、酱、食醋、红糖的深颜色产生的物理吸附作用,使菜体细胞壁着色,制品颜色加深。如云南大头菜、芽菜、糖醋蒜的黄褐色,

2. 香气与滋味的变化

(1)鲜味的形成　蔬菜原料中蛋白质在酶的作用下分解生成各种氨基酸。一般的氨基酸都具有一定的鲜味,各种蔬菜的氨基酸经腌制后其含量都有不同程度的提高,如榨菜成熟时氨基酸含量按干物质计算为1.8~1.9g/100g,而在腌制前只有1.2g/100g左右,提高了60%以上。

腌制品中鲜味的主要来源是谷氨酸与食盐作用生成谷氨酸钠,榨菜在后熟前后所含谷氨酸的量是不同的,按干物质计算谷氨酸占氨基酸总量:成熟前为18%,而经后熟可上升到31%。据试验,0.1%的谷氨酸钠水溶液就有鲜味,榨菜所含谷氨酸钠超过此限,因而鲜味极浓。蔬菜腌制品中不只含有谷氨酸,据分析,榨菜中所含氨基酸达17种之多,这些氨基酸又可生成相应的钠盐,因此腌制品鲜味超过单纯谷氨酸钠的鲜味。

(2)香味的形成　氨基酸以及酒精发酵所产生的醇本身就具有一定香气,如果在反应中能形成酯、醛等物质,其芳香味更浓。腌制品的香气主要来源有几个方面:

①原料中的有机酸或氨基酸与发酵产生的酒精进行酯化反应,产生乳酸乙酯、醋酸乙酯、氨基丙酸乙酯等芳香性物质。

②氨基酸与戊糖或甲基戊糖的还原产物4-羟基戊烯醛作用,生成含有氨基醛类香味物质。

③腌制过程中,乳酸菌类将糖发酵生成乳酸,同时还生成具有芳香的双乙酰。

④芥菜是腌制品的主要原料,芥菜中含有芥菜子苷,当原料在腌制时搓揉或挤压使细胞破裂,芥子苷在芥子苷酶的作用下分解,产生一种气味芳香而又带有刺激性气味的芥子油香气。

此外,在腌制品中加入各种不同的花椒、辣椒等香料及调味品,也可带来各种不同的香味。

(3)脆度的变化　脆度是腌制品的重要质量指标之一。当果胶以原果胶或与

金属离子结合成不溶性的果胶酸盐的形式存在时，蔬菜才能保持较好的脆性。腌制过程中防止原果胶分解是保持蔬菜脆度的主要手段，具体方法：

①选择适宜成熟度、脆嫩而无病虫害的蔬菜原料。

②进行硬化处理，使蔬菜原料中的可溶性果胶与金属离子结合形成不溶性的果胶酸盐，以保持腌菜的脆度。

③正确控制腌制条件，抑制有害微生物的活动，防止有害微生物对腌菜脆度的破坏。

学习单元二

泡酸菜、咸菜、酱菜、糖醋菜加工工艺

一、泡酸菜加工工艺

泡酸菜是利用低浓度的食盐溶液加上调味辅料来泡制各种鲜嫩蔬菜，经乳酸菌发酵而制成的一种带酸味的腌制加工品。

(一)泡菜加工

泡菜是以新鲜蔬菜等为主要原料，添加或不添加辅料，经食用盐或食用盐水渍制等工艺加工而成的蔬菜制品[《泡菜》(SB/T 10756—2012)]。

1. 工艺流程

泡菜加工工艺流程如下所示：

原料选择→原料预处理→入坛泡制→发酵→成品

2. 工艺要点

(1)原料选择　剔除病虫、腐烂蔬菜。泡菜以脆为重，凡质地紧密、肉质肥厚、脆嫩，腌制后仍能保持脆嫩状态而不易软化的蔬菜，均可采用。如甘蓝、莴笋、豇豆、胡萝卜、萝卜、辣椒、西芹、子姜(生姜)、蒜薹、菜花、菊芋等。

(2)泡菜容器　选用口小肚大，在距离坛口边沿约 6 ~ 16cm 处有一圈水槽，槽沿稍低于坛口，并戴盖的坛子为好。泡菜坛的特点：既能抗酸、抗碱、抗盐，又能密封隔离空气，且能自动排气，使坛内形成厌氧状态；既有利于乳酸菌的活动，又防止了外界杂菌的侵害，因此使得泡菜得以长期保存。坛子规格不一，小的可容纳几千克，大则可容纳几十千克。新购置的陶土烧制的坛子，最好装满清水，静置数日，一方面检查是否漏水，另一方面使坛子退火（图 6－1）。

（3）泡菜盐水配制　加工泡菜最好用硬水，硬度在 16°以上，如井水、矿泉水。自来水硬度在 25°以上，可以用来配制泡菜水，且不必煮沸，否则会降低硬度。

图 6－1　泡菜坛子

配制比例：以水为准，加入 6～8g/L 食盐，为了增进色香味，可加入 0.5% 白酒、3～5g/L 白砂糖、3～5g/L 鲜红辣椒、0.5g/L 氯化钙，直接与盐水混匀。香料如花椒、八角、甘草、胡椒等按盐水量的 0.1g/L 加入，也可按个人的口味喜好多加或少加。香料最好用白纱布包裹，防止其漂浮液面。为了加速乳酸发酵过程，可加入 3～5g/L 陈泡菜水。

（4）入坛泡制　先将坛子洗净开水消毒、沥干备用，然后将洗净并切分好的蔬菜原料放入坛内，原料装入坛内的一半时放置香料包，再继续放入蔬菜原料至坛口 5～8cm，菜要装得紧实，然后加入配制好的 6～8g/L 盐水，以淹没蔬菜为度，液面距坛口 3～5cm，盖上盖子，在水槽中注满冷开水或盐水，形成水封口。将坛子置于 25℃左右的环境中任其发酵。若是新泡菜水，液面处还可加少许白酒、醋、生姜、蒜等，防止杂菌污染。如果是老泡菜水，可直接放入蔬菜原料，补加食盐、调味料或香料即可。

（5）泡制过程中的管理　泡菜泡制过程中，坛沿水要经常保持水满，而且清洁卫生，一般用饮用水或 10g/L 食盐水。坛内发酵后常出现一定的真空度，即坛内压力小于坛外压力，坛沿水可能倒灌入坛内，如果坛沿水不清洁就会带入杂菌，使泡菜水受到污染，可能导致整坛泡菜腐烂。即使是清洁的无菌的水吸入后也会降低盐水浓度，所以以加入 10g/L 盐水为好。坛沿水还要注意经常更换。发酵过程中，每天揭盖 1～2 次，使坛内外压力保持平衡，避免坛沿水倒灌。注意坛沿内清洁，严防水干，定期换水，切忌油脂入内引起起旋、变质、变软。泡菜过程中不可随意揭开坛盖，以免空气中杂菌进入坛内，引起盐水生花、长膜。

泡菜的成熟期随蔬菜种类、切分厚薄和当时的气温而异。一般新配制泡菜水，在夏天泡制约需 5 ~ 7d 成熟，冬天放温暖处需 10 ~ 15d 成熟。叶菜类如甘蓝或切得较薄的菜，泡制 5d 左右即可。成熟后要及时取食，或进行包装，用作酸菜鱼、方便面等的配料。

（二）酸菜加工

酸菜也属于发酵性腌制品。同泡菜相比，酸菜腌制时的用盐量更低，有的甚至不加盐。酸菜在腌制过程中乳酸发酵明显，产酸量也更多，如欧美酸菜，其酸分含量按乳酸计可达到 1.2% 以上。腌制酸菜一般不需要特殊的容器，腌菜缸、水泥池、木桶等都可用来腌制酸菜。酸菜的加工多集中在秋冬季节，且腌制时间较长，一般在 1 个月以上，此外，其贮藏和食用的时间也较长，一般达 2 ~ 3 个月以上。

1. 北方酸菜

以大白菜或甘蓝为原料，腌制时不用食盐，只加清水，腌渍过程中也不加任何香料和调味料。

（1）原料处理　选优质大白菜或甘蓝，收获后晾晒 1 ~ 2d 或不晒，除去黄烂叶、老叶，去除菜根，洗净并控干明水，大棵菜切 1 ~ 2 刀，只切菜帮，叶肉部不切断，然后在沸水中烫 1 ~ 2min，先烫菜帮，后放整株，当菜帮略显透明，即可捞出放冷水中冷却或不冷却。

（2）浸渍烫好的原料层层交错排列或成辐射状排列在缸中，层层压紧，灌入清水，淹没过原料 10cm 左右，约 1 个月后即可食用。腌渍好的白菜帮为乳白色，叶肉黄色，质地清脆而微酸，可作为炒菜、馅菜、烩菜、汤菜的原料。成熟的酸菜应贮放在温度较低的地方，并盖好缸盖，可保存半年不坏。

除北方酸菜外，四川北部也有川北酸菜，其制作方法同上，但其原料多为叶用芥菜。

2. 闽东芥菜酸菜

在福建和华南一带制作酸菜时多以芥菜为原料，其加工方法与湖北酸菜相似。原料采收后经过整理后进行充分晾晒，至 100kg 鲜菜晾晒至 60 ~ 70kg 时进行腌制，腌制的用盐量为晾晒菜重的 6% 左右。腌制时一层菜一层盐，装满容器后用重物压紧，不加水，到第二天，腌制时渗出的菜汁即可将菜完全淹没，形成水封闭层，任其自然发酸，3 周左右即为成品。

3. 欧美酸菜

在欧美国家也有制作酸菜的传统，其原料多为甘蓝丝或黄瓜丝，腌制容器多为木桶，产品除有酸菜的鲜香味外，还有橡木的特殊香味。欧美酸菜的加盐量一般为 2.5% 左右，产品产酸较高，以乳酸计，其产酸量一般为 1.2% 以上。

二、咸菜加工工艺

咸菜是我国蔬菜腌制品中生产量最大、品种最多、风味各异、加工最普遍的一类。其加工方法简单易行，成本低廉，产品风味多样，产品易于保藏，不仅可以成品直接销售，而且可作为其他腌渍菜的半成品。其中有些是传统名优产品，如重庆涪陵榨菜、四川南充冬菜、浙江萧山萝卜干、云南大头菜等，畅销国内外市场，深受广大消费者欢迎。

（一）榨菜加工

榨菜使用的原料系一种茎用芥菜，俗称青菜头。利用青菜头等原料，经过特殊的加工工艺，所生产的榨菜具有脆、嫩、鲜、香的独特风味，且富含有对人体十分有益的多种营养成分，能够增进食欲和易于消化，大受群众欢迎。

涪陵榨菜，因产于重庆涪陵而得名，是重庆的著名特产之一。始见于1898年涪陵县荔枝乡邱家湾。目前，各式品牌的涪陵榨菜远销全国，并出口到日本、新加坡、韩国、欧美、南非等20多个国家和地区。

1. 工艺流程

榨菜加工工艺流程如下所示：

青菜头→[分类]→[划块]→[串菜]→[上架晾菜]→[下架剥老皮]→[头腌]→[翻池]→[二腌起池修剪]→[盐水淘洗]→[压榨]→[拌料]→[装坛]→[扎口]→[检验入库]→[后熟]→成品→[封口出厂]

2. 工艺要点

（1）分类　由于青菜头品种复杂，个体形状、单个重量、皮的厚薄、筋的多少、水分高低都有较大的差别，如混合加工会给风干脱水，盐水渗透带来困难，因此必须分类处理。

个体重150～350g的，可整个加工；个体重350～500g的，应齐心对破加工；个体重500g以上的，应划成3～4块，做到大小基本一致，竖划老嫩兼顾，青白均匀，防止食用时口感不一；个体重150g以下及斑点、空心、硬头、老菜等应列为级外菜；个体重60g以下，不能作为榨菜，只能合在菜尖一起处理。

（2）串菜　过去用篾丝串菜，菜身留下黑洞，且易夹污染物。因此砍菜时可稍留1寸①根茎穿篾，避免损伤菜身。穿菜时大小分别穿串，青面对白面，使有间隙通风。

---

① 1寸=3.33cm。

(3)搭架风干　青菜头收获后必须先置于菜架上晾晒,借风力脱去大部分水分后才可进行腌制。搭架应搭在风大地势平坦宽敞的地方,搭成"∧"形。每 50kg 菜约需搭架 6 ~7 个叉菜架,大块菜晾架顶,小块菜晾底层,架脚不得摊晾菜串,力求脱水均匀。在 2 ~3 级风情况下,一般须晾晒 7d,平均水分下降率为:早菜 42%、中菜 40%、晚期尾菜 38%。

(4)下架　凡晾晒脱水合格的菜块,手捏觉得菜头周身柔软,无硬心,表面皱缩而不干枯。严格掌握干湿程度,坚持先晾先下,适时下架。

(5)剥皮去根　砍掉过长根茎,剥尽茎部老皮。

(6)头腌　目前大多采用地下式水泥池。下架菜块必须当天下池腌制,防止堆积发热。池子规格有 3.3m×3.3m×3.3m、4m×4m×2.3m。头腌每 100kg 用盐 4kg,拌和均匀下池,层层压紧排气,早晚追压。不能满池加菜,以免发热变质。头腌约需 72h,去苦水。经头腌的菜块为半熟菜块。

(7)翻池二腌　用人工或起池机分层起池,调整上、下、中边的位置。二腌方法同头腌,用盐量为半熟菜块的 7% ~8%,拌和揉搓须均匀,每层用力压紧,顶层撒盖面盐,早晚踩池一次,二腌约需 7d 以上。7d 后菜上囤,踩压紧实,24h 后即为毛熟菜块。

(8)修整分级　用剪刀挑尽老筋、硬筋,修剪飞皮菜匙、菜顶尖锥,剔去黑斑、烂点和缝隙杂质,防止损伤青皮、白肉。修剪整形时按大菜块、小菜块、碎菜块分别堆放,并剔次级菜。

(9)淘洗　当天修剪整形的菜头,必须当天用经过澄清的新配制的含盐量为 8% 盐水人工或机械淘洗,除去菜块上的泥沙。

(10)压榨　榨菜传统工艺使用木榨压水,工作效率低,劳动强度大,后改成"囤围",利用高位自重压水,但底层压力大,压成扁块,而上层又水湿肥胖,干湿程度差别较大,容易变酸。湿块色不鲜,味不正,质不脆,不耐储,严重影响块形、风味。目前正逐步采用机压,使压力基本均匀,压榨后菜头含水率控制在 72% ~74% 之间。

(11)拌料　下榨的菜头必须晾干明水,避免菜体表面稀糊。以 100kg 腌熟菜头为准:辣椒面 1.1% ~1.25%、混合香料粉 0.12% ~0.2%、花椒 0.3% ~0.5%、食盐 4.5% ~5.5%。

香料粉配方:八角 50%、甘草 25%、干姜 20%、胡椒 5%。要求磨细拌匀,64 目过筛。整个加工过程三次(包括头腌、二腌、拌料)用盐量以 16.5% 为准,成品含盐量为 12% ~14%。

混合香料也可采用八角 45%、三柰 15%、干姜 15%、桂皮 8%、白藏 3%、甘草 5%、沙参头 4%、胡椒 5% 的配方。

(12)装坛　每坛分五次装入,五压五杵,层层压紧,用力均匀,防止捣烂菜块,直到压出卤水。装坛时严防泥沙异物混入。

“五次装入”系头层 10kg、二层 12.5kg、三层 7.5kg、四层 5kg、五层 1～1.5kg，并用手摆成向外的环形，填塞孔隙并压紧。

（13）后熟、扎口　刚拌料装坛的菜块属生榨菜，其色泽鲜味和香味还未完全形成。经存放在阴凉干燥处后熟一段时间，生味逐渐消失，色泽蜡黄，鲜香开始显现。后熟期中食盐和香料继续渗透扩散，各种发酵作用、氨基酸的转化变化、其他成分的氧化及酯化作用都同时进行，其变化是相当复杂的。除了微生物的作用之外，菜块本身所含的各种酶也起一定作用。一般榨菜的后熟期至少需 2 个月，时间长些品质会更好。

扎口选用色素少，纤维多的长梗菜叶或净玉米壳，用盐预先腌制拌和香料粉封口。封口叶不少于 1kg，以保证坛口清香，防止霉烂变质。

（14）入库　按质量指标检验合格后，标明装坛人员、日期，毛口入库贮藏，分期分批堆码，定期进行清口检查，追压卤水。

（15）封装出厂　产品出厂前，必须重新进行质量检查、测重、压紧排卤、换扎口叶，才封水泥盖（水泥：河沙：水＝2：1：2），加好口印，标明等级、重量、出厂日期。

3. 质量标准

（1）感官指标　干潮适度、咸淡适口、淘洗干净、修剪光滑、色泽鲜明、闻味鲜香、质地嫩脆、块头均匀。

（2）理化指标　含水量：72%～74%；含盐量：12%～14%；总酸：0.45%～0.90%

（二）北京冬菜加工

北京冬菜又称京冬菜，北京和天津一带均有生产，其风味与四川冬菜完全不同，在北方供荤食炒菜及汤菜用。色泽金黄，有冬菜特殊香气，味鲜，咸淡适口，质柔。水分含量 60% 以下，食盐含量 11% 以下，要求不得检出杂质和致病菌。北京冬菜以当地所产大白菜为原料，每年 10 月下旬—11 月下旬为冬菜加工期。大白菜收获后，先去掉外部老叶，将白菜切成宽约 1cm 的细条，铺在晒席上晾晒，晒至每 100kg 鲜菜脱水后为 12～20kg 时称为菜坯。然后每 100kg 菜坯加食盐 12kg，充分搓揉，装入缸内，边装边压紧实，缸面撒一薄层面盐，封闭缸口，2～3d 后取出，再按每 100kg 盐菜坯加蒜泥 10～20kg，如前法装入瓦坛内，密封坛口，后置于室内自然发酵，第二年春天即可成熟。如果室内适当加温，发酵成熟可提前。凡加入蒜泥的冬菜称为荤冬菜，未加蒜泥则称为素冬菜。

在次年 3 月上旬—4 月下旬，也可进行大白菜腌制，成品称为春菜，腌制方法与冬菜相同。装坛后必须密封坛口置于阴凉处，待其后熟。也可在后熟后取出晒干，再装坛压紧密封，长期保存。

(三)四川内江大头菜加工

大头菜收获后,除去叶簇、侧根和根尖,用竹丝从根端穿成串,置菜架上任其风吹日晒,以每100kg鲜大头菜晾干至31~32kg便可下架;下架后逐个进行修整,削尽须根、黑斑烂点,按每100kg晾干大头菜加盐10kg,入池分层腌制,层层压紧。在池内腌7~8d后,食盐已全部溶化,并有大量菜水渗出,便可将大头菜在菜水中淘洗干净,起池上囤,沥干明水后,便可装坛,装紧装满,坛口用干盐菜叶塞紧封闭,约经2个月便成熟,时间越久,风味越好。内江大头菜淡黄色,质地脆,有菜香,咸淡适宜。近年来有下列新产品:

(1)麻辣大头菜丝或大头菜片　将上述已腌好起池的咸大头菜用刀切成丝状或片状。然后按菜丝或菜片量加入辣椒末1.5%、花椒末1.5%,充分拌和后装坛使之后熟。

(2)甜麻辣大头菜丝或菜片　按大头菜丝或菜片量加入麻油2%、冰糖4%、花椒末0.3%、辣椒末2%,胡椒末0.2%,充分拌和后装坛后熟即成。

(3)加料大头菜　新鲜大头菜在收获后可以不经晾晒直接用食盐脱水。即第一次按每100kg原料加盐6kg腌制几天以后起池,沥干,再按每100kg腌过的大头菜补加食盐6kg,并再腌几天,起池,称为盐坯。每100kg盐坯加入红糖4kg。红糖先加水加热熬煮至能起丝,每一层盐坯泼一层热糖液压紧,1个月后再按一层菜加一层豆酱如此层层重叠压紧。大致每100kg糖盐坯子需要豆酱30kg。约2个月后大头菜即可完全变黑成酱红色,风味鲜美而甜,组织紧密。如果原料不用食盐脱水,晾干后再腌制亦可。唯所加之盐可以减为每100kg原料用盐8~9kg,腌7~8d后起池再如上法加红糖,蜜制之后再加黄豆酱,亦可制成美味的黑大头菜。

三、酱菜加工工艺

新鲜蔬菜经预处理后,再经过部分脱水或不经过脱水,用食盐、香料、酱料、酱油等进行酱制,使其发生一系列的生物化学变化而制成的鲜嫩、咸淡(或甜酸)适口且耐保藏的加工品,统称为酱菜。其原理主要是利用了食盐的高渗透、微生物的发酵及蛋白质的分解等一系列生物化学作用,达到抑制有害微生物的活动,增加产品的色香味,增强保藏性。

(一)工艺流程

酱菜加工工艺流程如下所示:

原料选择→原料预处理→腌制→脱盐→压榨脱水→酱渍→成品

(二)工艺要点

1. 原料选择

选择质地嫩脆、组织紧密,肉质肥厚、富含一定糖分的蔬菜原料。

2. 原料预处理

包括去除不可食用或病虫腐烂部分、分级、清洗、晾晒等处理。

3. 腌制

食盐浓度控制在15% ~20%,要求腌透,一般需20 ~30d。对于含水量高的可采用干腌法,3 ~5d要倒缸,腌好的菜坯表面柔熟透亮,富有韧性,内部质地嫩脆,切开后内外颜色一致。

盐腌的方法分干腌和湿淹两种。干腌法适合含水量较大的蔬菜腌制,如萝卜、雪里蕻等;湿淹法则用25%的食盐溶液浸泡原料,适合于含水量较少的蔬菜,如大头菜、苤蓝、蒜。

4. 脱盐

盐分高的半成品不易吸收酱液,同时还带有苦味,需进行脱盐处理。首先,放入清水中浸泡,时间根据腌制品盐分大小确定,一般为2 ~3d,也有泡半天即可的。析出一部分盐后,才能吸收酱汁,并泡除苦味和辣味。浸泡时要换水2 ~3次/d。

5. 压榨脱水

采取特定措施减咸坯含水量的工艺过程。为了利于酱制,保证酱汁浓度,必须进行脱水。脱水常用措施有4种:晾晒脱水、盐渍脱水、压榨脱水、热风脱水。其中压榨脱水最为常用。压榨脱水的方法有两种,一种是将咸坯放在袋或筐内用重石或杠杆进行自然压榨;另一种是把菜坯放在箱内用压榨机压榨脱水。不论哪种方法,脱水至咸坯的含水量为50% ~60%即可。有些蔬菜品种压榨后很难还原,如黄瓜、萝卜等,可采用沥干的方法脱水;最有效的方法是用离心机进行离心脱水,脱水时间几分钟即可,脱水的程度可通过离心时间的长短来调节。榨菜、萝卜等均可用这种方法脱水。

6. 酱制

即把脱盐后的菜坯放在酱内进行浸酱,这是酱菜加工最后一道工序,也是非常关键的一道工序。此时咸菜坯的细胞膜已成为全透性膜,料液中各种风味成分大量向菜坯的细胞内渗入,使菜体外形恢复,形成各种酱菜不同的风味。而酱菜产品风味的形成，主要是依靠蔬菜对酱或其他调味料的吸附获得的。因此优质的酱料和调味料十分重要。一般来说，酱与菜的搭配比例为1∶1，用酱的数量要以能将咸菜坯全部浸没在酱汁、料液中为度。

酱制时，体形较大的或韧性较强的可直接放入缸内酱制，体积较小或易折断的蔬菜，可装入布袋或丝袋内，扎紧袋口后再放入酱缸内酱制。

在酱制期间，白天每隔2~3h须搅拌一次，使缸内的菜均匀地吸收酱液。搅拌时用酱耙在酱缸内搅动，使缸内的菜（或袋）随着酱耙上下更替旋转，把缸底的翻到上面，把上面的翻到缸底，使缸上的一层酱油由深褐色变成浅褐色，就算搅缸一次，经2~4h，缸面上一层又变成深褐色，即可进行第二次搅拌。以此类推，直到酱制完成（有的用酱醅也称双缸酱，酱制时采用倒缸，每天或隔天一次）。一般酱菜酱两次，第一次用使用过的酱，第二次用新酱，第二次用过的酱还可以压制次等酱油，剩下的酱渣作饲料。

酱制完成后，要求达到的程度是一致的，即菜的表皮和内部全部变成酱黄色，其中本来颜色较深重的菜酱色较深，本来颜色较浅的或白色的菜酱色较浅，菜的表里口味完全像酱一样鲜美。

四、糖醋菜加工工艺

（一）工艺流程

糖醋菜加工工艺流程如下所示：

糖醋液配制
↓
原料选择→原料处理→腌制→捞出晒蒜→糖醋液浸渍→杀菌、包装→成品

（二）工艺要点

1. 原料选择

适用糖醋加工的原料有黄瓜、萝卜、子姜、鲜嫩蒜，以及未成熟的番木瓜、杧果等。

2. 原料处理

原料要清洗干净，按需要去皮、去根或去核等，再按食用习惯切分。

3. 腌制

整理好的原料用8%左右食盐腌制至原料呈半透明为止，可以排除原料中不良风味（如苦涩味）。增强原料组织细胞膜的渗透性，使其呈半透明状，以利糖醋

液渗透。如果以半成品保存原料时，则需补加食盐至15% ~20%以上。

4. 糖醋液配制

食醋的质量要求：食醋呈琥珀色或红棕色，具有食醋特有香气，无其他不良气味；酸味柔和，稍有甜感，无涩味和其他异味；澄清，浓度适当；无悬浮物和沉淀物，无霉花浮膜等杂物。

配制时用凉开水将食醋浓度调节到2.6%，放入容器内；将食盐、食糖、糖精等各以少许醋液溶解，再加入容器内，轻轻搅动，使之混合均匀。糖一般选用白砂糖，糖醋液含糖量30% ~40%，亦可适量加入其他调料。如加入0.5%白酒、3g/L辣椒、0.05 ~0.1g/L香精或香料（如丁香、豆蔻、桂皮等）。香料或甘草要先用水熬煮过滤后备用。

5. 糖醋液浸渍

用腌好的原料做糖醋菜，原料要在清水中脱盐至稍有咸味捞起，并沥去水分，随即转入已配制好的糖醋液内，糖醋液用量一般与原料等量，1周左右即可成熟。

6. 杀菌、包装

如要较长期保藏，需进行罐藏。包装容器可用玻璃瓶、塑料瓶或复合薄膜袋。进行热装罐包装或抽真空包装，如密封温度≥75℃，不经再行杀菌也可长期保藏。也可包装后，进行杀菌处理，在70 ~80℃热水中杀菌10min。热装罐密封后或杀菌后都要迅速冷却，否则制品容易软化。

（三）质量标准

糖醋菜的质量要求符合GB 2714—2015标准要求。一般为色泽正常，具有本品种固有的香气，无异味，无异嗅，无霉变，无霉斑白膜，无正常视力可见的外来异物，甜、脆；污染物限量应符合《食品安全国家标准　食品中污染物限量》（GB 2762—2017）要求，致病菌限量符合《食品安全国家标准　食品中致病菌限量》（GB 29921—2013）要求。

学习单元三

蔬菜腌制品常见的质量问题及预防措施

一、蔬菜腌制的变质问题及预防措施

蔬菜腌制过程中的食盐、乳酸等虽然具有防腐作用，但仍然会使腌菜逐渐变质

或败坏。败坏一般表现为外观不良、变色、发黏、变质、变味、长霉、软化等。

1. 产生原因

可以归纳为物理、化学和生物三个方面的因素。

(1)物理因素　造成败坏的物理因素,主要是菜体、加工设备、工具的清洁度,它们是引起腐败的主要因素。

(2)化学因素　各种化学变化如氧化、还原、分解、化合等都可以使腌菜发生不同程度的败坏。在加工和保藏期间,长时间暴露在空气中与氧接触,或与铁质容器和用具接触,都会发生或促进氧化变色,使蔬菜变黑;绿色蔬菜制品,在酸性条件下的失绿,以及酶促褐变、非酶褐变等化学变化引起腌菜的变色;温度过高引起蛋白质分解生成硫化氢等也会使腌菜发生变质、变色甚至败坏。

(3)生物因素　有害微生物的活动是引起腌菜败坏变质的主要原因。例如,丁酸发酵产生的丁酸有强烈气味,会给人以不快的感觉;有害酵母菌的作用会使产品出现"生花"现象,不仅会消耗制品中的营养物质,还会分解腌菜中生成的乳酸与乙醇,降低产品的品质和耐贮藏性,并引起其他腐败细菌的滋生,生成吲哚、甲基吲哚、硫化氢和胺等产生恶臭味,有时还会生成有毒物质,使制品发黏、变软而败坏;霉菌的作用会在液表面或暴露在空气中的菜体上,长出各种颜色的霉(俗称"长毛"),并分泌果胶酶类物质,使制品质地变软,失去脆性,甚至霉烂变质不能食用。

2. 预防措施

(1)减少有害微生物的污染源　原料菜应新鲜,无病虫害侵害,盐渍前应充分洗净。盐渍用水的水质必须符合 GB 5749—2006 标准。工具使用前应充分清洗干净和消毒,尽量减少加工前的微生物含量。

(2)严格控制加工环境　加工过程中的环境条件,主要包括食盐浓度、酸度、温度和气体成分等。在过程中可以通过控制环境因素,抑制有害微生物的活动;对于不耐酸、不耐盐的腐败菌,如大肠杆菌等,可以利用较高的酸度和较浓的盐液加以控制;对于较不耐酸、不耐盐,但喜高温、厌氧性的丁酸菌,主要是利用较高的酸度、较浓的盐液和较低的温度加以控制。

(3)利用渗透压　腌菜食盐的含量以最低 5% 计,能抑制腐败微生物的生长繁殖。酒精、葡萄糖和蔗糖也有较高的渗透压,加入适量此类物质,除可增加风味外,还能达到贮藏保鲜的目的。

(4)添加有机酸、防腐剂　在腌菜中添加冰醋酸、乳酸、柠檬酸、苹果酸、琥珀酸、酒石酸等有机酸能降低腌菜的 pH,抑制腐败微生物的生长繁殖,从而达到盐渍菜保鲜贮藏的目的。

低糖、低盐、低脂肪的趋势已成为食品发展主流,高盐腌菜自然不符合潮流。

因而在大规模生产中时常用一些食品防腐剂以保证食品的卫生安全。主要有山梨酸钾、苯钾酸钠、脱氢醋酸钠等，使用剂量一般为0.05～0.3g/L，具体用法和用量，可查阅《食品安全国家标准　食品添加剂使用标准》（GB 2760—2014）。

（5）利用加热灭菌、低温技术　加热灭菌是食品和医药工业中最广泛使用的而且是最为有效的灭菌方法。因考虑到对制品风味和脆度的影响，一般采用超高温瞬时杀菌法。

低温是防止腐败微生物生长繁殖、贮藏食物最有效和最安全的方法之一，腌菜更离不开低温贮运和销售，但温度以0～10℃为宜，温度太低会因制品结冰而影响质量。

（6）加工过程中要注意的其他事项　对于酱菜用清水脱盐后的菜坯应迅速酱制，如果是在夏季高温，应在最短时间内（4～5h）内进行酱制。否则，淡菜坯极易受微生物污染，使脆度受到影响。如果酱腌菜在贮藏中发生发黏、长白现象，一定不能用清水洗涤，要用酱油和盐水进行浸泡。

二、咸菜的变色问题及预防措施

腌制菜的色泽是感观质量的重要指标之一。因此，保持其天然色泽或改变色泽是在生产过程中需要特别注意的一个问题。

1. 产生原因

蛋白质水解生成的氨基酸能与还原糖作用发生非酶褐变形成黑色物质，酪氨酸在酪氨酸酶或微生物作用下，可氧化生成黑色素，这是腌制品在腌制和后熟过程中色泽变化的主要原因，腌制和后熟时间越长、温度越高，制品的颜色越深。另外，腌制过程中叶绿素也会发生变化而逐渐失去鲜绿色泽，特别是在酸性介质中叶绿素发生脱镁呈黄褐色。

2. 预防措施

（1）原料选择　应选含单宁物质、还原糖较少的品种，成熟的蔬菜不如幼嫩的蔬菜利于保色，因为成熟的蔬菜含单宁物质、氧化酶、含氮物质均多于鲜嫩的蔬菜。

（2）控制或破坏氧化酶的活性　添加抑制剂或热烫处理，抑制或破坏多酚氧化酶、过氧化物酶等的活性，可有效地防止腌制品的酶促褐变。

（3）控制pH　糖在碱性介质中分解非常快，其参与羰氨褐变反应就较容易，所以腌制液应控制在pH 3.5～4.5，以抑制褐变速度。此外，褐变反应速度与温度的高低有关，温度高，褐变快。

（4）其他　隔绝氧气、控制水分活性、低温贮藏、避免日光照射等措施都可以抑制褐变。

三、榨菜生产中常见的问题及预防措施

(一)霉口现象

1. 产生原因

霉口指翻水后,长时间不进行清口检查,坛口表面的榨菜生长霉菌。翻水后,坛中内容物减少,坛内榨菜自然下沉,使坛内菜叶变得松弛,并与坛缘分离而露出表面榨菜,坛内进入空气,导致霉菌的生长繁殖。

2. 预防措施

及时进行清口检查,发现榨菜下沉,及时添加新榨菜,并将坛口扎紧。

(二)菜坛爆破

1. 产生原因

菜坛爆破指坛内压力大于坛的承受力时产生的菜坛爆裂。其原因是坛内榨菜装的太紧、太满,气温升高时,微生物发酵作产气又快又多,但不能及时从坛口排出,使坛内压力增加而导致菜坛爆裂。尤其是过早地用水泥封口且不留排气孔时,更易发生菜坛爆裂现象。

2. 预防措施

装坛时,菜不宜压得太紧,以排出坛内空气,并不留太大间隙为度,特别是水泥封口时,必须留有排气孔。

(三)酸败现象

1. 产生原因

酸败指装坛后熟的榨菜失去鲜味且变酸的现象。其原因是菜块含水量较多,食盐用量不足,导致大量产酸菌生长繁殖;也有可能是菜坯在第一道与第二道菜池内停留时间太长,产酸菌的大量繁殖使菜坯中总酸含量增多而变酸。

2. 预防措施

菜块晾架充分并达到脱水效果,遇阴雨天,应适当延长晾架时间,若因气候原因,脱水效果差,采用人工加热脱水和盐腌脱水;装坛时,盐的用量要适宜。此外,

菜坯在第一道与第二道菜池中不能停留时间太长。

自测训练

1. 蔬菜腌制的原理是什么?
2. 泡菜加工管理应注意的细节有哪几点?
3. 如何防止蔬菜在泡制过程中可能发生软烂?
4. 如何防止酱菜变质?
5. 提出几种泡菜腌制保脆的方法。
6. 简述咸菜的主要种类和其主要特点。
7. 咸菜加工和泡菜加工有何不同?
8. 如何进行酱制? 基本过程如何?
9. 糖醋菜有什么特点? 其产品中的糖和醋含量一般是多少?
10. 糖醋卤如何配制?
11. 说明糖醋菜加工工艺流程及工艺要点。

实验实训

实训一 家常韩式泡菜制作

【工艺流程】

原料选择→整理→切分→盐渍→清洗→压榨→拌料→发酵→韩式泡菜

【工艺要点】

(1)原料的选择与清洗　原料要求新鲜、成熟适度、无病虫害、无机械损伤、无发热现象等的优质白菜。

(2)整理　除去白菜帮和黄叶,整理去掉附着在白菜上的泥土等异物,冲洗干净,沥干水分。

(3)切分　将选好的白菜切分成适合的大小。若腌制整棵白菜泡菜时,大部分将白菜切成 1/2 大小,仅部分根据白菜大小切成 1/4。

(4)盐渍　将切分成适度大小的白菜放进盐水中进行泡制,盐水浓度 8 ~ 12g/L;盐渍时间夏季 6 ~ 8h,冬季 8 ~ 10h。注意盐水浓度过高或盐渍时间太长,都会破坏白菜组织,所以要调节控制好盐水浓度和盐渍时间。

(5)清洗　将盐渍好的白菜进行清洗,即进行脱盐,可采用流水清洗,清洗后白菜的盐分浓度要达到3～5g/L。

(6)压榨　清洗干净的白菜用重物进行压榨脱水，减少白菜的含水量。也可以进行自然脱水。

(7)拌料　即加调味料。脱水后的白菜进行拌料，拌料前预先配制好辣椒、蒜、生姜等各种调味料。腌制整棵白菜泡菜时，将白菜叶一片一片地扒开，用手将调味料均匀地抹涂在白菜叶上，然后复原菜叶包裹好进入下一步。此时泡菜的盐分浓度应为2～3g/L。

(8)发酵　将拌料后的白菜放于容器中，用保鲜膜封好，放入冰箱中进行低温(5～10℃)发酵，发酵3～5d后完成熟化即可。如果常温下自然发酵，夏季12h，冬季3～4d。发酵后的泡菜应在低温条件下保藏，一般以0～4℃为宜。如温度过高，酸味会过重。

实训二　家常咸萝卜干制作

【工艺流程】

原料选择→整理→第一次晒腌→第二次晒腌→晒、拌料→装坛→成品

【工艺要点】

(1)原料选择　鲜萝卜品种收获期是否恰当及质量的好坏直接影响到其成品的脆嫩、风味和出品率。所以在加工腌制中必须选择质体脆嫩新鲜、成熟度适宜、组织致密光滑、甘甜的萝卜品种。

(2)整理　将白萝卜洗净，刮去外皮后，切成2.5cm见方的小块。香葱洗净后，切成3cm长的段。

(3)第一次晒腌　阳光下晒3～5d，晒到七成干时，摊晾散热后装缸腌制，100kg蔫萝卜条加盐3kg，拌匀揉搓，入坛封口腌制3～5d。

(4)第二次晒腌　第一次腌制的萝卜干出缸后再晒2～3d，再加盐装缸腌制，一层盐一层萝卜，装好后封口再腌制5d。

(5)晒、拌料　第二次腌制的萝卜干取出再晒，从100kg晒至80kg，摊晾散热后一层盐一层萝卜装腌制，装满后封好口，腌制7d。

(6)装坛、出品　取出上述腌制的萝卜干，装坛，压紧后进行封口，后熟30d即得成品。

实训三　家常酱黄瓜制作

【工艺流程】

原料选择→原料处理→腌制→脱盐→脱水→酱渍→成品

【工艺要点】

(1)原料选择及处理　选择皮薄、大小均匀、组织致密、质地脆嫩的新鲜嫩瓜。

洗净加工。

(2)腌制　每 50kg 黄瓜用盐 20 ~ 25kg,按一层黄瓜一层盐、下少上多的方式盐渍,缸满为止。以后每隔 12h 转缸翻菜一次,并将原盐水淋浇在菜面上,如此进行 4 次后出缸。

(3)脱盐　将腌好的黄瓜用清水浸出盐分,每隔 36h 换水一次。

(4)脱水　水浸后的黄瓜出缸控干,用阳光晒至水分含量 30% 左右。

(5)酱渍　脱水后的黄瓜装入口袋,入缸下酱。天然面酱 50kg,每袋黄瓜重量 2.5kg,一层口袋一层酱,每天串两次缸,15 ~ 20d 后即成。

实训四　家常糖醋蒜制作

【工艺流程】

原料选择→原料处理→腌制→晾晒→配制糖醋液→糖醋液浸渍→成品

【工艺要点】

(1)原料选择与处理　蒜要求肥大、匀整,表皮洁白,质地鲜嫩;剔除蒜皮粗老、有病虫害或腐烂的蒜;将蒜的根、叶除去,留 2cm 的叶茎,以防蒜瓣脱散;除去包在蒜外面的大部分鳞片;然后放在清水中浸漂,清洗干净,沥去水分,进行腌制。

(2)腌制　按鲜蒜重量 10% 的用盐量进行腌渍。腌渍时,先在缸内铺上一层盐,然后一层蒜一层盐,踩紧压实,到 80% 满缸为止。缸面覆盖一层盐,用石头压实。腌后每天早晚各翻缸一次,直到缸内蒜卤达到蒜量高度的 3/4 时,可不再翻缸。最后一次翻缸可在缸内安置一只竹篓或刨一坑穴,使蒜卤集聚在内,便于淋卤。每天早晚用瓢舀穴或篓中蒜卤浇淋在蒜上,充分浇淋,约经 7 ~ 10d,即成咸蒜。

(3)晾晒　将腌好的咸蒜捞出,沥干水分,置于席上晾晒。翻动 1 ~ 2 次/d,100kg 蒜晒至剩下 70kg 左右为止。晒后如有蒜皮松弛者需剥去。

(4)糖醋渍

①配制糖醋液:糖醋液的配制方法,各地不一,可按各自的口味,适当调整糖与醋的用量。红蒜:食用红醋 70kg,红糖 22kg,酌加少量酱油与香料;白蒜:食用白醋 70kg,白砂糖 22kg。配制时,先将食醋加热到 80℃左右,然后加入糖及其他辅料,待糖全部溶解后,过滤出缸备用。

②糖醋渍(糖醋液浸渍):将半干咸蒜装入坛中,装到接近坛高 3/4 时,压紧,然后注入事先配好的糖醋液,一般半干咸蒜与糖醋液比例为 1∶1,坛口需加竹篾盖压住蒜,防止蒜上浮脱卤,再将坛密封保存。1 个月后即可食用。糖醋渍时间越长,制品风味越纯正。

【质量标准】

(1)感官指标　成品呈红棕色和乳黄色或乳白色,有光泽感;味甜酸适宜,富有糖醋蒜应有的蒜香,无异味;蒜完整,大小均匀,肉质脆嫩,无蒜蒂、虫蛀及霉烂蒜。

(2)理化指标　总糖含量达25%,总酸含量达1.2%~1.4%。

知识拓展

拓展　腌制酱腌菜何时吃?其中的亚硝酸盐含量少?

酱腌菜鲜甜脆嫩,或咸鲜辛辣或酸甜脆口,深受人们喜爱,成为人们日常生活中不可缺少的调味副食品。但酱腌菜制作过程会产生亚硝酸盐,2017年10月27日,世界卫生组织国际癌症研究机构公布的致癌物清单中,在导致内源性亚硝化条件下摄入的硝酸盐或亚硝酸盐在2A类致癌物清单中。亚硝酸盐本身并不致癌,但亚硝酸盐的致癌机制是在胃酸等环境下亚硝酸盐与食物中的仲胺、叔胺和酰胺等反应生成强致癌物N-亚硝胺。

据研究,酱腌菜中亚硝酸盐含量最多的时候是开始腌渍以后的两三天至两周之间,随后快速下降。因此,尽量不吃腌制时间少于10d的暴腌菜,腌菜时盐应多放,至少腌至15d以上再食用,1个月后即可放心食用,但现腌的菜,最好马上就吃,不能存放过久,腌菜时选用新鲜菜。

模块七 果蔬速冻制品加工技术

任务 果蔬速冻制品加工

学习目标

1. 掌握果蔬速冻的方法，会结合学校实验实训条件，设计果蔬速冻的加工工艺流程和操作要点。

2. 会自己准备速冻加工所需的试剂、材料和相关设备。

3. 能针对速冻加工中出现的质量问题提前采取措施。

4. 能自主学习，较好地协助团队完成任务。

任务描述

要求以当地典型果蔬为原料加工速冻制品。主要技术指标要求：

(1)速冻制品冻结不黏接，无异物、无病虫，产品表面有光泽，色泽一致。

(2)外观完整，具有本品种特有风味，无异味。

知识链接

学习单元一

果蔬速冻制品加工原理及加工工艺

果蔬速冻是将经过处理的果蔬原料，以很低的温度（-35℃左右）在极短的时间30min内进行均匀冻结，然后在-20～-18℃的低温中保藏的方法。

果蔬速冻制品属冷冻食品。20世纪20～30年代，美国、新西兰等国开始研究速冻蔬菜，30年代开始有商业销售。我国从20世纪60年代开始蔬菜冷冻试验生产，80年代开始在我国市场出现速冻蔬菜，而后遍布全国各地。果蔬速冻制品一般以蔬菜为多，占速冻果蔬总量的80%以上，产品绝大部分销往欧美及日本。

适宜速冻加工的蔬菜种类很多，果菜类（可食部分是菜的果实和幼嫩种子）有青刀豆、豇豆、豌豆、嫩蚕豆、茄子、番茄、青椒、辣椒、黄瓜、西葫芦、丝瓜、南瓜等；叶菜类（可食部分是菜叶和鲜嫩叶柄）有菠菜、芹菜、韭菜、蒜薹、小白菜、油菜、香菜等；茎菜类（可食部分是鲜嫩的茎和变态茎）有马铃薯、芦笋、莴笋、芋头、冬笋、香椿等；根菜类（可食部分是根部）有胡萝卜、山药等；花菜类（可食部分是菜的花部器官）有菜花等；食用菌类（可食部分是无毒真菌的子实体）有蘑菇如香菇、凤菇等。

适宜速冻加工的水果主要品种有草莓、黑莓、树莓、蓝莓、越橘、菠萝、蜜橘、黄桃、荔枝、杧果、猕猴桃、西瓜球、龙眼、苹果、梨丁、无花果、杨梅等。目前我国水果速冻制品仍以出口为主。

一、果蔬速冻制品加工原理

（一）低温对微生物的影响

防止微生物繁殖的临界温度是-12℃。冷冻食品的冻藏温度一般要求低于-12℃，通常都采用-18℃或更低温度。

（二）低温对酶的影响

防止微生物繁殖的临界温度（-12℃）还不足以有效地抑制酶的活性及各种生物化学反应，要达到这些要求，还要低于-18℃。果蔬经过冻结后解冻，在解冻过程中酶的活性要恢复，甚至比新鲜产品还高。为了将冻结和解冻过程中引起的食品不良变化降到最低限度，经常对蔬菜原料进行预煮等处理以破坏酶的活性。

（三）冷冻的过程

1. 水的冻结与结冰

包括两个过程：降温与结晶。当温度降至冰点，排除了潜热时，游离水由液态变为固态，形成冰晶，即结冰；结合水则要脱离其结合物质，经过一个脱水过程后，才能结成冰晶。水结成冰后，冰的体积比水增大约9%，因此含水量多的果蔬制品在冻结后体积会有所膨大。

结冰：冰晶开始出现的温度即是冻结点（冰点），结冰包括晶核的形成和冰晶体的增长两个过程。晶核的形成是极少一部分的水分有规则地结合在一起，即结晶的核心，晶核是在过冷情况下出现的。冰晶体的增长是其周围的水有次序地结合到晶核上，形成较大的冰晶体。

2. 冻结速度对产品质量的影响

果蔬内的水分不是纯净水，而是含有有机物及无机物的混合溶液。因此，果蔬要降到0℃以下才产生冰晶。在速冻条件下，晶核在果蔬细胞内外广泛形成，形成的晶核数目多，且呈针状结晶体，分布均匀，不会损伤细胞组织，解冻后容易恢复原来的状况，较好地保持了果蔬原有的品质；而缓慢冻结时则形成较大的冰晶体，且分布不均匀，刺伤组织细胞造成机械损伤，破坏产品质量。果蔬解冻后再冷冻，冰晶数量会减少，冰晶增大会损伤细胞组织，解冻后汁液外流，质地腐败，风味消失，会影响产品的品质。所以在速冻贮藏过程中，要避免温度的波动，否则，即使是速冻产品也会失去速冻的优越性。

（四）速冻对果蔬的影响

1. 对果蔬组织结构的影响

冻结对蔬菜组织结构有不利影响，如造成组织破坏，引起软化、流汁等，该影响的直接原因被认为是由于冰晶体的膨大而造成的机械损伤，细胞间隙的结冰引起细胞脱水、死亡，失去新鲜特性的控制能力。

2. 果蔬在冻结过程中的化学变化

（1）蛋白质变性　果蔬的冻结是一个脱水的过程，尤其是慢速冻结，冰晶主要在细胞间隙形成，细胞内水分外移，原生质中各种物质因失水而浓度提高，蛋白质会因盐析而变性。

（2）维生素变化　果蔬冻结时一般要经过热烫杀酶处理，热烫后维生素要损失一部分，尤其是维生素C。一般认为与果蔬罐制品相比较，速冻果蔬贮藏一年后的维生素 C 的含量与果蔬罐制品相似，而维生素 B_1、维生素 B_2 的含量比果蔬罐制品高。

(3)变色变味　凡在常温下易发生的变色现象，在长期的冻藏中也会缓慢的发生。大部分变色主要与酶有关。果蔬热烫不足时在冻藏中会变色；相反，若烫漂过度，绿色蔬菜变成黄褐色。果蔬的香味是由本身所含的各种不同芳香物质所决定的。当温度过高时芳香物质挥发、分解很快，故一般气味浓的蔬菜在速冻前不经过烫漂处理，以保证原有的风味。

二、果蔬速冻制品加工工艺

(一)工艺流程

分为烫漂速冻工艺和浸泡速冻工艺。

烫漂速冻工艺：原料验收→挑选→清洗→预处理→烫漂→冷却、沥干→快速冻结→加冰衣→包装→冻藏

浸泡速冻工艺：原料验收→挑选→清洗→预处理→浸泡、漂洗→(沥干)、预冷→快速冻结→(加冰衣)→包装→冻藏

两种工艺基本相同。果蔬浸泡速冻工艺与烫漂速冻工艺的区别在于代替烫漂工序的是浸泡工序，其他工序完全相同。

(二)工艺要点

1. 原料验收

所选用原料应符合工艺要求所需要的优良品种、成熟度、新鲜度，色泽、形状良好，大小均匀，无污染，所含农药残留、微生物等指标符合 HACCP 要求，原料包装、运输、贮藏过程中要求无污染、无损坏、无腐烂变质。采后最好能做到当日采收，及时加工，以确保产品质量。

2. 预处理

进厂后的原料，应及时进行处理，处理室温度以控制在 15℃ 以下为宜。处理的措施有挑选、分级、去除不可食部分、清洗，有的需要去皮、切分、去核、整理等。

(1)挑选　对原料逐个挑选除去带伤、有病虫害、畸形及不熟或过熟的原料，并按大小、长短分级。除去皮、核、心、蒂、筋、老叶及黄叶等不可食部分。

(2)清洗　将上道工序的合格原料置容器中以流水冲洗，洗净尘土，除去杂质，每次清洗的数量不宜过多，以彻底洗净泥沙。对一些易遭虫害的蔬菜，如菜花、

菜豆等应用2% ~3%盐水浸泡20 ~30min进行驱虫处理。对一些速冻后脆性明显减弱的果蔬,可以将原料在0.5% ~1%碳酸钙或氯化钙溶液中浸泡10 ~20min,以增加其硬度和脆度。

（3）整理　严格按照不同品种的工艺要求切分、整修、挑选、分级,使块形、长度、粗细等形态要求符合标准,同时注意剔除不合格品。严格按照操作规程,加工人员苦练刀工,熟能生巧,加强检验。工器具班前、班后清洗消毒,保持清洁。使用机械时班前做好检查、调试工作,以保证产品质量。

3. 烫漂与浸泡

（1）烫漂　起抑制酶的活性,软化组织,去掉辛辣、涩等味,便于烹调加工的作用。烫漂有热水烫漂和蒸汽烫漂。烫漂工艺要根据不同品种、不同客户要求,调节烫漂水温和烫漂时间,以保持产品原有色泽,不破坏营养成分,达到破坏引起产品褐变的氧化酶和杀灭致病菌及降低细菌总数的目的。烫漂温度一般为90 ~100℃,品温要达到70℃以上,烫漂时间一般为1 ~5min。

（2）浸泡　将蔬菜浸于保脆剂（多用氯化钙）的溶液中,可保持菜体的良好脆性。水果通常不进行烫漂处理,为了破坏水果的酶活性,防止氧化变质,水果在整理切分后需要保持在糖液或维生素C溶液中。水果浸糖处理还可以减轻结晶对水果内部组织的破坏作用,防止芳香成分挥发。糖的浓度一般控制为30% ~50%,因水果种类而异,一般用量配比为2份水果加1份糖液,加入超量糖会造成果肉收缩。某些品种的蔬菜,可加入2g/L盐水包装速冻,以钝化氧化酶活性,使蔬菜外观色泽美观。为了增强护色效果,还常在糖液中加入0.1 ~0.5g/L的维生素C、0.1 ~0.5g/L柠檬酸或维生素C和柠檬酸混合使用效果更好（如约0.5%柠檬酸和0.2% ~0.5%维生素C合用）。此外,还可以在果蔬去皮后投入50mg/kg的二氧化碳溶液或2% ~3%亚硫酸氢钠溶液浸泡2 ~5min,也可有效抑制褐变。

浸泡可在清洗后进行,也可在切分后进行。整体浸泡时间较长,浸泡时间因果蔬大小和成熟度而异,一般需15 ~20min。切分后浸泡,汁液流失较多,不利于保持果蔬营养成分,但可缩短浸泡时间。无论是整体浸泡,还是切分后浸泡,浸泡后都需用水冲洗一次,以去掉附着在果蔬表面的氯化钙。水果添加糖液（维生素C、柠檬酸）,蔬菜添加盐水,应添加适量后包装速冻。

4. 冷却、沥干

（1）冷却　经烫漂后的原料,其中心温度在70℃以上,应立即放在自来水中降温,然后放在冰水中快速冷却,使产品温度迅速降至0℃以下,或用冰水喷淋,风冷降温,以减少营养成分损失,防止变色。冷却的同时进行进一步清洗,去净杂质。冷却应迅速。

（2）沥干　以除去菜体表面附着的大量水分,避免冻结时结成坨块,既便于快速冻结，又便于冻结后包装。沥干的方法很多，如用自动振动筛沥干、自然控干，室温要低。采用吹风法预冷，就可以与沥干同时进行。

5. 摆盘

沥干后的原料，可用布料机对原料均匀布料，以实现均匀冻结，提高产品质量。也可用盘冻产品，用不锈钢盘，以每盘重1kg为例，由于摆盘后盘内会控出一部分菜水，为保证解冻后足量，应添加合理的让水重，一般要多加2%～10%的水。

6. 常用速冻方法

目前，使用的食品速冻方法很多，按冷却介质与食品接触的状况可将食品速冻分为空气冻结法、直接接触冻结法和间接接触冻结法三类，详细内容见学习单元二。

学习单元二

果蔬速冻制品加工常用的设备及使用方法

一、空气冻结法

（一）空气冻结法特点

空气冻结法又称鼓风法，是利用冷空气作流动介质进行冻结的方法，在冻结过程中，冷空气以自然对流或强制对流的方式与食品换热。该法中食品在空气中冻结的时间较长。而且该冻结方法适用的冻结原料的种类和尺寸规格范围较宽，所以空气冻结法仍是目前食品行业中应用最广泛的一种冻结方法。

空气冻结法也存在一定的缺点。一是在冻结初期，由于鼓风速冻时的空气流速高，使食品表面出现类似冻结干燥的现象，即所谓的表面冻伤。冻伤会使速冻食品在色泽、质地、风味和营养方面发生不可逆变化。目前常用涂冰衣等方法来控制冻伤的发生。二是速冻设备中蒸发管或平板表面常常出现结霜现象，这将影响设备的传热效率。为了维持设备的传热效率，必须经常采取清霜措施。

（二）空气冻结设备

目前应用较广的空气冻结设备有隧道式、螺旋式和流态化冻结装置。

1. 隧道式冻结装置

是我国目前速冻加工中使用最多的一种空气冻结装置，它由蒸发器、风机、食品输送装置组成，其基本结构如图 7 -1 所示。

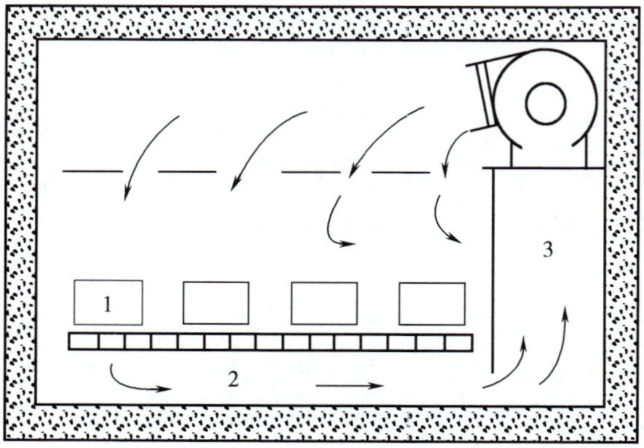

图 7 -1 隧道式冻结装置

1—食品 2—蒸发器 3—风机

隧道式冻结装置的基本工作过程是：冷空气在隧道中循环，食品通过隧道时被冻结。根据食品通过隧道的方式不同，又可将隧道式冻结分为传送带式、推盘式等几种。

(1)传送带式连续冻结隧道 传送带式连续冻结隧道装置的组成包括蒸发器、风机和传送带。典型的传送带式连续冻结隧道装置如图 7 -2 所示。

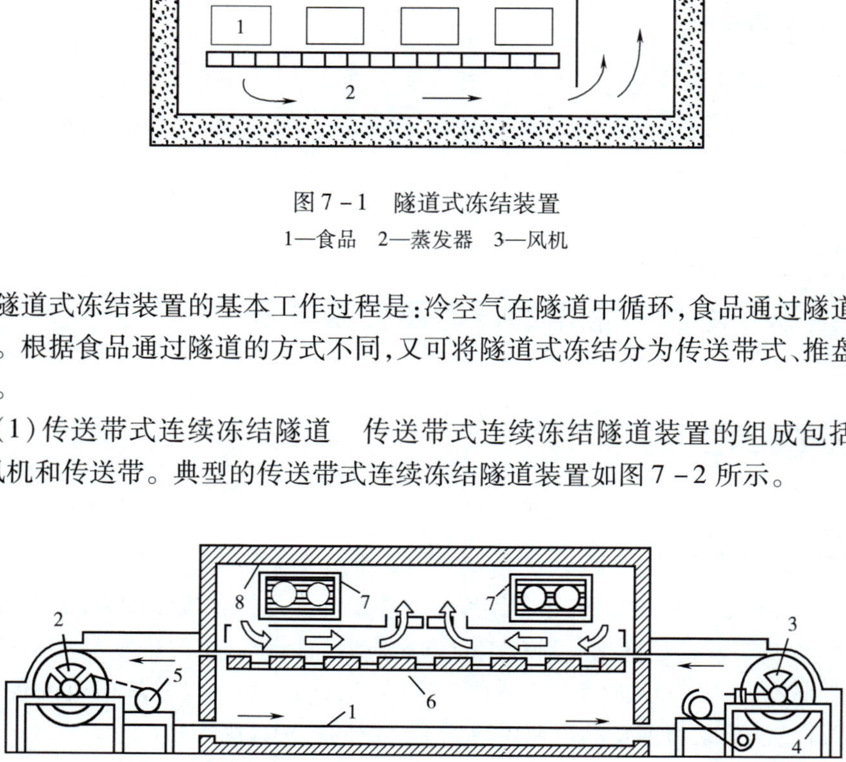

图 7 -2 传送带式连续冻结隧道装置

1—传送带 2—主动轮 3—从动轮 4—传送带清洗器 5—调速电机

6—冷冻板 7—冷风机 8—隔热层

一般不锈钢制的网状传送带在 -40 ~ -35℃ 的冷风下移动，冷风的流向可与食品平行、垂直、顺向或逆向。传送带移动速度可根据冻结时间进行调解。蒸发器有融霜装置。有的传送带底部与一组冻结板（蒸发器）相紧贴，冷风机在装置的上部。一般传送带下部在 12min 内即可冻好，厚度为 4cm 的食品冻结时间只需 41min。

(2)推盘式连续冻结隧道 推盘式连续冻结隧道如图 7 -3(1)所示。

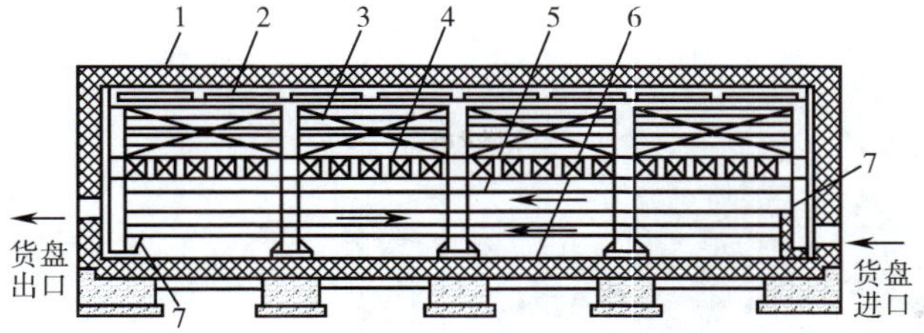

(1)装置结构图

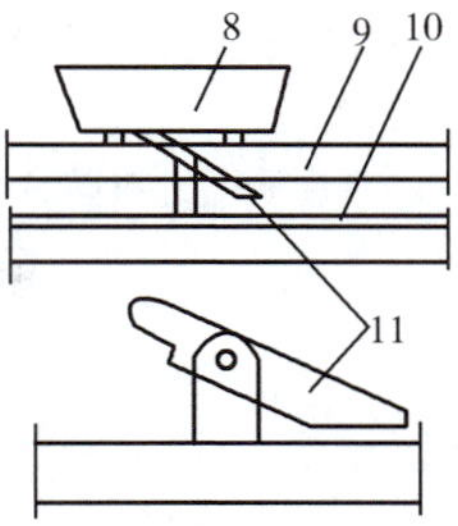

(2)推头装置

图7－3　推盘式连续冻结隧道装置

1—绝热层　2—冲霜淋水管　3—蒸发排管　4—风机　5—集水箱　6—水泥空心板
7—货盘提升装置　8—货盘　9—滑轨　10—推动轨　11—推头

该装置主要由隔热隧道室、冷风机、液压传动机构、货盘推进和提升设备构成。食品装入货盘后，在货盘进口由液压推盘机构推入隧道，每次同时进盘两只，货盘到达第一层轨道的末端后，被提升装置升到第二层轨道，如此往复经过三层，在此过程中，冻品被冷风机强烈吹风冷却，不断地降温冻结，最后经出口推出，每次出盘也是两只。

货盘推进设备的推头装置如图7－3(2)所示。货盘底部焊有两条扁钢，承放在两道扁铁组成的滑轨上，每对滑轨有两个推动装置。在液压系统的作用下，推头顶住盘底的扁钢，将货盘向前推进。当推头后退复位时，被货盘后端的扁钢压下，滑过后，由于偏心作用，推头自动抬起，复位并进入推进状态。通过推头的反复动作，货盘便向前移动。另外，还有两个提升装置，将货盘分层提升。

冻结时间可通过改变货盘传送速度进行调整，可调范围为40～60min。这种冻结装置可以根据具体情况做成多层或多排输送机构。冷风机从旁侧吹风，效果也较好。

隧道式冻结装置的优点是：适用于不同形状的食品，由于食品采用机械传送，故劳动强度小，库房周转快，还可以实现连续速冻。蒸发器的融霜一般采用热氨和水同时进行，故融霜时间较短。由于风机多采用轴流式，风速较高，食品干耗量增大。这种冻结装置的总耗冷量较高，基建费也较高。冻结时间则根据冻品种类和包装状况不同而不同，一般为8～15h。

由上面可以看出，隧道式冻结装置的基本结构是相似的，主要区别在于冻品的传送方式。但无论其传送方式如何变化，最终应能够保证两点：一是尽量加快食品降温速度，并保证冻结的均匀性；二是使装置实现自动化、连续化操作，减小劳动强度。

2. 螺旋式连续冻结装置

由于传送带式冻结装置占地面积大，故将传送带做成螺旋面向上盘旋的形式，即所谓的螺旋式连续冻结装置，如图 7－4 所示。

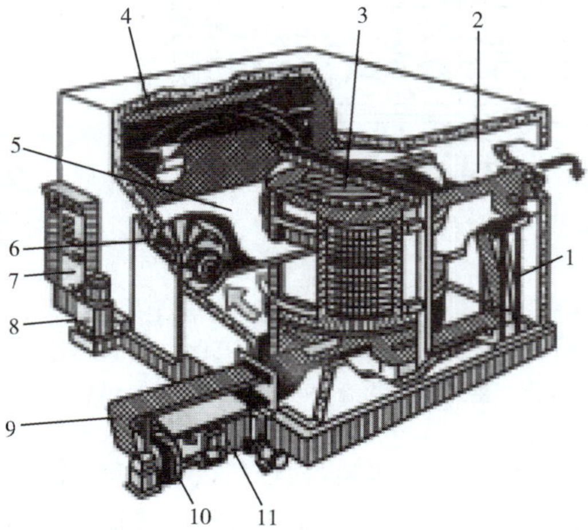

图 7－4　螺旋式连续冻结装置

1—带张紧装置　2—出料口　3—转筒　4—蒸发器　5—分隔顶板　6—风机　7—控制板　8—液压装置　9—进料口　10—风扇　11—清洗系统

螺旋式连续冻结装置由转筒、蒸发器、风机、传送带组成。传送带由不锈钢扣环组成，按宽度方向成对接合，在横竖方向上都具有挠性。当装置运行时，拉伸带子的一端就压缩另一端，从而形成一个围绕着转筒的曲面。借助摩擦力及传动机构的动力，传送带随着转筒一起运动，传送带缠绕的圈数由冻结时间和产量确定。

传送带的一边紧靠在转筒上借摩擦力及传送带传动机构的动力，使传送带随着转筒一起运动。传送带是网状，冻品放在上面。传送带由下部进入，上部传出，而冷风则由上部吹入，下部排出，冷风与冻品呈逆向对流换热。厚 2.5cm 的冻品 40min 内就能冻至 －18℃。

螺旋式连续冻结装置适用于冻结单体不大的食品。该装置的特点如下：①结构紧凑，体积小，占地面积小，同样的传送带面积其装置体积仅为一般水平传送带装置的 25%；②在整个冻结过程中，产品与传送带相对位置保持不变，冻结食品所保持的完整程度较其他形式的冻结装置好，并且可同时冻结多种食品；③可通过调整传送带的速度来改变食品的冻结时间，用以冷却不同种类或品质的食品；④冻结速度快，干耗量比隧道式要少；⑤生产量小，间歇生产时耗电量大，成本高。

3. 流态化冻结装置

近年来，国外研制了许多新型的食品流态化冻结装置。与其他隧道式冻结装置比较，流态化冻结装置具有冻结速度快、冻结产品质量好、耗能低等优点，适宜冻结小尺寸的球状、圆柱状、片状及块装颗粒食品，尤其适宜果蔬类单体食品的冻结。

按机械传送方式又可将流态化冻结装置分为斜槽式流态化冻结、带式流态化冻结和振动式流态化冻结三种装置。

（1）斜槽式流态化冻结装置　斜槽式流态化冻结装置如图 7－5 所示，其冻结工艺属于全流态化（或纯流态化）操作范围。该装置的主体部分为一块固定的多孔底板（称为槽或盘），从进料口将食品置于多孔槽上，食品颗粒完全依赖于向上吹的高压冷气流形成像流体一样的悬浮状态，并借助于带有一定倾斜角的槽体（打孔底板）向出料端流动。料层厚度通过出料口排出堰调整，以控制装置的冻结能力。瑞典 Frigoscandia 公司制造的 W 形食品冻结装置属于斜槽式流态化冻结装置。

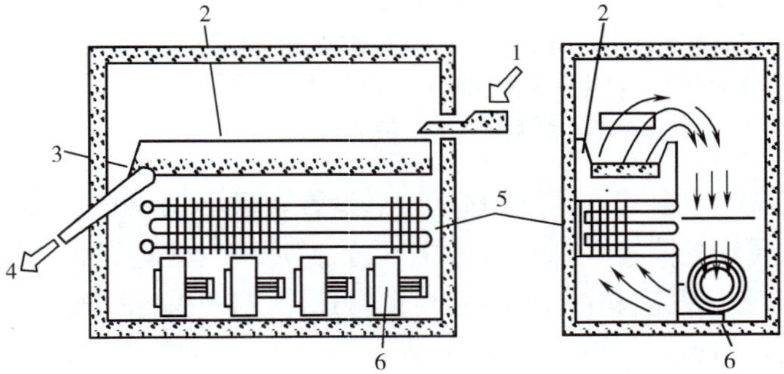

图 7－5　斜槽式流态化冻结装置

1—进料槽　2—斜槽　3—排出堰　4—出料口　5—蒸发器　6—风机

W 形冻结装置的蒸发器设置在流化床旁侧。蒸发器上侧设有自动水冲霜系统。当霜层达到一定厚度时，装置和制冷系统自动停止工作，水系统开启，自动喷水除霜。离心通风机置于流化床下，气流通过打孔底板导流以均匀速度吹过食品层，然后经过蒸发器冷却，再由风机压入静压箱，反复循环。

该装置中，产品层的厚度可达到 120～150mm，一般制冷剂的蒸发温度为 －40℃以下，垂直向上的风速为 6～8m/s。冻结食品间的风速为 5～7m/s，在 5～10min 内能使食品冻到 －18℃。

该冻结装置适用于小颗粒食品的单体速冻，如青豆、草莓、油炸马铃薯条等，这些食品冻结时彼此不黏结在一起，食用时可一个个分开。

斜槽式流态化冻结装置的特点是无传送带和振动筛等传输机构，因而结构紧凑、简单、维修量小、易于操作；冻结速度快，冻品降温均匀，质量好。其缺点是装机功率大、单位耗电指标高。由于它只适宜冻结表面不太潮湿的球状或圆柱状等食品，故其应用范围较小。

（2）带式流态化冻结装置　带式流态化冻结装置又分为一段带式流态化冻结

和两段带式流态化冻结两种装置。一段带式流态化冻结装置通常只有一个冻结区段，其冻结装置如图 7－6 所示。

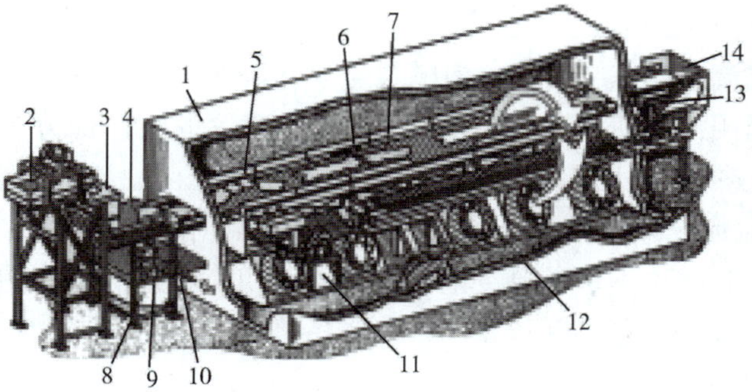

图 7－6　一段带式流态化冻结装置

1—隔热层　2—脱水振荡器　3—计量漏斗　4—变速进料带　5—“松散相”区　6—均匀棒　7—“稠密相”区　8，9，10—传动带清洗、干燥装置　11—离心风机　12—轴流风机　13—传送带变速驱动装置　14—出料口

该冻结装置的主要特点是结构简单，只设置一条不锈钢传送带，冻结过程为：冻品首先经过脱水振荡器 2，去除表面的水分，然后随变速进料带 4 进入“松散相”区 5，此时的流态化程度较高，食品悬浮在高速的气流中，从而避免了食品间的相互黏结。待到食品表面冻结后，经均匀棒 6 均匀物料，到达“稠密相”区 7，此时仅维持最小的流态化程度，使食品进一步降温冻结。冻结好的食品最后从出料口 14 排出。

与斜槽式流态化冻结装置相比，一段带式流态化冻结装置允许冻结的食品种类更多，产量范围更大；由于颗粒之间摩擦强度小，因此易碎食品通过冻结空间时损伤较小。但由于食品厚度较小，冻结时间较长，所以装置占地面积大。

一段带式流态化冻结装置的缺点是装机功率大、耗能高、食品颗粒易黏结。此类装置适用于冻结软嫩或易碎的食品，如草毒、黄瓜片、青刀豆、芦笋、油炸茄子等。操作时应根据食品流化程度确定物料层厚度，对易于实现流态化的食品，如青豌豆、黄瓜片等，料层厚度控制在 40～60mm，青刀豆控制在 60～80mm。不易实现流态化的食品如油炸茄块、番茄（d＝30mm 以下）等，料层厚度控制在 80～150mm。

两段带式流态化冻结装置是指装置内设置两条或两条以上传送带，并且传送带摆放位置为上下串联式，两段传送带之间有一个高度差。当冻品由第一段传送带落到第二段传送带时，因相互冲撞有助于避免彼此黏结。第一段传送带为表层冻结区，功能相当于一段式的“松散相”区；第二段传送带为深温冻结区，功能相当于一段式的“稠密相”区。

传送带为不锈钢网眼带，不锈钢侧链带有滚动轮，用轨道支撑。传送带采用液压传动，配有可变速流量控制阀、三路断流阀和安全释放阀。为了防止网眼带由于摩擦而破损，传送带下设聚乙烯承载条。此外，装置还设有附属设备如震动滤水器、布料器、进料器、清洗器和干燥器等。

此类装置的蒸发器设置在传送带下侧或旁侧，冷风自下而上吹过食品层。蒸发器结构为钢管铝翅片，供液方式采用上进下出。离心风机的特点是风量可调。

与一段带式流态化冻结装置相比，两段式流态化冻结装置的适用范围更广，可以用于青刀豆、豌豆、嫩蚕豆、辣椒、黄瓜片、油炸茄块、芦笋、胡萝卜块、芋头、蘑菇、葡萄、李、桃、板栗等果蔬类食品的冻结加工，较大块食品还可以装在小车上在预留冻结隧道内冻结。

（3）往复振动式流态化冻结装置　往复振动式流态化冻结装置（图7－7）主体为一带孔不锈钢板，在连杆机构带动下做水平往复式振动。装置运行时，食品首先进入预冷设备，表面水分被吹干，表面硬化，避免了食品间的互相粘连。进入流化床后，冻品受钢板振动和气流脉动的双重作用，冷气流与冻品充分混合，实现了完全的流态化。冻品被包围在强冷气流中，时起时伏，像流体般向前传送，确保了快速的冻结。

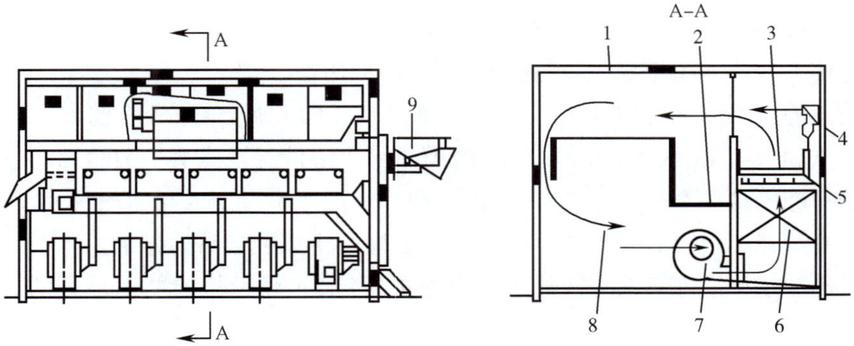

图7－7　往复振动式流态化冻结装置

1—隔热箱体　2—操作检修廊　3—流化床　4—脉动旋转风门　5—融霜淋水管
6—蒸发器　7—离心风机　8—冻结隧道　9—振动布风器

用流态化冻结装置冻结食品时，由于高速冷气流的包围，强化了食品冷却、冻结的过程，有效传热面积较正常冻结状态大1.2～3.5倍，换热强度大大提高，从而缩短了冻结时间。

二、直接接触冻结法

直接接触冻结法中常用的制冷介质称为不冻液。由于直接接触冻结法中食品与不冻液直接接触，所以要求不冻液必须具备一定的条件，如无毒、纯净、无异味、不染色、不易燃、不易爆等。另外不冻液与食品接触后，不应该与食品发生化学反应，即不能改变食品原有的成分或性质。常用的不冻液有盐水、糖溶液、丙三醇、液氮、液态二氧化碳、液态氟利昂等。

按制冷介质的操作方式，可将直接接触冻结法分为浸渍冻结和喷淋冻结两种。

1. 浸渍冻结法

浸渍冻结法是将食品直接与温度很低的液体冷媒接触，从而实现快速冻结的一种方法。由于食品与液体冷媒直接接触，它们之间的传热效果非常好。常用的液体冷媒有盐水、糖溶液和丙三醇、丙二醇水溶液等。

盐水通常为氯化钠和氯化钙水溶液，盐水浓度应使其冰点低于或等于 -18℃。当盐水温度低于盐水的低共熔点时，盐和水的混合物会从溶液中冻析，所以盐水的实际冻结温度为 -21.13℃。盐水的特点是黏度小，比热容大，价格便宜；缺点是腐蚀性强，对与之接触的设备有限制。使用盐水时常加入一定量的防腐剂。常用的防腐剂为重铬酸钠（$Na_2Cr_2O_2$）和氢氧化钠（NaOH）。

糖溶液冻结的使用范围有限，因为要想达到较低的温度，所需糖溶液的浓度较大，如要求冷冻温度达到 -21℃时，至少需要 62% 的糖浓度（质量分数），而较大的浓度将使糖溶液变得很黏，这样就限制了它的使用。

丙三醇 - 水溶液可以达到较低的冷冻温度。67%（质量分数）的丙三醇水溶液的冰点为 -47℃，60%（质量分数）的丙二醇水溶液的冰点为 -51.1℃。这两种不冻液对冻结食品都有一定的限制，丙三醇不能用于不应变成甜味的食品，而丙二醇因具有辣味，对食品口味也将产生影响，最好用于包装食品的冻结。

目前盐水浸渍冻结法主要用于海产品的速冻，尤其是盐浓度不很高的海产品的轻度速冻。

2. 喷淋冻结装置

当前食品冻结工艺的总发展趋势是低温速冻，有些场合为获得超速冷冻的效果，常常利用超低温制冷剂的喷雾来实现。喷淋冻结装置就是利用低温液态氮（LN_2）、液态二氧化碳（LCO_2）对食品进行喷淋冷冻的。由于液态二氧化碳和液氮的正常沸点都很低，分别为 -78℃和 -195.8℃，故被称为低温冻结。

这类冻结装置的特点是没有制冷循环系统，在低温液体与食品接触的过程中实现冻结。用此法制成的速冻食品，其水分成为微细的冰结晶，而对细胞组织的破坏率较小，所以产品品质上乘。利用液体汽化进行冻结是一种有前途的获取高品质速冻食品的新方法。下面主要介绍常用的液氮喷淋冻结装置。

如图 7-8 所示为液氮喷淋冻结装置。该装置由隔热隧道式箱体、喷淋装置、不锈钢丝网格传送带、传动装置、风机组成。

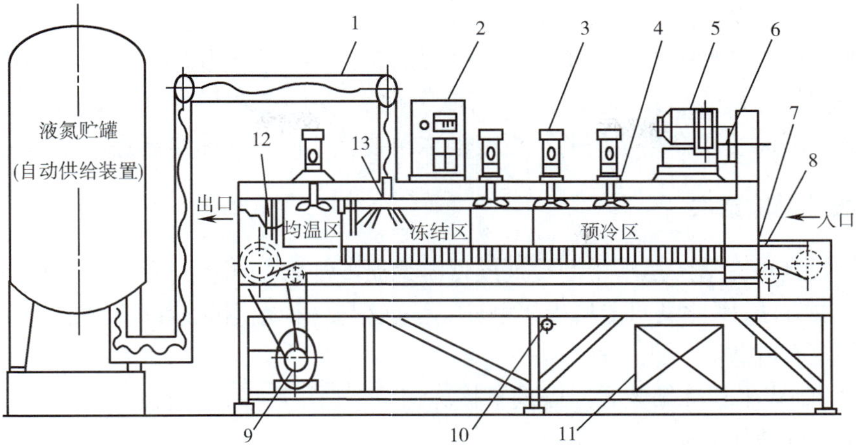

图 7－8　液氮喷淋冻结装置

1—隔热管道　2—温度指示计　3—搅拌风机　4—硅橡胶密封垫　5—排气风机　6—T 形蝶形阀　7,12—硅橡胶幕带　8—不锈钢丝网传送带　9—无级变速器　10—电源开关　11—控制盘　13—喷嘴

冻品由传送带送入，经过预冷区、冻结区、均温区，从另一端送出。风机将冻结区内温度较低的氮气输送到预冷区，并吹到传送带送入的食品表面上，经充分换热，食品预冷。进入冻结区后，食品受到雾化管喷出的雾化液氮的冷却而被冻结。根据食品的种类和形状，可通过调整贮液罐压力以改变液氮喷射量，也可以通过调节传送带速度进而控制冻结温度和冻结时间，满足不同食品的工艺要求。由于食品表面和中心的温度相差很大，所以完成冻结过程的食品需在均温区停留一段时间，使其内外温度趋于均匀。

液氮和食品成分不发生化学反应，它取代食品中的空气后，还能减轻食品在速冻和冻藏时的氧化。在大气压下液氮在 －195.8℃ 下沸腾蒸发。由于其强烈的制冷效果，因此无需其他制冷剂将其预冷。当液氮与食品接触时可吸收 198.95kJ/kg 的汽化潜热。因此液氮已成为直接接触冻结法中最重要的超低温制冷剂。

由于液氮冻结速度极快，在食品表面与中心产生极大的瞬时温差，易造成食品龟裂，所以不适用于过厚的食品，一般适用于厚度小于 10cm 的食品。速冻时工作温度应限制在 －60 ~ －30℃（根据特殊需要可达到 －120℃），在这样的冻结温度下可得到优良的速冻品质。对 1 ~ 3cm 厚的食品，在 1 ~ 5min 内即可冻至 －18℃；对于 5cm 厚的食品，10 ~ 30min 即可完成冻结，冻结后食品的中心温度达 －20℃。

三、间接接触冻结法

间接接触冻结法是把食品放在由制冷剂（或载冷剂）冷却的板、盘带或其他冷壁上而冻结的一种冻结方法。该法中食品与冷壁直接接触，而与制冷剂（或载冷剂）间接接触。对于固态食品，可将食品加工成为具有平坦表面的形状，使冷壁与食品的平面接触。对于液态食品，则用泵送方法使食品通过冷壁进行热交换，冻成半融状态。

根据冷却板的形式，间接接触冻结装置可分为平板式、回转式和钢带式三种冻结装置。下面主要介绍常用的平板接触冻结装置和回转式冻结装置。

1. 平板接触冻结法

平板接触冻结法是指用制冷剂或低温介质冷却的金属板与食品密切接触使食品冻结的方法，因此又叫金属板接触冻结法，这是一种常用的速冻方法。金属平板冻结装置有卧式和立式两种。

(1)卧式平板冻结装置　卧式平板冻结装置(图7-9)是由包括压缩机在内的制冷系统和液压升降装置组成的。

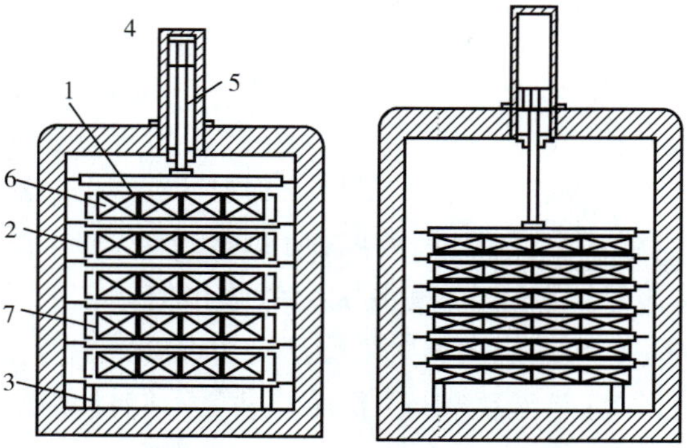

(1)冻结前　　(2)冻结时

图7-9　卧式平板冻结装置

1—冷却平板　2—螺栓　3—底栓　4—活塞　5—水压升降机　6,7—包装食品

制冷系统中的蒸发器由若干块钢或铝合金制成的金属板组成，在板内配有蒸发管或制成通路，制冷剂在管内(或冷媒在通路内)流过，各板间放入食品，以油压装置使板和食品贴紧，以提高平板与食品之间的表面传热系数。平板后方或两侧各装有一根供液和回气总管。各块平板用橡皮软管或不锈钢管连接，以便平板能上下移动。

冻结时，将平板升至最大净距，把料盘或耐水纸箱紧密地排列在平板上(尽量不留空隙)，下降平板，调节连杆(垫片或固定螺丝)高度，使平板紧贴料盘上的原料，进行冻结。由于食品的上下两面同时进行冻结，故冻结速度很快。厚6~8cm的食品在2~4h内就能冻结好。冻结后，切断液泵供液，打开融霜阀，接通压缩机排气管，用热冷媒(不能过热)脱冻，然后迅速取出料盘，并将热冷媒从冻结板内排除，进行融霜和清洁平板。

使用平板冻结装置时，必须使食品与板贴紧，若有空隙，则冻结速度明显下降。因此，包装时食品装载量越满越好，以便使之与金属板接触紧密。一般食品与板的接触压强为0.007～0.03MPa。

卧式平板冻结的优点：①不需要冷风，占空间小，每吨食品冻结时平板冻结装置占6～7m^3（空气冻结器为12m^3）；②单位面积生产率高，每天为2～3 t/m^2以上；③制冷剂蒸发温度比空气冻结装置所用的高，因此能源消耗低，电耗仅是空气冻结器的70%；④平板冻结装置对于厚度小于50mm的食品来说，冻结快，干耗小，冻品质量高。

（2）立式平板冻结装置　其结构与卧式平板机基本相似，但其平板是垂直排列的，如图7－10所示。冻结时，不采用料盘，而是将冻品散装倒入平板间进行冻结。冻结结束后，冻品脱离平板的方式有上进上出、上进下出、上进旁出多种。平板的移动、冻品的升降和推出等动作，均有液压系统驱动和控制。

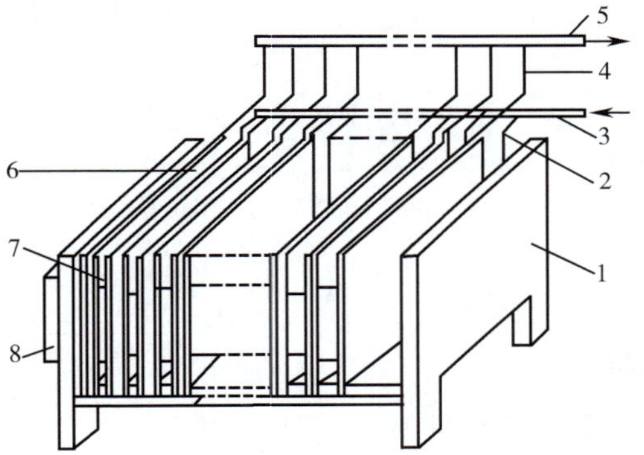

图7－10　立式平板冻结装置

1—机架　2,4—软管　3—供液管　5—吸入管　6—冻结平板　7—定距螺杆　8—液压装置

立式接触式冻结装置可免用冻结盘，不仅冻结效率高，而且没有产品干燥的现象，易移动，设备面积不大。金属板温度一般取－35～－30℃。立式平板冻结装置适用于散装冻结无包装的块状产品，也可以用于包装产品。

2. 回转式冻结装置

回转式冻结装置（图7－11）是一种较新的接触式冻结装置。其主体为一个不锈钢回转筒，外壁即为冷表面，内壁间的空间供制冷剂直接蒸发或载冷剂流过换热。制冷剂或载冷剂有由空心轴一端输入筒内，从另一端排出。冻品呈散开状由入口被送到转筒的表面，由于转筒表面温度很低，食品立即粘在上面。进料传送带再给冻品稍施加压力，就可以使食品与转筒表面接触得更好。转筒回转一周，完成食品的冻结。冻结食品转到刮刀处被刮刀刮下，由传送带输送到包装线上。

转筒的转速可根据冻结食品所需时间来调节。制冷剂可用氨、R22或共沸制冷剂，载冷剂可用盐水、乙二醇等。

该装置的特点：结构紧凑，占地面积小；冻结速度快，干耗小；适用于块状及流态食品；能连续冻结，生产效率高。

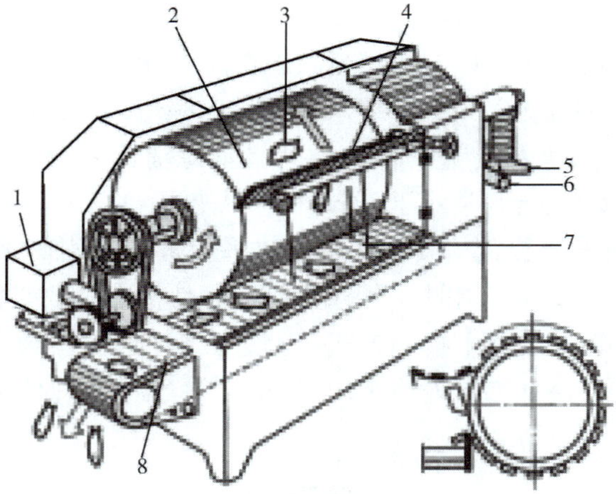

图 7－11　回转式冻结装置

1—电动机　2—滚筒冷却器　3—进料口　4—刮刀　5—盐水入口
6—盐水出口　7—刮刀　8—出料传送带

学习单元三

果蔬速冻制品常见的质量问题及预防措施

一、干耗

1. 产生原因

果蔬在速冻过程中，随着热量被带走的同时，部分水分也会被带走。通常鼓风式冻结比接触式冻结干耗大；在冻藏过程中也会发生干耗，这主要是速冻制品表面的冰晶直接升华所致。贮藏时间越长，干耗越重。

2. 预防措施

可采取加冰衣、包装来降低或避免干耗。

二、变色

1. 产生原因

引起变色的原因是原料选择的不适宜，前处理没有将酶杀死，贮藏过程中温度忽高忽低，贮藏时间过长造成的。

2. 预防措施

要选择市场需求量大，适宜冻藏，不易褐变的原料；注意控制热烫时间，保证杀死酶；保持低而稳定的冻藏温度；硫处理、降低 pH，添加抗氧化剂（维生素 C 等）也能有效对原料进行护色；控制在保质期内的冻藏时间，及时出库。

三、解冻时流汁

1. 产生原因

果蔬冻结速度的快慢按时间划分为食品中心从 −1℃ 降到 −5℃ 所需时间在 30min 之内为快速，超过 30min 为慢速；按距离划分通常把单位时间内 −5℃ 的冻结层从食品表面伸向内部的距离称为冻结速度。将冻结速度（v）分成三类：快速冻结 $v>5\sim10$cm/h；中速冻结 $v=1\sim5$cm/h；缓慢冻结 $v=0.1\sim1$cm/h。

果蔬在慢冻过程中可以导致细胞膜透性增强，膨压降低，随着冻结的进行，冰晶体的增长对细胞产生挤压使细胞组织的空间结构受到破坏；同时细胞内水分外流，原生质体中无机盐浓度增加，足以达到使蛋白质发生不可逆变性凝固，造成细胞死亡，组织解体，质地软化，品质下降。

2. 预防措施

提高冻结速度可以减少流汁现象。

自测训练

1. 果蔬速冻前要进行什么预处理？
2. 果蔬冻结方法有哪些？
3. 果蔬速成常用哪些设备？
4. 果蔬速冻制品的加工工艺流程与操作要点？
5. 如何划分冻结速度？
6. 果蔬速冻常见质量问题是什么？如何预防？

实验实训

实训一 速冻草莓制作

【工艺流程】

原料采收 → 挑选、分级 → 去果蒂 → 清洗 → 加糖液处理 → 冷却 → 速冻 → 包装 → 冻藏

【工艺要点】

（1）原料要求　草莓采摘时带蒂采收且应精心操作，由于带露水的草莓采摘后容易变质，所以要待露水干后才采摘。草莓果实成熟，果面红色占2/3，大小均匀，坚实，无压伤，无病虫害，采摘装箱时不宜装得过满，运输时注意轻拿轻放，避免太阳直接照射。

（2）预处理　按直径大小进行分级，分20mm以下、20～24mm、25～28mm、28mm以上等；也可按单果重分级，单果重10g以上为1级、8～10g为2级、6～8g为3级、6g以下为4级。质量较次的草莓冻结后可作为加工草莓酱的原料。分级后，去果蒂，注意不要损伤果肉。一手轻拿果实，另一手轻轻转动，即可去果蒂。接着用清水清洗果实2～3次，除去泥沙、杂物等。

（3）加糖液处理　将预先配制好的浓度为30%～50%的糖液倒入浸泡容器中，然后放入草莓，轻轻搅拌均匀，浸泡3～5min，捞出滤去糖液。

（4）冻结、冻藏　将浸泡过糖液的草莓迅速冷却至15℃以下，尽快送入温度为－35℃的速冻机中冻结，10min后草莓中心温度为－18℃。冻结后的草莓尽快在低温状态下包装，以防止表面融化而影响产品质量。包装材料采用塑料袋或纸盒。装入塑料袋内真空包装或用塑料袋直接包装封口，每袋可装0.25或0.5kg，然后装入纸箱，每箱装20kg。在温度为－18℃的冻藏库贮藏。

实训二 速冻荔枝制作

【工艺流程】

选料 → 清洗 → 消毒 → 护色 → 速冻 → 包装 → 检验 → 冷藏

【工艺要点】

（1）原料验收与挑选　选择成熟度八至九成熟的荔枝采收，剔除病虫害、腐烂、破裂、褐变、未熟、过熟以及直径大小不合格的果实，果皮呈鲜红色或暗红色，果实饱满，果肉洁白，肉质致密，嫩脆，味甜微酸，香气浓郁。

（2）清洗、消毒　经验收符合规格及质量要求的果实，倒入流动水中洗去果皮

附着的泥沙杂质等，再放入0.1%高锰酸钾溶液中浸泡3～5min，然后用流动水冲洗干净。

（3）护色　生产上多采用硫处理护色，方法是用2g/L亚硫酸钠、1g/L柠檬酸和2g/L氯化钠溶液浸果2min后，进一步吹风降温，并使果皮干爽，然后立即速冻。

（4）速冻　尽快送入温度为－35℃的速冻机中冻结，至中心温度为－18℃。

（5）包装　包装必须－5℃以下低温环境中进行，温度在－4～－1℃以上时，速冻荔枝会发生重结晶现象，极大地降低了速冻荔枝的品质。包装材料在包装前必须在－9℃以下的低温间预冷，内包装可用耐低温、透气性差、不透水、无异味、无毒性、厚度为0.06～0.08mm聚乙烯袋，有条件的可采用真空包装。外包装用瓦楞纸箱，每箱净重10kg，纸箱外面必须涂油，内衬清油，内衬清洁蜡纸，外用胶带纸封口。

（6）检验　对每批次生产的速冻荔枝，需随机抽样检验，抽样数量按国家标准进行，待检样品应随机抽取。检验包括感官检验、卫生检验及理化检验。

（7）冷藏　将检验符合质量标准的速冻荔枝迅速放入冷藏库中冷藏，冷藏温度－20～－18℃，温度波动范围应尽可能小，一般控制在±1℃内。速冻荔枝冷藏时应存入专用库，

实训三　速冻菜花制作

【工艺流程】

原料验收→复选→冲洗→驱虫→切成小花球→烫漂→冷却→沥水→速冻→挂冰衣→包装→入库贮藏

【工艺要点】

（1）原料验收、复选　要求原料鲜嫩、色泽正常、无斑痕、病虫害。适时采收及时运到工厂加工，一般不超过4h，复选是将机械伤、畸形、色泽不正常、干枯、开花、病浊害、腐烂变质的部分除去。

（2）冲洗、驱虫　用流动水将原料上的污物及其他杂质洗掉，置于2～3g/L盐水溶液中浸泡驱虫，浸泡时间以驱净小虫为原则。

（3）切成小花球　花球直径2～3cm。整体长度（包括花茎在内）为2～3cm，即每个产品的尺寸应控制在内径为2cm、外径为3cm的球壳体之间。要按规格要求认真进行，为了不损伤其他小花球，茎部切口要平整。

（4）烫漂护色　在0.1%柠檬酸沸水中烫漂5～10min，注意不要损伤花球。

（5）冷却、沥水　烫漂后，应及时冷却，产品冷透后须用网状筛自然沥水。

（6）速冻　沥干水分后，及时进入速冻机进行速冻。速冻机的人口温度必须低于－33℃，产品中心温度降到－18℃。

（7）挂冰衣　速冻好的产品立即浸入8℃以下的冷水中，并立即取出，甩去多

余水分。

(8)包装　在室温0～5℃的清洁、无污染的包装间进行包装,每包产品加2%重量。

(9)冷藏　产品必须在-18℃条件下存放,不可与肉制品、水产品或其他异味产品(如蒜薹、蒜苗等)共用一个贮藏库。

实训四　速冻蘑菇制作

【工艺流程】

原料验收→护色→漂洗→热烫→冷却→沥干→速冻→分级→复选→挂冰衣→包装→检验、入库贮藏

【工艺要点】

(1)原料要求　蘑菇原料要求新鲜、白色、菌盖带柄,形态完整近似圆形,菌盖横径20～40mm,无畸形,允许轻微满切削平整,不带泥根,无空心,无变色。

(2)变色及护色　护色有多种方法:

①蘑菇采摘后浸入含量为0.6～0.8g/L、温度为13℃以下的食盐溶液中运入工厂。浸泡时间不得超过4～6h。

②将刚采摘的蘑菇浸入300mg/kg亚硫酸钠(Na_2SO_3)溶液或500mg/kg焦亚硫酸钠($Na_2S_2O_5$)溶液中浸泡2min后,立即将菇体浸没在13℃以下的清水中运往工厂;或于焦亚硫酸钠溶液中浸泡2min后捞出沥干,再装入塑料薄膜袋,扎好袋口并放入木箱或竹篓运往工厂。到厂后立即放入温度13℃以下的清水池中浸泡30min,脱去蘑菇体上残留的护色液,这一方法能使蘑菇色泽在24h以内变化不大。

③将刚采摘的蘑菇浸入0.4mmol/L半胱氨酸溶液中30min g/L后取出。此法护色的蘑菇经4～6h后,菇色仍为白色,基本上保持了蘑菇的本色。

④把蘑菇浸入1g/L柠檬酸溶液中,同时加入少量维生素C,抽真空并使真空桶中保持真空度0.053MPa,维持3min后,再把空气放入。

(3)热烫　热水温度96～98℃。并在水中加入0.1g/L柠檬酸溶液。热烫时间根据菌盖大小控制在4～6min。为了防止菇色变,热烫溶液酸度应经常调整并注意定期更换热烫水。

(4)冷却、沥干　热烫后迅速将蘑菇放入冷却水池中冷透,以防过度受热影响品质。冷却水含余氯0.4～0.7mg/kg。蘑菇速冻前还要进行沥干。沥干可用振动筛、离心机或流化床预冷装置进行。

(5)速冻　蘑菇速冻宜采用流化床速冻装置。将冷却、沥干的蘑菇均匀地放入流化床传送带上,由于蘑菇在流化床中仅能形成半流化状态,因此传送带的蘑菇层厚度为80～120mm。流化床装置内空气温度要求-35～-30℃,冷气流流速4～6m/s,速冻时间12～18min,至蘑菇中心温度为-18℃以下。

(6)分级　速冻后的蘑菇应进行分级，按菌盖大小可分为特大(36～40mm)、大(28～35mm)、中(21～27mm)，小(15～20mm)4级。

(7)复选　剔除畸形、斑点、锈渍、空心、脱柄、开伞、变色菇、薄菇、带泥根、菌裙发黑等不符合速冻蘑菇标准要求的蘑菇。

(8)镀冰衣　将5kg蘑菇放入有孔塑料筐或不锈钢丝篮中，再把篮、筐浸入1～2℃的水中2～3s，拿出后左右振动摇匀沥水即可。冰水要求清洁干净，含余氯0.4～0.7mg/kg。

(9)包装　包装工作场地必须保证在-5℃以下低温，温度在-4～-1℃以上时速冻蘑菇会发生重结晶现象，极大地降低速冻蘑菇的品质。内包装可用0.06～0.08mm聚乙烯薄膜袋，该材料耐低温、透气性低、不透水、无异味、无毒性。外包装用纸箱，每箱净重10kg。所有包装材料在包装前必须在-10℃以下低温预冷。

(10)冷藏　将检验后符合质量标准的速冻蘑菇迅速放入冷藏库冷藏。冷藏温度-20～-18℃，温度波动范围±1℃以内。在此温度下冷藏期限为8～10个月。

知识拓展

拓展　吃太凉的食物对消化吸收有影响吗？

同一食物不同温度所含营养成分没有改变。但温热、冰凉不同温度的食物消化吸收率一样吗？

食物温度不同，对人体消化的影响确实不同。据2004年发表在*Nutrition Research*上面的研究报告：当志愿者吃同一热食品以后，餐后血糖的上升幅度、血糖指数、甘油三酯水平显著高于同一放凉的食物。

因而建议：

(1)身体强壮、肠胃功能好的人不必在意食物的温度，放凉的食物还能延缓餐后血糖、血脂的上升，改善肠道菌群。所以，身体强壮，肠胃功能好的人可以少量食用速冻水果，不冰牙就可以。

(2)消化功能不好、有肠胃功能疾病的人吃太凉或冷冻的食物会降低消化液的分泌和肠胃蠕动速度。所以，消化功能不好、有肠胃功能疾病的人应注意食物的温度保持温热。

模块八 果蔬干制品加工技术

任务 果蔬干制品加工

学习目标

1. 了解果蔬干制保藏的原理。

2. 能利用当地资源和实验实训条件，设计当地典型果蔬干制品加工工艺流程和工艺要点。

3. 会准备加工所需的试剂、材料和相关设备。

4. 知道各种干燥方法及设备的优缺点和选用原则。

5. 能自主学习，具有较强的团队合作能力和交流表达能力。

任务描述

要求以本地典型果蔬为原料加工干制品。主要技术指标要求：

(1)干制产品要求整齐、均匀、无碎屑；对片状制品要求片型完整、片厚薄基本均匀，干片可稍有圈曲或皱缩，但不能严重弯曲，无碎片；对于块状干制品要求大小均匀、形状规则；干制品色泽与原果蔬色泽一致或相近。

(2)具有原果蔬的气味和滋味，无异味。

(3)要求果干含水量一般为15% ~20% [干柿饼≤35%，《食品安全地方标准 柿子干制品》(DBS 45/016—2018)]；干制蔬菜含水量≤15%，冷冻干燥脱水蔬菜含水量≤6%，热风干燥及其他工艺脱水蔬菜含水量≤8% [《绿色食品 脱水蔬菜》(NY/T 1045—2014)]。

知识链接

学习单元一
果蔬干制品加工原理及加工工艺

果蔬干制在我国具有悠久的历史。果蔬干制是干燥和脱水的统称，就是在自然或人工控制的条件下促使果蔬原料水分蒸发脱除的工艺过程。

果蔬干制品种类多、体积小、质量轻、携带方便，并且易于运输和保藏。此外，果蔬干制品可以调节果蔬生产的淡旺季，有利于解决果蔬周年供应问题，对勘测、航海、旅行、军用等方面都具有重要意义。我国劳动人民在果蔬干制方面积了丰富的经验，有许多传统的果蔬干制品，如红枣、柿饼、荔枝干、桂圆、金针菜、蘑菇、木耳、辣椒干等畅销国内外的传统特产。

一、果蔬干制品加工原理

(一)果蔬中的水分

水是果蔬中的主要成分，一般含量为70% ~95%。果蔬的水分活度与微生物的活动和酶的活性息息相关。当果蔬中水分含量降低时，水分活度也相应降低，含水量降到20%左右(大部分果蔬完全干燥时)，水分活度低于0.65，此时微生物不能繁殖，大多数微生物不能生存，酶的活性也随之降低(但酶一般需要含水量降到1%以下才会完全失活)。此外，低水分活度也能大大降低非酶褐变的发生。

(二)果蔬干制过程

果蔬干制时，水分的蒸发是依赖水分的外扩散和内扩散作用完成的。

水分由果蔬表面向大气中扩散的作用称外扩散作用。由于果蔬表面的水分不断蒸发而逐渐降低，造成果蔬表面和内部之间的水分含量的差异，即内部水分高于表面水分，从而使果蔬内部的水蒸气压大于表层，促使内部水分向表面移动。这种水分移动称为水分的内扩散作用。

在干制过程中，水分的外扩散和内扩散是同时进行的，只是扩散速度存在差异。若外扩散速度过快，原料内部水分补不上来，就会使表面干结而形成硬壳，称为结壳。结壳后因外层过分干燥而形成不透水的隔离层，若继续烘热干燥，表面没有足够的水分提供蒸发，会使结壳部位升温焦化，致使制品表面胀裂，影响外观，降低质量。因此，干制时应使水分内外扩散速度配合适当，是干制技术的重要环节。

（三）果蔬在干制过程中的变化

果蔬在干制过程中，会发生一系列的物理化学变化：

1. 重量和体积的变化

果蔬干制后，体积缩小，重量减轻，一般体积为原来的20% ~30%，重量为原来的6% ~20%（表8－1）。

表8－1　几种果蔬的干燥率（原料与干制品的体积比）

水果	干燥率	蔬菜	干燥率
苹果	(6 ~8)∶1	马铃薯	(5 ~7)∶1
梨	(4 ~8)∶1	洋葱	(12 ~16)∶1
桃	(3.5 ~7)∶1	辣椒	(3 ~6)∶1
杏	(4 ~7.5)∶1	菠菜	(16 ~20)∶1
香蕉	(7 ~12)∶1	胡萝卜	(10 ~16)∶1
柿	(3.5 ~4.5)∶1	菜豆	(8 ~12)∶1
枣	(3 ~4)∶1	金针菜	(5 ~8)∶1

资料来源：叶兴乾《果品蔬菜加工工艺学》，化学工业出版社，2002。

2. 颜色的变化

果蔬在干制或贮藏过程中，容易因酶促褐变或羰胺反应而变色。此外，颜色与透明度也有变化，新鲜细胞间隙存在空气，在干制时受热排除，使制品呈半透明状，空气的减少，使酶促褐变减轻。干制前原料的热烫、熏硫都有利于减轻褐变。

3. 营养成分的变化

干制过程中营养成分的变化则因干制方式和各种处理不同而异。糖分的损失随干制时间延长而相应增加。维生素则因其种类不同，其稳定性也不一样，其中以维生素 B_1、维生素 B_2、维生素 B_3 和胡萝卜素比较稳定，维生素 C 既不耐高温又容易氧化，遇光和碱都容易破坏，若高温和氧化同时作用，损失更大，但在加热而无氧的条件下，维生素 C 少量被保存，在酸性溶液或高浓度糖液中比较稳定。因此，干制前进行热烫、硫处理，都是减少维生素 C 损失的有效措施。矿物质和蛋白质在干制过程中比较稳定。

4. 风味的损失

新鲜果蔬加工成干制品后，无论如何在其复水后都与新鲜的原料在口感上、组织结构上、滋味上有不同程度的降低。在热风干燥过程中，水分蒸发的同时，一些低沸点的物质要随之挥发而损失。如洋葱、蒜、香葱、莴苣等风味浓郁的原料干制后或多或少在风味品质上有所降低。在正常情况下，果蔬原料切分处理得越细，挥发表面积越大、风味损失就越多。

5. 表面硬化、内部多孔现象

(1)表面硬化　由于产品表面水分的汽化速度过快，而内部水分扩散速度慢，不能及时移动到产品表面，从而使表面迅速形成一层硬膜。另外，果蔬干制时，内部的溶质分子随水分不断向表面迁移，积累在表面上形成结晶而硬化。产品表面硬化后，水分移动的毛细管断裂，水分移动受阻，大部分水分封闭在产品内部，形成外干内湿的现象，致使干制速度急剧下降。

(2)内部多孔　一般快速干燥时物料表面硬化及其内部蒸气压的迅速建立会促使物料成为多孔性制品。缓慢干制则没有这种现象。

二、果蔬干制品加工工艺

(一)工艺流程

果蔬干制品加工工艺流程如下所示：

[原料选择、分级]→[清洗]→[整理]→[护色]→[干制]→[筛选、分级]→[回软]→[(防虫)]→[压块]→[包装]→[成品贮藏]

(二)工艺要点

1. 原料选择

(1)原料选择　首先应考虑的是其经济价值，其次应选择适合于干制的原料。对果品原料的要求是：干物质含量高，风味色泽好，肉质致密，果心小、果皮薄，肉质厚，粗纤维少，成熟度适宜。对蔬菜原料的要求是：干物质含量高，风味好，菜心及粗叶等废弃部分少，皮薄肉厚，组织致密，粗纤维少。

对于蔬菜来说，大部分都可干制，但黄瓜、莴笋干制后失去其柔嫩松脆的质地，亦失去了食用价值；石刁柏干制后，质地粗糙，组织坚硬，不堪食用。

(2)原料分级　按大小、成熟度进行分级，同时剔除腐烂果(植株)、病虫果(植株)，以保证品质一致。

2. 清洗

原料干制前要进行清洗，以除去表面污物、微生物和泥沙。采用的方法有人工清洗和机械清洗。洗涤原料最好使用软水。水温一般用常温，有时为增加洗涤效果，洗前可用水浸泡，污物易洗去，同时更有利于残留在果蔬表面的农药浸出。如果原料上残留的农药较多，有时还可以用化学药剂清洗。

3. 整理

按产品要求去除根、老叶、蜡质、皮、壳、核等不可食部分和伤、斑等不合格部分。有的原料须切成片、条、丝或颗粒状，以加快水分的蒸发。原料去蜡质可用碱液来处理，如葡萄可用1.5% ~4%氢氧化钠处理1 ~5s，薄皮品种也可用5%碳酸钠或碳酸钠与氢氧化钠混合液处理3 ~6s，然后立即用清水冲洗干净。去皮和去蜡质同样可加快干燥过程。

4. 护色

果蔬干制前的护色主要采用热烫和硫处理。蔬菜以热烫为主，水果以硫处理为主。

（1）热烫　热烫能控制酶活性，防止果蔬变色外，对于果蔬干制还能使细胞透性增强，有利于水分蒸发，缩短干制时间。此外热烫排除组织中的空气，使干制品呈透明状，外观品质得到提高。

热烫可采用热水或蒸汽。热烫的温度和时间应根据原料种类、品种、成熟度及切分大小不同而异，一般情况下热烫水温为80 ~100℃，时间为2 ~8min。

（2）硫处理　硫处理是许多一种常见的果蔬干制预处理方法。如金针菜、竹笋、甘蓝、马铃薯、苹果、梨、杏等，经过切片热烫后，一般都要进行硫处理。但有些蔬菜，如青豌豆，干制时则不需要硫处理，否则会破坏它所含的维生素。硫处理可采用熏硫法，也可采用浸硫法。

熏硫处理时，可将装果蔬的果盘送入熏硫室中，燃烧硫黄粉进行熏蒸。二氧化硫的浓度一般为1.5% ~2.0%，有的可达3%。1t切分的原料，需硫黄粉2 ~4kg，残留量不超过2%。

浸硫法常用亚硫酸进行处理，原因是亚硫酸对果蔬干制品品质提高具有如下作用：可防止酶促褐变，能消耗组织中的氧，能防止果蔬中维生素C的氧化破坏，能抑制好气性微生物和酶的活动，还具有促进水分蒸发的作用并具有漂白作用。

此外，还有用1 ~5g/L柠檬酸、0.5 ~1g/L抗坏血酸、0.1 ~0.3g/L L－半胱氨酸等酶促褐变抑制剂浸泡的方法抑制褐变。

5. 干制

（1）干制方法　主要有自然干制和人工干制。

①自然干制：是指在自然条件下，利用太阳能、热风等使果蔬干燥的方法。自然干制方法简便，设备简单，但自然干制受气候条件影响大，如在干制季节，阴雨连

绵，会延长干制时间，降低制品品质，甚至会霉烂变质。自然干制方法有两种：一是日光干制即让原料直接接受阳光照射，另一种是阴干即让原料在通风良好的室内或棚下以自然通风吹干。

下面是几种果蔬的自然干制技术（表8-2）。

表8-2　几种果蔬的自然干制表

名称	原料准备	干制	干制后处理
红枣	选果，在沸水中热烫5~10min，有的不进行烫漂	暴晒开始后，每天日落时集拢成堆、覆盖，早晨日出后摊开，中午前后翻动数次	挑选，分级，包装
柿饼	选果，分级，削去外皮，切除萼片，保留萼盘和果梗，用麻绳系缚果梗，20~30个为一串，也有不用绳缚而散晒于晒帘上的	搭设晒架，悬挂果串，晒至20d左右，进行第一次揉捏。3~4d后再进行第二次，再晒2~3d，从绳上取下压成扁平状，排列于晒盘中，再晒10~15d，每天翻动一次，晚间移到室内，用草席盖好，次晨再晒，晒制结束时即可生霜	挑选，分级，包装
葡萄干	选用无核葡萄，除去太小或破损的果粒，用1.5%~4.0%氢氧化钠处理1~5s，用水洗净碱液，装入晒盘	晒3~5d，翻转，继续晒2~3d，将晒盘叠置阴干。新疆吐鲁番等地，气候炎热干燥，将葡萄置通风室内上架干燥，一般需30d左右，制品色泽鲜绿，品质优良	贮藏回软3周以上，然后脱粒去梗，包装
桃干	选用离核桃，去皮，对切为两半，去核，切面向上排列在晒盘内，熏果硫4~6h，硫黄用量为鲜果重的0.4%	晒至六至七成干时叠置，完成干燥时含水量宜为15%~18%	挑选，回软，包装
杏干	成熟度适宜，对切为两半，切面朝上单层置于晒盘内，熏硫至少3h，硫黄用量为鲜果重的0.4%	晒至五至七成干时，叠置阴干，干燥良好的杏干应肉质柔软，不易折断，彼此不相黏着，含水量为16%~18%为宜	挑选，回软均湿3周，包装

资料来源：周山涛《果品贮藏加工学》，中国农业出版社，1996。

②人工干制：是人为控制干制条件和干制过程而进行干燥的方法，可大大缩短干制时间，并获得高质量的干制产品。但人工干制设备费用高，操作复杂，因而成本较高。

（2）影响干制速度的因素

①温度：干制时温度越高，水分的蒸发也越快。但温度过高时，会造成有机物和维生素C的大量损失，降低产品品质，而且高温能使果蔬形成硬壳，阻碍内部水分蒸发。果蔬一般干制温度为40~90℃。富含维生素C、挥发油及糖分的原料宜

用低温,以 60 ~ 70℃ 较为适宜。如果干制时温度过低,就需拖延干制时间,甚至会使原料变色、生酸、发霉等,也会降低产品的营养成分及风味。

②空气湿度:以热空气为干燥介质时,在一定的温度下空气中的含湿量越低,果蔬干制则越快。低于物料表面蒸汽压的空气与物料接触时,有利于干制。

③空气流速:增加空气流速,可以加快干制速度,缩短干制时间。但是空气流速过大,会降低热的利用,同时增加动力消耗。

④原料的性质和状态:一般含可溶性固形物较少,含水量较高的果蔬干制速度快。此外,原料切分的大小,以及去皮、脱蜡等预处理,对干制速度也有很大影响。原料切分越小,表面积越大,蒸发速度越快,因此去皮、脱蜡后的原料,干制速度快。

⑤原料的装载量:单位烤盘或晒盘面积上原料装载量越多,厚度越大,越不利于空气流动,干制速度就越慢;装载太少,干制速度虽然加快,但不够经济。装载厚度以不阻碍空气流动为原则。

(3)干制过程对温、湿度的控制　在干制过程中,可根据果蔬的特点控制好干制条件(温度、湿度),对干制速度、产品质量以及能源的利用等,均起到重要作用。

①温度的控制　通常采用以下三种方法:

a. 低温—较高温—低温:即在整个干燥期间,烘房的初始温度较低(55 ~ 60℃),中期温度较高(68 ~ 70℃,不超过 75℃),后期采用较低温度(50 ~ 55℃)直至干燥结束。这种控温方法操作较易掌握,耗煤量较低,制品品质好,成品率较高。主要适用于可溶性物质含量高或不切分的整个果蔬的干制,如红枣、柿饼等的干制。

b. 高温—较高温—低温:即先将烘房温度急剧升高到 90 ~ 95℃,原料进入烘房后由于吸收大量热量而使烘房降温(一般降低 25 ~ 30℃),继续增大火力使温度维持在 70℃ 左右,然后逐渐降温至干燥结束。采用这种控温方法,干燥时间较短。成品质量优良,但耗煤量较高,技术较难掌握。主要适用于可溶性物质含量较低,或切成薄片、细丝的果蔬,如金针菜、辣椒、苹果、杏等。

c. 恒定较低温度:即在整个过程中,温度始终维持在 55 ~ 60℃ 的恒定水平,直至干燥结束。这种控温方法适用于大多数果蔬的干制。其操作技术易于掌握,成品质量好,但耗煤量较高。那些封闭不太严密,升温设备差,升温较困难的烘房可采用此法。

②湿度的控制:果蔬干制时会大量蒸发水分,使烘房内湿度急剧升高,甚至可以达到饱和的程度,因此必须注意进行通风排湿,用以加速物料的干燥。一般当烘房内的相对湿度达到 70% 以上时,应打开进气窗和排气筒,通风排湿 10 ~ 15min,然后继续干燥。整个干制过程根据不同的果蔬原料,通风排气的次数在 3 ~ 6 次。

③倒换烘盘:即使是设计良好、建筑合理的烘房,上部与下部、前部与后部的温差也会超过 2 ~ 4℃。一般靠近主火道和炉膛部位处,温度较高,干燥较快,有时还易烘焦。由于热空气上升,烘房上部温度也较高,而烘房中部的温度则较低。因

此,要特别注意烘架最下部的第一、二层烘盘与中部的第四至六层烘盘的位置调换。在调换烘盘的同时还应翻动物料,使物料受热均匀,干燥程度一致。第一次调换烘盘的时间应在烘房温度最高、物料的水分蒸发时进行,以后间隔一定时间进行调换,直至干燥结束。

(4)掌握干制时间　何时结束干制工作,取决于不同果蔬所要求的干制程度。一般要烘至产品达到它所要求的标准含水量,才能结束干制工作,进入产品的回软、分级、包装及贮藏工作。菜干含水量标准见表8-3。

表8-3　几种菜干的水分含量　单位:%

菜干名称	含水量	菜干名称	含水量
辣椒干	14~15	蒜片	6~7
金针菜	15	木耳	10~11
玉兰片	18	胡萝卜片	7~8
蘑菇	11.5	藕粉	15
芥菜干	14.5		

6. 筛选、分级

为了使产品符合规定标准,便于包装,贯彻优质优价原则,对干制后的产品要求进行筛选、分级。干制品常用振动筛等分级设备进行筛选分级,剔除块、片和颗粒大小不合标准的产品,以提高商品质量。筛下物另做他用。碎屑物多被列为损耗。大小合格的产品还需进一步进行人工挑选,剔除杂质、变色、残缺或不良成品,并经磁铁吸除金属杂质。

7. 回软

回软又称均湿、发汗或水分平衡,目的是通过干制品内部与外部水分转移,使各部分的含水量均衡,呈适宜的柔软状态,以便产品处理和包装运输。回软方法是待干燥后的产品稍微冷却,即可装入大塑料袋或铁桶中密封,一般菜干1~3d,干果2~5d,待质地略软后便于后续操作。回软操作一般适宜叶菜类、丝、片状干制品,防止制品在除杂、分级包装过程中因过于干脆而碎裂,降低产品合格率。有的产品回软后还要复烘,达到干制程度。

8. 防虫

果蔬干制品常有虫卵混杂其间,特别是自然干制的产品最易受害。害虫在果蔬干制期间或干制品贮藏期间侵入产卵,以后再发育为成虫为害,有时会造成大量损失。所以,防止干制品遭受虫害是不容忽视的重要问题。常见的害虫有蛾类如印度谷蛾和无花果螟蛾等；甲类如露尾虫、锯谷盗、米扁虫、菌甲等；壁虱类如糖壁虱等。防治方法如下：

（1）低温杀虫　采用低温杀虫最有效的温度必须在 -15℃以下。

（2）热力杀虫　即在不损害成品品质的适宜高温下杀死干制品中隐藏的害虫。耐热性弱的叶菜类干制品可采用65℃热空气处理1h，根菜类和果菜类干制可用75～80℃热空气处理10～15min

（3）熏蒸剂杀虫　烟熏是控制干制品中昆虫和虫卵常用的方法，晒干的制品最好在离开晒场前进行烟熏。干制水果贮藏过程中还要定期烟熏以防止害虫发生。甲基溴是近年来使用最多的一种有效熏蒸剂，用量16～24g/m^2，密闭室处理时间在24h以上。此外，二氧化碳、二硫化碳、氯化钴也可用于熏蒸。

9. 压块

蔬菜干制后，体积蓬松，容积很大，不利于包装和运输，因此在包装前，需要经过压缩，一般称为压块。用约70kg/cm^{3}的压力，脱水蔬菜的体积缩小3～7倍，其比例见表8-4，脱水蔬菜的压块必须同时使用水、热与压力，方能获得好的结果。

表8-4　六种脱水蔬菜的压缩比例

蔬菜名称	1kg的体积/L		压缩比例
	压缩以前	压缩以后	
小青菜	11.6	2.2	5.3
甘蓝	8.6	1.7	5.1
青辣椒	10.0	1.7	5.8
塌棵菜	14.2	2.1	2.7
菠菜	8.9	1.5	5.8

一般脱水蔬菜在脱水的最后阶段，温度为60～65℃，如在脱水后，不等它冷却，立即压块，可不再重新加温。否则，为了减少破碎起见，压块之前，须喷以热蒸气，但喷过后，必须立即压块，若放置稍久，又将变脆而易碎。若压块后的脱水蔬菜水分含量在6%左右时，可与等质量的生石灰贮藏在一起，经过2～7d，水分可降低至5%以下。

10. 包装

常用的包装材料有木箱、纸箱、纸盒、无毒聚乙烯（PE）塑料袋、铝箔复合薄膜袋、马口铁罐等。包装的方法有如下几种：

（1）普通包装　多采用纸盒、纸箱或普通PE塑料袋包装，先在容器内衬防潮纸或涂防潮涂料，然后将制品按要求装入，上盖防潮纸，扎封。多用于自然干制和热风干制品的包装。

(2)不透气包装　采用不透气的铝箔复合薄膜袋包装。其内也可放入脱氧剂,将脱氧剂包装成小包与干制品同时密封于不透气的袋内,提高耐藏性。适用于真空干制、真空油炸、真空冻结干燥、喷雾干燥制品的包装。

(3)充气包装　采用 PE 塑料袋或铝箔复合薄膜袋包装,将干制品按要求装入容器后,充入二氧化碳、氮气等气体,抑制微生物和酶的活性。适用于真空干燥、真空油炸、真空冻结干燥制品的包装。

(4)真空包装　将制品装入容器后,用真空泵抽出容器内的空气,使袋内形成真空环境,提高制品的保存性。多用于含水量较高的干制品的包装。

11. 贮藏

果蔬干制品贮藏效果首先取决于制品质量优劣,优质制品贮藏性好,另一重要条件是制品含水量,含水量越低,贮藏性越好。

(1)干制品贮藏环境的要求　低温有利于抑制害虫和微生物的活动,干制品适宜贮藏温度为 0 ~ 2℃,最好不超过 10 ~ 12℃;贮藏环境的相对湿度,以不超过 65% 为宜,湿度较大,制品易吸湿返潮,尤其是含糖量较高的制品;光照和氧气能促进色素分解,引起变色,破坏维生素,降低二氧化硫的保藏效果,因此干制品宜于避光和密闭保藏。

(2)贮藏期的管理　要做好贮藏库的清洁卫生和通风换气工作,做好防鼠、防潮工作,定期检查质量,发现问题,及时解决。

12. 干制品复水

复水就是干制品吸收水分恢复原状的一个过程,如干制品重新吸收水分后在质量、大小、形状、质地、颜色、风味、成分、结构等各方面恢复原来新鲜状态的程度越高,说明干制品的质量越好。因此,干制品的复水性是干制品质量好坏的一个重要指标。各种蔬菜的复水率如表 8 – 5 所示。

表 8 – 5　　几种脱水蔬菜的复水率

蔬菜种类	复水率	蔬菜种类	复水率
甜菜	(1 : 6.5) ~ (1 : 7.0)	青豌豆	(1 : 3.5) ~ (1 : 4.0)
胡萝卜	(1 : 5.0) ~ (1 : 6.0)	菜豆	(1 : 5.5) ~ (1 : 6.0)
萝卜	1 : 7.0	刀豆	1 : 12.5
马铃薯	(1 : 4.0) ~ (1 : 5.0)	扁豆	1 : 12.5
甘薯	(1 : 3.0) ~ (1 : 4.0)	菠菜	(1 : 6.5) ~ (1 : 7.5)
洋葱	(1 : 6.0) ~ (1 : 7.0)	甘蓝	(1 : 8.5) ~ (1 : 10.5)
番茄	1 : 7.0	茭白	(1 : 8.0) ~ (1 : 8.5)

复水时，水的用量和质量与干制品关系很大。如用水过多，可使水溶性色素（如花青素和花黄素）和水溶性维生素溶解损失，一般用水量为菜重的 12 ~ 16 倍。水的酸碱度不同，也能使色素的颜色发生变化。水中若含有金属离子，会促进色素和维生素的氧化破坏；若含有亚硫酸钠或亚硫酸氢钠，会使干制品复水后组织软烂；用硬水复水，会使豆类质地变粗硬、影响品质。因此，复水用水一定要经过严格处理，才能提高复水干制品的质量。

学习单元二

果蔬干制品加工常用的设备及使用方法

一、自然干制设备

主要设备是晒场、晒盘或席箔、运输工具以及必要的风干室（棚）、贮藏室、包装室等。晒场宜设在向阳、通风、交通便利、周围环境清洁卫生的地方。晒具底部留适当的缝隙，以利于空气穿透，加快干制；有的晒盘可用木制或竹制，有的晒盘由一个底盘和顶盖组成，底盘的底和顶盖均为不锈钢，底盘的四个角分别有一条支撑底盘的腿，使底盘离地面有一定距离；这样的晒盘不仅具有普通晒盘的优点（通风良好，易于操作），还能有效防止昆虫等的危害。

二、人工干制设备

需具有良好的加热装置和保温设施，较高而均匀的温度，良好的通风排湿设备以及较好的卫生条件和操作条件。目前普遍采用的是常压热风干燥设备，如烘房、隧道式干燥机、带式干燥机、滚筒式干燥器、喷雾式干燥器等。此外，还有真空干燥箱、远红外干燥器、微波干燥器、冷冻升华干燥器等。

1. 烘房

烘房是一种较为传统的干制设备，适用于大量生产，干制效果好，设备费用也比较低。在广大农村果蔬集中产区可大量普及推广。烘房形式很多，其中两炉一囱回火升温式烘房（图 8 - 1）应用最为普遍。这里仅就两炉一囱回火升温式烘房的建造、规格和烘烤方法作一介绍。

（1）烘房主体结构　是烘房的主体。多采用土木结构，一般长 6 ~ 10m，宽 3 ~ 3.4m，高 2 ~ 2.2m（均指净内径）。

（2）加热升温设备　主要包括烧火坑、灰门、炉膛、火道和烟囱五部分。

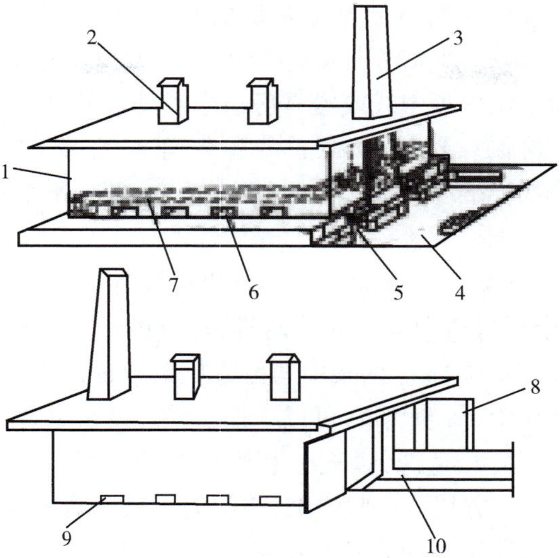

图 8－1 烘房

1—墙体 2—排气筒 3—烟囱 4—烧火坑 5—灰门 6,9—进气窗 7—墙火道 8—炉门 10—轨道

烧火坑:用于炉火管理,位于后山墙一端地平面之下,深 115cm,长 160 ~180cm,宽与烘房的宽度相等。

灰门:也称灰坑,位于炉膛下方,高 80cm,上宽 40cm,逐渐向下加宽至 50cm,长与炉膛的长度相等。

炉膛:也称燃烧室,两个,分设于后山墙的两侧地平面之下。呈椭圆形,长 85 ~90cm,宽 45 ~50cm,高 45cm。炉条 10 ~12 根,前高后低,相差 12cm。

火道:是烘房的载热体,有主火道与墙火道之分。主火道设于室内地面两侧,自炉膛入火口上延伸至对端与墙火道连接,长度与烘房内径长度一致,宽 1 ~1. 1cm,内径高 30cm,其中地坪以下 20cm,高出地坪 10cm;主火道四周用土坯建成,火坑面用大土坯盖顶,铺成炕面,然后用麦秸泥抹严,以防跑烟。也可以铺设瓦管或铁管。墙火道是设在烘房两侧墙内的夹层墙式火道。主火道的烟火通入墙火道,使烘房内温度比较均匀,以充分利用热能。当主火道到达对端山墙后,垂直上升到距炕面 30cm 高处,开始筑墙火道。墙火道宽 24cm,深入墙内 15cm,利用土坯封严用泥抹光,沿两墙壁呈缓坡向对端延伸,至距主火道坑面 60cm 高处,平行拐至山墙入烟囱。

烟囱:设于山墙中部,两炉膛之间,两个烟囱并列在一起,中间以 12cm 厚的墙隔开。烟囱高 6. 5 ~7m,下大上小,下段高 3m,内径 37cm × 37cm;中段高 2cm,内径 24cm × 24cm;上段高 1. 5 ~2m,内径 18cm × 18cm。

(3)通风排湿系统　一般 $1m^3$ 容积应具有通风面积为 0. 015 ~0. 02m^2,分设进气窗和排气筒。进气窗于两侧墙基部距炕面高约13cm处均匀设置进气窗4～5个。窗宽20cm，高15cm，外大内小成喇叭状，以利通风。每个窗应设窗盖，以便开启和关闭。排气筒于烘房顶中线或紧靠房顶中线部位的左右均匀设置排气筒2～3个。排气筒高出房顶0.8～1.0m，下大上小，下口直径40cm×40cm，上口直径30cm×30cm。排气筒底部设活门，以便通风排湿时调节开关，顶部设帽罩，以防雪雨落入。

（4）装载设备　主要为烘架和烘盘。烘架有固定烘架和活动烘架两种。固定烘架可用木、竹或金属材料做成。共设两排，各分设于主火道上，一般为8～9层，层间距20～25cm，架宽约1m。两架中间留宽0.8～1m的走道。活动烘架是载车，即在烘架基部安装滚轮，借助轨道，可以往返活动。烘盘供装原料，用木或竹做成，大小需与烘架的长宽度相适应，以充分利用烘架的面积。一般长95cm，宽60cm，高4～5cm，底部应留有方块或条状空隙，空隙大小以不漏下原料为原则。

采用烘房进行果蔬干制的升温方式有三种，根据果蔬的种类、品种以及状选择不同的升温方式。第一种是在干制前期采用低温烘制，中期采用高温烘制，后期采用低温烘制。这种升温方式适用于可溶性固形物含量高且不切分的大块果蔬的干制。例如红枣等的干制，一般在55～60℃烘制8～10h，然后升温至68～70℃再烘制6h，最后降温至55℃，维持该温度至干制结束。第二种是在干制前期采用高温烘制，后期采用低温烘制至结束。在干制原料入烘房前，先将烘房内的温度升至95～100℃。放入要干制的原料后，烘房内的温度下降，所以要加大火力，使烘房内温度升至70℃左右，并维持一段时间，接近干制结束时，迅速降温至烘制结束，这种升温方式适宜于可溶性固形物含量低或切成细丝与薄片的果蔬干制，如金针菜的干制。第三种是烘制的前期、中期、后期均采用同一温度。一般采用55～60℃。这种升温方式适宜于大多数果蔬的干制。但这种方式所需干制时间长。下面是几种蔬菜烘房干制的工艺参数（表8－6）。

表8－6　烘房干制几种蔬菜的工艺及其参数

蔬菜名称	原料处理	干制	成品率/%
马铃薯	洗净去皮，80～100℃水中烫漂10～20min，切成条块，薄片或方块，用0.3～1.0g/L亚硫酸溶液处理2～3min	装载量3～6kg/m^2，层厚10～20mm，干燥后期温度不能超过65℃，干燥需要5～8h，干制品含水量小于7%	—
甘蓝	除去外叶及茎部，切成宽3～5mm的细条，用0.2g/L亚硫酸盐溶液处理2～3min，沥干水分	装载量3.0～3.5kg/m^2，干燥后期温度为55～60℃，完成干燥约需3～4h	—
菠菜	挑选，除去老叶和根部，洗净	摊放厚度，以不影响空气流通为度，温度可达75～80℃，干燥需3～4h	5～6
胡萝卜	剥去叶蔟，洗净，去皮，切分为条、薄片或方块，蒸汽烫漂5～8min	装载量5～6kg/m^2，温度65～75℃，干燥需6～7h，干制品含水量5%～8%	6～10

续表

蔬菜名称	原料处理	干制	成品率/%
南瓜	选取老熟南瓜，对切，除去外皮，瓜瓤和种子，切片或刨丝，蒸汽处理2～3min	装载量5～10kg/m²，干燥后期温度不能超过70℃，干燥约需10h，干制品含水量在6%以下	6～7
番茄	洗净去皮或不去皮，切成5～7mm厚的片，熏硫20～min，或用亚硫酸盐处理	干燥温度不能超过65℃，完成干燥需20～36h	—
洋葱	洗净，除去外部鳞片，切成3～5mm厚的片	装载量4kg/m²，55～60℃，干燥需6～8h	—
菜豆	洗净，切成20～30mm的片段，除去不良部分，沸水烫漂5～10min	装载量3～4kg/m²，层厚2cm，温度60～70℃，干燥6～7h，干制品含水量约5%	8～15
菜花	除去外叶及基部，洗净，切分，沸水烫漂2～3min	装载量4～5kg/m²，50～55℃，干燥需6～8h，干制品含水量约5%	8～10
食用菌	洗净，挑拣，分级，整理	初期温度40～45℃，1.5～2h后升温到60～70℃，适当翻动，干燥需6～8h	10～12
金针菜	选含苞待放的花蕾，洗净，蒸汽热烫10min左右	装载量5kg/m²，初温80～90℃，随后在75℃条件下干燥10h左右，降至50℃，适当翻动。干制品含水量为13%～15%	12～14

资料来源：陈锦屏《果品蔬菜加工学》，陕西科技出版社，1994。

2. 干制机

（1）隧道式干制机　这是一种长方形通道干制设备，由干制间和加热间组成。干制时原料铺在载车或传送带等载体上，沿隧道间隔地或连续地通过而实现干燥。隧道有单隧道式、双隧道式和多层隧道式等几种，形状大小不一，干制间一般长12～18m，宽2.1～2.5m，高1.8～2m。加热间设于单隧道式干制间的侧面或双隧道式干制间的中央，在加热间的一端或两端装设加热器和吹风机，推动热空气进入干制间，经过待干果品，吸收湿气后，一部分废气从排气筒排出，一部分回流到加热间经升温后重新利用。

隧道式干制机依据原料和干燥介质的运行方向，可分为逆流式、顺流式和混合式三种。

①逆流式：见图8－2，载车在隧道内前进的方向与空气流动的方向相反，原料由隧道低温高湿的一端进入，从高温低湿的一端出来。干燥初期温度较低（40～50℃），随着原料的前进，温度不断上升（终止温度65～85℃），湿度逐渐下降，以利

于提高原料的脱水效率，使产品易获得最后的干燥要求。逆流式干制机适宜于干制含糖量高、汁液黏厚的果实。

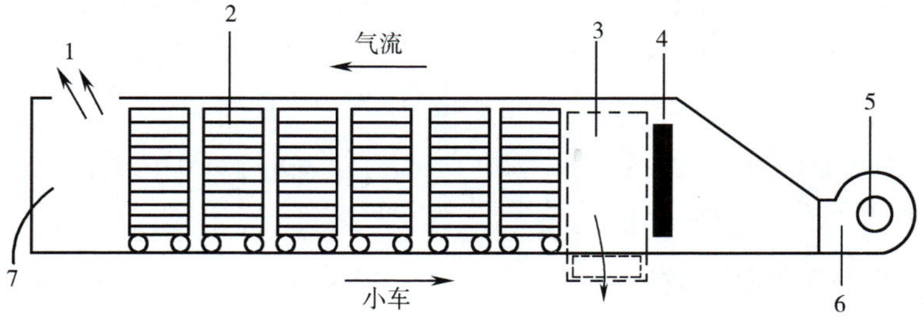

图 8－2　逆流式干制机

1—空气出口　2—小车　3—小车出口　4—加热器　5—空气入口　6—鼓风机　7—小车入口

②顺流式：见图 8－3，载车前进的方向与空气流动的方向相同，即原料从高温的热空气一端进入，向低温高湿方向前进，开始温度高，水分蒸发很快，载车越往前进，水分蒸发能力减弱。这种干制机通常初期温度为 80～85℃，终止温度为 55～60℃，若操作管理不当，难以达到干制标准含水量，必要时需进行补充干制。一般较适宜于制含水量高、固形物含量低的果品。

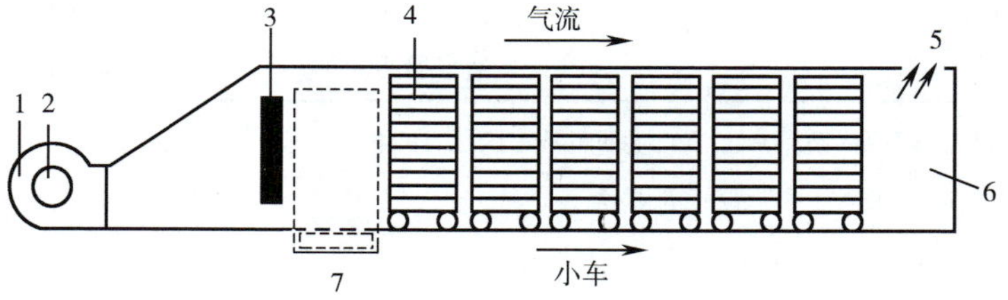

图 8－3　顺流式干制机

1—鼓风机　2—空气入口　3—加热器　4—小车　5—空气出口　6—小车出口　7—小车入口

③混合式：是由顺流式和逆流式两种隧道组合而成（图 8－4）。它综合了上述两式的优点并克服其缺点。这种干制机有两个鼓风机和两个加热器，加热器分别设在隧道的两端，热空气由两端吹向中间，通过原料而将湿热空气从隧道中部集中排出一部分，另一部分回流利用。干燥时原料载车首先进入前 2/3 的顺流隧道，原料迅速升温，快速蒸发。载车渐次前进，温度逐步下降，湿度逐渐增大，蒸发速度减缓，可避免结壳现象。待原料水分大部分蒸发后，载车进入后 1/3 的逆流隧道，在高温低湿的环境中进行干制。随着载车的前进，温度逐渐增高，湿度不断降低，使原料干燥比较彻底。

（2）带式干制机　这种干制机用帆布、橡胶或金属网制成传送带。用热蒸汽

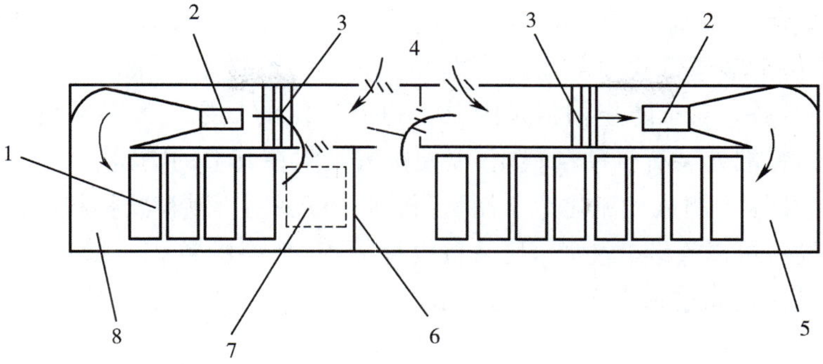

图 8 -4　混合式干制机

1—小车　2—鼓风机　3—加热器　4—空气入口　5—小车出口
6—活动隔板　7—空气出口　8—小车入口

加热，暖管装在每层传送带的中间，新鲜空气由下层进入，通过暖管变为蒸汽，然后通过原料蒸发水分，湿气由出气口排出。图 8 -5 为带式干制机，能够连续运转。

干制时当上层温度达 70℃后，将原料从顶部定时装入，随着传送带的转动，原料也依次由上而下移动，与干燥介质接触得以干制后从末端出来。采用输送带式干制机干制时，上层的干湿球温差小于 5℃时，应打开顶盖通风排湿；当干湿球的温差大于 12℃，应将顶盖关闭。

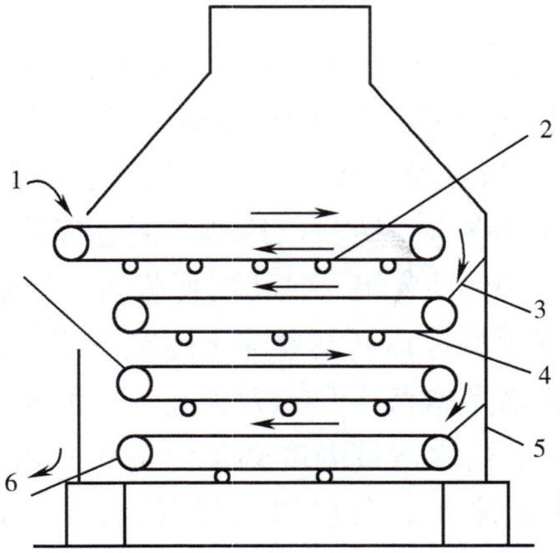

图 8 -5　带式干制机

1—原料入口　2—加热管　3—导向板　4—输送带　5—箱体　6—成品出口

注意事项：

①要防止湿物料结块或堆积厚度不匀的状况，因为过厚或结块的物料难以接触到干热空气而不易于燥，而过薄处的物料则易被干热空气吹散。

②某些高糖或高淀粉的原料在开始干燥前最好能接受一次表面迅速干燥处理，有利于保持输送带表面干净且不发黏。有时在输送带上涂一层食用矿物油或脱水设备专用蜡，对于防止物料黏附其上也有一定的效果。大多数设备在输送带往回返的出料端处装有自动刮料刷，以便刷去黏附在其上的物料。

（3）流化床干制机　流化床干制机（图 8 -6）多用于颗粒状物料的干制。流化床式干燥设备可以连续化生产，其设备设计简单，物料颗粒和干燥介质密切接触，并且不经搅拌就能达到干燥均匀的要求。

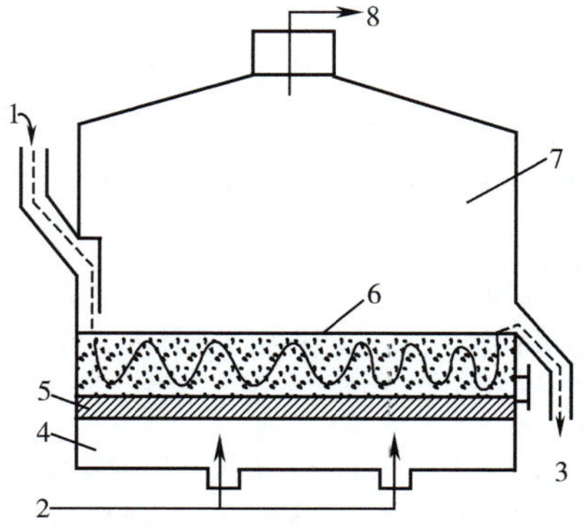

图 8 -6　流化床式干制机

1—物料入口　2—空气入口　3—出料口　4—强制通风室　5—多孔板

6—沸腾床　7—干燥室　8—排气窗

（4）滚筒干制机　滚筒式干制机由一只或两只金属圆筒组成，滚筒的直径为 20 ~200cm，中空，通有加热介质。干燥时，滚筒回转，筒外壁与浆状或泥状原料接触，在筒表面铺成薄层，转动一周，原料即可达到干燥，由附带的刮料器刮下，收集至盛料器中，干燥可以连续进行。转速以每转一周足以使原料干燥为准。国外滚筒干制机主要用于苹果沙司、甘薯泥、南瓜酱、香蕉和糊化淀粉等的干制。

（5）冷冻干燥　冷冻干燥也称真空冷冻干燥或升华干燥。是将果品中的水分在冻结状态下干燥，即从冰晶体直接升华为水蒸气。但要使果品中的水分直接由冰晶体蒸发成水蒸气，果品内水溶液温度必须保持在三相点以下，即固态、液态和气态三相共存或处于平衡之点。在水的三相点上，温度为 0℃ 而绝对压力则为 610. 5Pa。如果将压力降到 610. 5Pa 以下，果品中水则完全结成冰，只有固、气两相，它们同样有相应的饱和蒸气压和温度，此时冰、气处于动态平衡状态，不会出现升华现象。但是如果温度不变，压力降低，或者压力不变，温度上升，冰、气平衡状态就被打破，冰就出现升华现象。冷冻干燥就是依据此原理，先将原料的水分冻结成冰晶体，然后减压，供热，冰就不断升华。

冷冻干燥与热风干燥复水情况的比较如表 8 -7 所示。

表 8-7　冷冻干燥与热风干燥复水情况的比较

品名	样品质量/g		复水时间/min		复水后质量/g	
	热风干燥	冷冻干燥	热风干燥	冷冻干燥	热风干燥	冷冻干燥
油菜	12	12	50	30	49.5	169
洋葱	14.2	14.2	41	10	67	81.5
胡萝卜	35	35	110	11	136.3	223

冷冻干燥装置,主要由冷冻机、真空泵、捕集器和加热器等四部分构成。干燥时将经预处理的原料放于料盘中采用预冻法(水果)冻结到 -30℃以下。在原料冻结的同时可将捕集器的制冷开关打开,使捕集器和极温均达到预定值时,开启真空泵,同时关闭真空室制冷开关。在捕集器达到一定低温和规定的真空度时,即可进行加热,于是果品水分开始升华,水蒸气被捕集器收集凝结成霜后除去。在干燥初期,切忌升温过快,以免食品解冻。干燥终了,应给干燥室充入氮气,使之恢复常压后取出制品,于避光处包装,同时抽空或充氮保藏。

冷冻干燥装置的形式:

①间歇式冷冻干燥装置:这种装置的特点是预冻、抽气、加热干燥以及低温冷凝器的融霜等操作都是间歇的,物料的预冻和水蒸气的凝聚成霜分别由两个制冷系统完成,如图 8-7 所示。

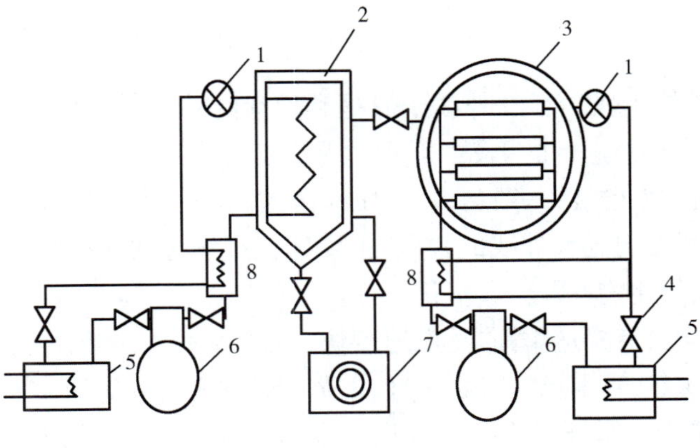

图 8-7　间歇式冷冻干燥设备
1—膨胀阀　2—低温冷凝器　3—干燥室　4—阀门　5—冷凝器
6—压缩机　7—真空泵　8—热交换器

优点:适合多品种小批量生产;设备制造及维修保养简便;单机操作,不影响其他设备的正常运行;易于控制干燥时不同阶段的加热温度和真空度。

缺点:设备利用率较低;若大批量生产,设备的投资费用和操作费用较大。

②连续式冷冻干燥装置：连续式冷冻干燥设备较适用于品种单一而产量较大的食品干燥，生产效率较高，降低了劳动强度，主要适用于浆液状和颗粒状食品的干燥。这种干燥装置有两种形式：一种是物料在浅盘中进行干燥；另一种是不在浅盘中进行的颗粒状物料的冷冻干燥。在浅盘中进行的干燥，制品必须经过仔细预处理，以期达到干燥均匀。

图8－8是一种旋转式连续干燥装置，另外，还有多箱间歇式和隧道式冷冻干燥装置等。

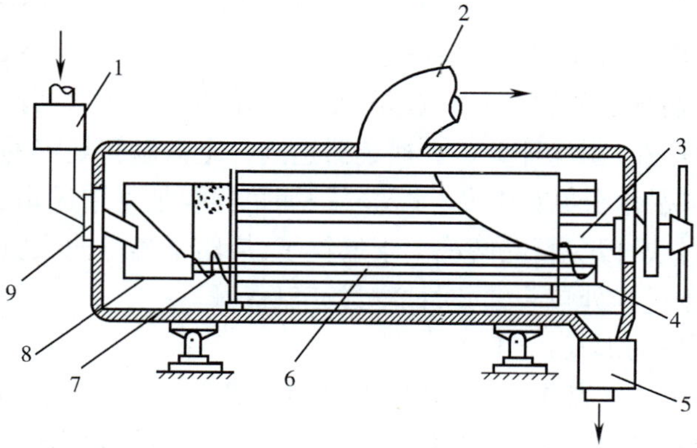

图8－8 旋转式连续干燥设备

1—真空闭风器 2—接真空系统 3—转轴 4—卸料管和卸料螺旋 5—卸料闭风器 6—干燥管 7—加料管和加料螺旋 8—旋转料筒 9—静密封

(6)远红外线干燥 远红外线干燥是利用远红外辐射元件发出的远红外线，被物料吸收变为热能进行的干燥。红外线是介于可见光与微波之间，波长为0.72～1000μm范围内的电磁波，一般将8～14μm区域的红外线称为远红外线。获得远红外线的方法靠发射远红外线的物质，主要有金属氧化物如氧化钴、氧化锆、氧化铁、氧化钛以及氮化物、硼化物、硫化物等。

远红外干燥具有穿透率高、干燥速度快、生产效率高、节约能源、设备规模小、建设费用低等优点，目前已在谷物干燥、果蔬干燥方面研究应用。

(7)微波干燥 微波干燥就是利用微波为热辐射源，加热果蔬原料使之脱水干燥的一种方法。微波是指300～300000MHz的电磁波，波长为0.001～1.0m，常用的加热频率为915～2450MHz。

微波的穿透能力比红外线更强，能很快深入到物质内部；微波加热的热量不是由外部传入，而是在被加热物体内部产生的，所以加热很均匀，不会出现外焦内湿的现象。因此，微波干燥是一种干燥速度快、干制品质好、热效率高的果蔬干燥方法。已在食品的焙烤、烹调、杀菌工艺中被广泛应用。

学习单元三

果蔬干制品常见的质量问题及预防措施

一、制品干缩

果蔬在干制时,因水分被除去而导致体积缩小,细胞组织的弹性部分或全部丧失的现象称为干缩。干缩的程度与果蔬的种类、干制方法及条件等因素有关。一般情况下,含水量多,组织脆嫩者干缩程度大。果蔬干缩严重会出现干裂或破碎等现象。干缩有两种情形,即均匀干缩和非均匀干缩。非均匀干缩还会使制品造成奇形怪状的翘曲,进而影响产品的外观。

预防措施:适当降低干制温度,缓慢干制;采用冷冻升华干燥可减轻制品干缩现象。

二、表面硬化(结壳)

表面硬化是指干制品外表干燥而内部仍然软湿现象。

预防措施:采用真空干燥、真空油炸、冷冻升华干燥等方法来降低干燥温度、提高相对湿度或减少风速,用以减轻表面硬化现象。

三、褐变

1. 产生原因

酶促褐变和非酶褐变反应是促使干制品褐变的原因。

2. 预防措施

干制前,进行热烫处理、硫处理、酸处理等,对抑制酶促褐变有一定的作用;避免高温干燥可防止糖的焦化变色,用一定浓度的碳酸氢钠浸泡原料有一定的护绿作用;避免接触金属离子,一般铜和铁由于催化还原酮类的氧化而促进褐变,因而避免这些物质混入可以减少褐变;用半胱氨酸处理,用半胱氨酸处理果蔬原料,能显著抑制褐变程度,原因是由于半胱氨酸同还原糖反应生成无色化合物。而且,半胱氨酸还可以作为一种营养补充剂。

四、营养损失

1. 存在问题

果蔬中的营养成分有糖类、维生素、矿物质、蛋白质等，在干制过程中会发生不同程度的损失，主要是糖类、维生素的损失。尤其是维生素 C 损失较大。

2. 预防措施

（1）预防维生素损失的措施　排除氧气、降低温度。如采用真空冷冻干燥就可以实现隔氧降温的条件，从而较大程度地保存果蔬中的维生素 C；干制前用酸液浸泡原料。因为维生素 C 在酸性溶液中稳定。另外，其他维生素在干制时也有不同程度的破坏。如维生素 B_1（硫胺素）对热敏感，维生素 B_2（核黄素）对光敏感，胡萝卜素也会因氧化而遭受损失。

（2）预防糖分损失的措施　尽量降低干制温度和缩短干制时间，如采用一些干制高新技术。

五、干燥率低

1. 产生原因

干燥率低是多方面因素引起的，首先是因为原料固形物含量太低；其次是原料干制过程中的呼吸消耗，特别是自然干制过程中的呼吸消耗；此外，原料成熟度不够，也会导致干燥率降低。

2. 预防措施

提高干燥率的措施是选择固形物含量高的品种作为干制原料；干制前对原料进行烫漂处理，烫漂时也应选择合理的料水比，否则，烫漂也会造成可溶性固形物流失而导致干燥率降低。选择适宜成熟的原料作为干制原料，成熟度低或过高均会导致干燥率下降。

六、干制品保质期缩短

1. 产生原因

干制品含水量较低，微生物一般难以生长繁殖，但是，当干制品未进行密封包装时，遇到湿热的空气，干制品就会吸潮，微生物就会生长繁殖，对干制品造成危害，缩短了干制品的贮藏期。当然，若干制品在干制结时，水分含量控制不当，导致干制品含水量太高，也会使产品保质期缩短。

2. 预防措施

延长干制品保质期的措施是严格控制干制品的含水量以及预防干制品贮藏期间的吸潮；在包装前应做好各种防虫工作。

自测训练

1. 干制过程中影响产品质量的因素有哪些？
2. 果蔬干制时对原料有何要求？
3. 果蔬干制过程中如何防止硬壳现象？
4. 果品蔬菜在干制过程中的变化如何？
5. 如何预防果蔬干制过程中的褐变？
6. 如何解决果蔬干燥率低的问题？

实验实训

实训一 葡萄干制作

【工艺流程】

原料选择→剪串→浸碱处理→冲洗→熏硫→烘干→散热回软、除梗→包装→成品

【工艺要点】

（1）原料选择　选择皮薄、果肉柔软、糖分含量高（一般要求含糖量大于20%）的葡萄品种，果实要充分成熟，适时采收，剪去过小、损坏的果粒。

（2）剪串　将果穗过大的葡萄，分剪成几个小串，铺放在晒盘上。

（3）浸碱处理　将剪好的果穗浸于1～3g/L氢氧化钠溶液中10～30s，薄皮品种可在0.5g/L碳酸钠或碳酸钠与氢氧化钠混合液中处理，以破坏果皮表面的蜡质层，使葡萄果实呈皱缩状，以利于干制过程中水分的蒸发。

（4）冲洗　浸碱处理后的果实，立即在清水中冲洗3～5min，将余碱清洗干净。

（5）熏硫　将沥干的葡萄放入烘盘中，置于密闭的熏硫室内熏硫。按每吨葡萄需用硫黄1.5～2kg，用少量木屑拌匀后点燃产生浓烟。紧闭门窗，熏蒸3～5h，

使二氧化硫蒸汽钝化葡萄中的多酚氧化酶，从而抑制成品的氧化褐变。熏蒸结束后，打开门窗，排出剩余的二氧化硫。

（6）烘干　熏硫后将葡萄果连同烘盘一同送入烘房，初期的烘干温度保持在45～50℃，持续干制1～2h。再将温度升高至60～70℃，保持15～20h，烘干至含水量为18%～20%即可结束烘干。

（7）散热回软、除梗　取出的烘盘转移到阴凉、通风处散热回软，再用葡萄脱粒除梗机除去果梗。

（8）包装　干燥后的葡萄水分含量约20%，极易吸潮，应立即进行拣选，去除破损的葡萄干果，将达到质量要求的装入塑料袋内，贮藏于适宜条件下。

【产品质量要求】

（1）感官指标　干制好的葡萄果表面呈皱缩状，大小均一，酸甜可口，具有浓郁的葡萄风味。

（2）理化指标　含水量20%。

实训二　龙眼干制作

【工艺流程】

原料选择→分级→浸泡→过摇→初焙→再焙→剪蒂、分级→包装→成品

【工艺要点】

（1）选料　选择肉质乳白，晶莹多汁，果壳黄褐色稍有青色的龙眼，除去病、烂、伤果。

（2）分级、浸泡　根据大小将其分成2～3个等级。分级后的龙眼浸泡3～4min。

（3）过摇　将浸泡后的龙眼放入摇笼，每笼装30kg左右，笼内装细沙0.5～1kg，人工急速摇动，果实在笼内翻动摩擦，使表皮变薄且光滑，以利水分蒸发。一般摇动5～10min，使果皮显棕色即可。

（4）干燥　龙眼的干燥分两个过程。首先将原料放入干燥室内，加热升温，每4h翻动一次，适时调整上下烘盘的位置，12～15h后装箱，这一过程称初焙。初焙后的龙眼堆放2～3d，使其内部水分重新转移，外部水分增加，再进行第二次干燥中间翻动数次，当手捏无果汁流出，果肉呈栗褐色，即可停止干燥，这一过程称为再焙。

（5）剪蒂　分级用剪刀剪去果梗，按大小及干燥质量分级，分级后应及时包装。

实训三　金针菜制作

【工艺流程】

原料选择→清洗→蒸制→烘晒→检验→包装→成品

【工艺要点】

(1)原料选择　应选择饱满、花瓣结实、花蕾充分发育、富有弹性、黄色的新鲜金针菜为原料,咧嘴前1~2h采摘的花蕾产量高,质量好。

(2)清洗　用流动清水冲洗2~3次,洗掉表面的泥沙、杂质,沥干水分。

(3)蒸制　蒸制是决定金针菜质量的一道关键工序。采下的花蕾要及时送入金针菜蒸橱蒸制,蒸制前要除去已开的花蕾,铺层要蓬松,厚度以6~10cm为宜,中间要留一个小孔,以利于水蒸气的挥发。蒸制前先将清水倒入铁锅内,锅内盛水量以距最底层木格条10cm左右为宜,然后生火将水烧开,同时将装好花蕾的蒸筛迅速放进蒸橱内,蒸制时间视火力大小而定,一般蒸8min。蒸制熟度标准一般为五成熟,即颜色由黄转绿、花柄开始发软、手搓花蕾有轻微的嗦嗦声。通常橱内蒸汽往外冒时即可。

(4)烘晒　蒸制后的花蕾应先放在清洁通风的地方摊晾,也可将其倒在晒帘上,待晾透后,颜色由青绿转至淡黄色时则进行晒干或烘干。

①晒干:将晾晒的花蕾薄薄地摊在晒帘上,把晒帘放在晒花架上使其架空,以利水分向四周散发。晒至半天后,如花蕾颜色发白,说明蒸制良好。一般须日晒2~3d。在日晒过程中,应注意勤晒勤翻,可用大小相同的空帘对翻1次,以使花蕾干燥一致。日晒中应当主要防止雨淋,如用水泥晒场或山坡岩石晒花,则往往因温度过高,产品色泽不如架空晒帘晒得好。

②烘干:烘干的方法有两种。一种方法是小型直接温火烘焙法,即将焙笼置于柴灶火煤灶上,下面烧木炭或煤进行烘烤。此法在烘烤开始时火温要高,以使花蕾中的水分迅速蒸发。花蕾烘制六七成干度时,须减弱火力。烘焙时间为6~8h。采用这种方法得到的花蕾出品率较低,品质也较差。另一种方法是间接火干燥法。此法是在烘房中进行,即将蒸熟的花蕾均匀摊在烘帘上,待烘具烘热后将烘帘送入烘房。保持烘房温度为50~70℃,烘制半干后拿出摊晾,第二天再烘,因为一次烘干会使产品形成青色僵硬条,影响感官质量。通常烘至七八成干度即可,此时贮藏不会发霉变质,选择晴朗天气再日晒至干燥。间接火干燥法既能节省燃料,又能保持花蕾良好的色泽。

(5)检验　凡金黄色、粗壮者为优等品;黄色带褐,粗细不均匀者为中等品;色泽暗黄,花条收缩不均匀者为下等品。用力捏紧金针菜时,感到软中有硬,放开后很快松散的,即表示干燥适度;迟迟不散开的则表示含水量过多。

(6)包装　采用PE塑料袋定量包装,要求装实,贮藏于适宜条件下,以防受潮、虫蛀。

【产品质量要求】

一级品须干燥,呈金黄色,粗细均匀,有香气,无虫蛀,无霉烂,无蒂柄和杂志,无青条,开花菜不超过2%。

二级品须干燥,黄色,粗细均匀,风味好,无虫蛀,无霉烂,无蒂柄和杂质,开花菜不超过6%。

三级品须干燥，黄色带暗褐，粗细不匀，无异味，无虫蛀，无霉烂，无杂质，开花菜不超过12%。

知识拓展

拓展一 如何选购干制香菇？

香菇是世界上著名的食用菌之一。它含有一种特有的香味物质——香菇精，形成独特的菇香，所以称为“香菇”。购买时可从下面几个方面挑选：

1. 看外形。干香菇外形的总体要求是菌盖厚实、齐整，盖面平滑，大小均匀；菌褶整齐细密；边缘内卷、肥厚；菇柄短而粗壮，手捏有坚硬感；无霉变、碎屑及焦片。香菇菌盖上有裂开的花纹，被称为花菇，花菇的营养价值更高，裂纹里露出白嫩菌肉的“天白花菇”是其中的极品，但花纹应自然。

2. 看颜色。具有香菇特有的色泽，色泽黄褐或黑褐，鲜明亮丽，好菇面会稍带白霜；菌褶颜色以淡黄色至乳白色的为好，颜色紫红色的是陈货。

3. 闻香味。具有浓郁的、特有的香菇香气者为佳；无香味，或有其他怪味、霉味的品质差。

4. 摸干燥程度。干香菇含水量以11%～13%为宜，以质干脆而不碎者为好。太干，一捏就碎的品质不好；也不能太湿，否则不利于存放，易变质。

拓展二 什么是果蔬脆片？

果蔬脆片是水果脆片和蔬菜脆片的统称，根据《水果、蔬菜脆片》(QB 2076—95)，是以水果、蔬菜为主要原料，经真空油炸脱水等工艺生产的各类水果、蔬菜脆片。其产品仍属于脱水果蔬制品的一种。

果蔬脆片口感酥脆、风味各异、有益健康，老少皆宜。保存了新鲜果蔬纯天然的色泽、营养和风味、又具有低脂肪、低热量和高膳食纤维的特点，含油率明显低于传统油炸食品，无油腻感，也不会产生3～4苯并芘和丙烯酰胺等致癌物，而且保藏期长，加工范围广泛。

该产品是在真空状态下低温油炸出来的，果蔬脆片采用的真空技术，在食品干燥方面的应用原理很简单，就是在负压条件下，水分沸点降低，提高了水分蒸发的速度。并由于温度的降低，使干燥过程对食品性状改变不大。产品包装应该是不透明、不透气材料制成，并应采用氮气和二氧化碳进行充气包装。产品放置于避光、防潮、阴凉处。

模块九 鲜切果蔬加工技术

任务 鲜切果蔬加工

学习目标

1. 知道果蔬鲜切加工的基本原理，了解当地果蔬鲜切加工的现状。

2. 能利用当地资源和实验实训条件，设计当地主要果蔬鲜切加工工艺流程和操作要点。

3. 会准备鲜切果蔬加工所需的试剂、材料和相关设备。

4. 能针对果蔬鲜切加工中出现的褐变、质地软化等质量问题采取相应措施。

5. 有自主学习的能力，具有较强的团队合作和交流表达能力。

任务描述

要求以当地典型果蔬为原料经过去皮、切分、消毒漂洗（护色）、去除表面水、包装步骤，制作进入冷链运输、冰柜的果蔬产品。主要指标要求：

（1）新鲜，机械损伤不超过5%，无腐烂，无病虫害，符合该品种颜色及质地，不萎蔫、无冻害，符合该品种风味，无异味，无不良风味。

（2）卫生指标符合《鲜切蔬菜》（NY/T 1987—2011）要求。

知识链接

学习单元一

鲜切果蔬发展现状

鲜切果蔬又称最少加工果蔬、半加工果蔬、轻度加工果蔬等，它是指以新鲜果蔬为原料，经分级、清洗、整修、去皮、切分、消毒、去除表面水、包装等处理，再经过低温运输进入冷柜销售的即食或即用果蔬制品。鲜切果蔬既保持了果蔬原有的新鲜状态，又经过加工使产品清洁卫生，属于净菜范畴，天然、营养、新鲜、方便，可利用度高（100%可食用），可满足人们追求天然、营养、快节奏的生活方式等方面的需求。

鲜切果蔬加工保鲜的意义：一方面可减少果蔬采后损失；另一方面能减少废弃物造成的城市环境污染。我国城市生活垃圾年清运量1.71亿t，蔬菜的净菜率在50%左右，叶类蔬菜的净菜率更低一些。据测算北京市每天平均消费约10000t鲜菜，每天仅蔬菜垃圾就有约1500t，需用上百辆垃圾车来运输；平均每户用自来水洗一次菜，耗水大约5kg，按北京市400万户居民每天洗一次菜计算，就会用掉2万t水，如果使用净菜车间的高压水管，将大大减少生活用水，这对严重缺水的我国来说，其意义和作用是非同寻常的。同时，鲜切果蔬能减轻家庭三餐负担，让大家更好适应快节奏生活。

鲜切产品起源于美国，20世纪50年代美国以马铃薯为原料开始鲜切果蔬的研究，到60年代，鲜切果蔬开始进入商业化生产。90年代以后，美国、日本及欧洲的鲜切果蔬市场迅速增大。2003年，鲜切果蔬在北美餐饮和零售市场的销售额达到200亿美元，在日本达到2000亿日元。近几年，美国出现了鲜切果蔬商联合体、鲜切果蔬销售商联合体（零售连锁店）和鲜切果蔬供应商联合体等机构和公司，鲜切果蔬加工、贮藏保鲜和流通销售日趋成熟。荷兰鲜切果蔬的品种多达近百种，市场零售额迅速超过生鲜果蔬销售额的10%。

目前，发达国家的鲜切果蔬生产已形成了完备的“五化体系”，即技术规范化、产品标准化、设备专业化、市场网络化和管理现代化，完全可以通过成熟的保鲜技术、科学管理和流通冷藏链，达到保持鲜切果蔬的新鲜、安全并送达消费者餐桌的目的。

我国的果蔬资源非常丰富，但鲜切果蔬的研究起步较晚，鲜切果蔬加工兴起于20世纪90年代，随着人们生活水平的不断提高和生活节奏的加快，即食、方便食品已经成为人们的消费时尚，鲜切果蔬将成为果蔬采后研究领域中的重要方向之一，但是与原材料相比，鲜切果蔬由于切分处理所造成的机械损伤会引发一系列生理生化变化，如变色、变味、衰老、软化以及由于微生物侵染而导致变质，且在最佳低温条件下一般有 7 ~ 10d 的保质期。在我国，各地开展鲜切果蔬研究的科研院所有数十家，研究成果中也有获得了具有自主知识产权的鲜切果蔬生产技术，并制定了相关标准；生产中涉及鲜切果蔬产品开发和实践的企业众多，也建立了一些具有国际先进水平、专业化从事鲜切果蔬的生产企业，并投入运行；鲜切果蔬产品有了一定的质量评价标准；商业运营中，具有冷链设施的商店尤其是连锁店、食品超市已有鲜切果蔬产品的销售。

目前，我国鲜切果蔬的种类逐渐增多，常见的果蔬原料种类从最先发展的马铃薯、胡萝卜、生菜、苹果、菠萝、猕猴桃等，发展到甘蓝、韭菜、芹菜、洋葱、莲藕、南瓜、菜花、芹菜、青椒、红椒、梨、桃、草莓、杧果、哈密瓜、甜瓜、木瓜等。这表明消费市场对鲜切果蔬的接受度和喜爱度都有所增加，是极好的行业发展的信号，有待于进一步开发新的鲜切产品。

鲜切果蔬切分后，呼吸等代谢水平高，极易腐烂变质，因此开展延长鲜切果蔬的各种新型安全控制技术仍是今后研究的重点。主要是研发合适的鲜切果蔬包装，开发控制鲜切果蔬微生物污染的冷杀菌技术，探索及构建从产地到销售终端的冷链运销系统等。

由于鲜切果蔬货架期短（一般 4 ~ 7d），必须就近迅速销售，所以适宜在北京、上海、广州、深圳等人口密集的大型城市发展。

学习单元二

鲜切果蔬加工工艺

鲜切果蔬分为即食型、即用型。即食型：无需经过烹调加热或其他方式杀菌，可直接入口食用的使用方法；即用型：无需进一步清洗即可用来烹调加热的使用方法。和即食食品相比，即用食品需经过烹调加热或其他方式杀菌，方可入口（NY/T 1987—2011）。即食型鲜切果蔬主要用于制作色拉和汉堡包；即用型鲜切果蔬用于加工冷冻水饺及其他食品的配料。

（一）工艺流程

鲜切果蔬加工工艺流程如下所示：

原料选择→采收、分级修整→清洗（去皮）→切分→消毒漂洗（护色）→去除表面水→包装（金属检测）→成品→冷链运输

（二）工艺要点

1. 原料选择

鲜切果蔬的原料一般须为无公害栽培的果蔬产品，但目前并没有明确的限制和规定。

选择适宜的果蔬种类：几乎所有果蔬都适宜进行鲜切果蔬的生产，但不是所有品种都适合鲜切加工，只有选择色香味浓郁，易于清洗和去皮的优良品种才能生产出优质的鲜切产品。如苹果中金冠、帝国、元帅等品种适宜鲜切；多汁的胡萝卜、芜菁、甘蓝等品种不合适用来生产货架期长的搅碎产品；不适合的马铃薯品种则易出现褐变及较差的风味。

2. 原料的采收与贮藏、分级

（1）采收　原料应达到该产品鲜食应有的色、香、味和组织结构特征再采收。原料个体必须新鲜、饱满、健壮、无异味、无腐烂、成熟度适中、大小均匀，禁止使用腐烂、病虫害、伤痕的不合格原料。有些果蔬采前喷洒一定浓度的钙盐利于果蔬组织硬度和弹性的改善，并可减轻生理病害；有些果蔬喷洒一定浓度的乙烯利可改善果皮色泽，促进成熟；喷洒一定浓度的赤霉素则可推迟成熟过程，延长货架期。采收时应避开雨天、高温及露水未干时；用于鲜切果蔬的原料一般采用手工采收，以避免机械伤和污染。

（2）贮藏　由于果蔬原料的成熟期较短、采收期集中，因此鲜切果蔬的加工厂配备原料冷库非常有利于原料预冷后的短期贮藏。如国外制作生菜沙拉的原料，工厂收后即置于7℃以下符合卫生要求的贮藏室中进行短期贮藏，以延长生菜的加工时间。

（3）分级　原料的分级包括对原料大小、重量和品质的分级，便于能够生产出均匀一致的加工品，提高商品质量，保证能够达到规定的产品质量要求。分级可以在田间采收时一并进行，同时剔除各种杂质、未成熟果、病伤果等，然后预冷。豌豆和其他豆类在田间去荚，甜菜和胡萝卜切叶等。分级也可在加工厂进行。蔬菜分级可以根据重量、长度等进行人工分级，水果主要运用筛分法，根据果实大小，选用孔径不等的分级筛、分级盘、分级带以及分级辊等机具进行。分级的同时，还应剔除不符合要求的原料，并进行修整，除去不可食用的部分。

3. 清洗

清洗的目的在于洗去果蔬表面附着的灰尘、泥沙和大量的微生物以及部分残留的化学农药，保证产品的清洁卫生。鲜切果蔬的清洗用水，应符合《生活饮用水卫生标准》（GB 5749—2006）。在清洗水中可加入适当的清洗剂如偏硅酸钠。如病菌已进入表皮，则应以加压水来增加水的冲击力。水中加入0.05% ~0.1%盐酸有助于消除农药残留；加入氯剂如次氯酸钠可以防止微生物增殖，但注意采用流动式氯水消毒，产品的游离态余氯应低于0.2mg/L。果蔬清洗时，也可以加入臭氧、过氧化氢、二氧化氯等作为消毒剂来清洗果蔬原料。

果蔬的清洗方法可分为手工清洗和机械清洗。手工清洗：劳动强度大，效率低，但对于一些易损伤的果品如杨梅、草莓、樱桃等，手工清洗最适宜；机械清洗：适宜于清洗果蔬的机械种类较多，有适合于质地坚硬如胡萝卜、甘薯、黄桃等果蔬品种的滚筒式清洗机，也有适合于清洗番茄、柑橘等原料的喷淋式清洗机。因此，生产中应根据生产条件、果蔬形状、质地、表面状态、污染程度和加工方法等来选用适宜的清洗设备。

4. 去皮、切分

（1）去皮　鲜切果蔬的加工需要去皮。果蔬去皮的方法有机械去皮、化学去皮、高压去皮或酶解去皮等，但原则上不管采用哪种去皮方法，都要尽可能地减少去皮对果蔬组织细胞的破坏程度。对鲜切果蔬产品来说，最好使用锋利的刀具进行手工去皮。因为机械去皮、高压蒸汽去皮、碱液去皮等方法都会在很大程度上破坏果蔬的细胞壁，使细胞汁液外流，增加了微生物污染和酶促氧化褐变发生的可能性，从而降低了鲜切产品的质量。如手工去皮的鲜切胡萝卜比机械去皮的呼吸速率低一倍。另外手工去皮后的产品感观品质比机械去皮更好，更能充分利用原料，减少浪费。

（2）切分　由于鲜切果蔬为标准的洁净产品，切分是重要的工作。切分的大小对产品的品质有较大的影响。切分大小既要有利于后期的保存，也要符合现代饮食的需要。一般来说，切分得越小，就有越多的细胞被破坏，裸露在空气中的表面积就越大，与氧气接触的机会就越多，微生物繁殖就更快，失水更多，生理活动也更加旺盛，非常不利于保藏。根据产品的不同，可切成丁、块、片、条、丝、半片等各种形式。切分要求刀具特别的锋利，钝刀片会增大切割部位细胞的伤害程度。另外，切割时用的垫子、刀片要用1%次氯酸溶液消毒，切割机械应安装牢固，否则设备的震荡会损害果蔬切片的表面。

5. 漂洗护色

鲜切果蔬去皮、切分后，果蔬表面已造成一定程度的破坏，汁液渗出更有利于微生物活动和酶反应的发生，引起腐败、变色，导致质量下降。去皮、切分后的漂洗主要是除去切割部位上的细胞汁液，此举可在随后的鲜切果蔬贮藏中减少微生物污染和防止酶促褐变的发生。漂洗效果可由浸渍或充气来加强。

漂洗机械应单独设计，一般有浸泡式、搅动式、喷洗式、摩擦式、浮留式及各种方式的组合式等。漂洗用水需符合饮用水标准并且最好低于5℃。一般在漂洗水中会加入一些护色保鲜剂如亚硫酸盐、抗坏血酸、柠檬酸、山梨酸钾、苯甲酸钠、半胱氨酸、氯化钙、氯化锌、乳酸钙等以减少微生物数量并阻止酶反应，延长货架期和改善产品的品质。

有时则需 pH 接近中性的漂洗液，如使用半胱氨酸护色处理，否则将导致果实组织变为桃红色。

6. 沥干水分

经过漂洗的果蔬原料应充分沥干表面水分，否则更容易发生腐败。工业中通常采用离心脱水机进行沥水，一般装入布袋用低速离心机脱水，采用沥水法去除果蔬表面的水分，也可用干棉布或吹风去除产品表面的水分。

7. 包装

包装可以有效防止微生物二次污染和减少产品失水，并获得良好的气调效果，方便产品的贮运和销售。选择合理的包装材料和包装方法，更是直接阻止微生物和化学污染物侵染的物理屏障。

目前，应用于鲜切果蔬包装上最广泛的是气调包装（MAP）。MAP 使鲜切果蔬处于适宜的低氧气和高二氧化碳气体环境中，能降低果蔬呼吸强度，抑制乙烯产生，抑制酶活性，减轻生理紊乱，延缓衰老，延长货架期；同时也能抑制好氧性微生物生长，防止腐败变质。1989 年，美国最大的鲜切果蔬生产制造商 Fresh Express 生产了第一个即食包装田园沙拉并在全国的杂货店进行销售，自此，MAP 开始伴随鲜切果蔬真正用于商业生产和流通。MAP 技术成就了鲜切果蔬在发达国家的快速发展。

当二氧化碳含量过高或氧气含量过低时，则会使产品出现无氧呼吸，产生不利的代谢反应与生理紊乱，最终产生异味，尤其在温度控制不当时更易产生异味及其他不利变化。因此 MAP 必须结合冷藏才能达到较好的保鲜效果。有研究显示，10℃下结合 MAP 技术，水果最佳保质期最长可达 4 周。

采用 MAP 包装的鲜切果蔬，薄膜要求对氧气和二氧化碳具有不同的选择透性，对二氧化碳的渗透能力要大于对氧气的渗透能力，以便当包装内二氧化碳浓度过高时可以及时透出，包装袋内氧气浓度低于无氧呼吸消失点时可以从外界环境及时补充。同时，薄膜的透湿性不能过高，依鲜切果蔬自身的特点而定。另外，薄膜还应有一定的强度，且耐低温、热封性和透明度好。满足上述要求的薄膜材料主要有聚乙烯（PE）、聚丙烯（PP）、乙烯－醋酸乙烯共聚物（EVA）、丁基橡胶（ⅡR）。选好适当的塑料薄膜后，最好在无菌条件下包装。

在鲜切果蔬包装中，还可加入除氧剂（如抗坏血酸、儿茶酚、谷胱甘肽和不饱和脂肪酸等）、除湿剂（如二氧化硅、天然黏土、氧化钙、氯化钙和改性淀粉等）、乙烯吸收剂（如高锰酸钾、活性炭和沸石等）、二氧化碳释放剂（如利用偏酸性的水和碳酸氢钠反应生成二氧化碳)等,以满足市场的不同需要。

8. 冷链运输

鲜切果蔬包装后,应立即放入冷库中贮藏,以延长产品的货架期。贮藏时,包装小袋要摆放成平板状,不易叠放过高,否则产品中心温度不易冷却。配送时,应使用冷藏车。注意冷藏车的车门不要频繁开闭,以免引起温度波动,不利于产品品质的保持,可采用易回收的隔热容器和蓄冷剂(如冰)来解决车门频繁开闭造成的温度波动。零售时,为保持产品品质,应配备冷藏柜。

鲜切果蔬的流通过程是一个品质和数量下降的过程,因此建立完美的配送体系是成败的关键,应注意以下几点:①尽量减少中转次数;②贮藏和运输中提供连续的温度、湿度控制,满足贮藏条件;③立即将产品从卡车送入冷库中;④掌握优质进来优质出去的原则,存货应在一周以内;⑤单箱堆积高度不超过 5 箱。

目前国内相关部门尚无此类产品环境中微生物和致病菌的监控数据,起草组收集的数据暂时不支持制定微生物的控制要求。起草组根据即食鲜切果蔬生产特点,参考《食品安全国家标准　食品生产通用卫生规范》(GB 14881—2013)、《食品工业洁净用房建筑技术规范》(GB 50687—2011)、《洁净厂房设计规范》(GB 50073—2013)等相关标准,制定了即食鲜切果蔬加工过程的微生物和致病菌监控指南(表 9 - 1),主要包括环境微生物监控和过程产品致病菌监控,监控频率应基于污染可能发生的风险来制定。

表 9 - 1　清洁、准清洁作业区微生物监控指南

监测项目		监控的采样点	监控指标	监控频率	监控指标限值
空气沉降菌	静态	靠近裸露产品的位置	菌落总数等	每周不少于 1 次	结合生产实际情况确定监控指标限值
	动态				
表面微生物(动态)	与食品接触表面	食品加工人员的手部、工作服、手套传送皮带、工器具及其他直接接触食品的设备表面	菌落总数、大肠菌群等	每周不少于 1 次	结合生产实际情况确定监控指标限值
	与食品或食品接触表面邻近的接触表面	设备外表面、支架表面、控制面板、零件车等接触表面	菌落总数、大肠菌群等卫生状况指示微生物,必要时监控致病菌	每周不少于 1 次	结合生产实际情况确定监控指标限值

续表

监测项目	监控的采样点	监控指标	监控频率	监控指标限值
过程产品的致病菌监控	加工环节中微生物水平可能发生变化且会影响食品安全性和(或)食品品质的过程产品	致病菌(沙门菌、金黄色葡萄球菌、大肠埃希菌O157：H7)	开班第一时间生产的产品或最后班次生产的产品，每月不少于1次	参照《食品安全国家标准　食品中致病菌限量》(GB 29921—2013)

产品的贮藏和运输应符合GB 14881—2013的规定，成品应贮藏在符合4.7要求的成品库中，不得与腐蚀性、有毒、有害物品同库堆放。为延缓微生物生长，延长保质期，运输应采取冷链形式，温度宜设定为1～5℃，对运输工具定期检查、清洁、消毒，确保安全卫生。不得将食品与有毒、有害、有异味或易腐蚀、易变质的物品一同运输。

学习单元三
鲜切果蔬加工常用的设备及使用方法

鲜切果蔬加工与处理设备包括果蔬输送设备、分选设备、清洗设备、去皮设备、切片设备和包装设备等。

鲜切果蔬生产机器、工具和容器与果蔬密切接触，在一定的情况下往往有污染鲜切食品的可能，故应有一定的卫生要求，鲜切果蔬生产设备的选择应符合：

(1)凡与果蔬直接接触的机器部件及器具、容器，必须由对人体无害和耐腐蚀材料制成，并且不应影响成品的色泽、香气、风味和营养成分。由于铜离子易引起果蔬变色、变味、油脂酸败和维生素损失，最好不使用铜制设备和器具。设备和果蔬直接接触的部位，均应有光滑的表面，所使用的零件不应有裂缝、沙眼、小孔等，最好进行磨光处理。

(2)凡与果蔬直接接触的部件，均应易于拆装以便清洗、检查与修理，接口和转角处均应成圆角过渡。搅拌装置通常可采用能拆装的搅拌叶和轴，以便拆下清洗。

(3)较长的封闭式运输带和槽，应设有活动板，以便开启清洗。

(4)一般的工艺物料管道、阀、接头等应采用光洁和耐腐蚀材料，并要求拆装方便，以便清洗。

(5)生产设备中的空气管道应设有过滤装置，筛网尽可能采用有孔的金属制成。

(6)鲜切果蔬加工设备的螺纹部件应能拆装,便于清洗。

(7)机械设备上的润滑油含有多氯联苯(PCB),对人体有毒害,故应采取措施防止润滑油污染鲜切果蔬。

(8)固定设备要便于工作人员操作,能进行彻底清洗。冷藏设备及杀菌设备应有准确的温度仪表。

(9)鲜切果蔬的生产设备在设计结构上要求便于清洗、消毒,便于拆装,管道不得有盲端。

部分鲜切果蔬加工设备在其他模块中已有叙述,在这不再重复。

一、果蔬切片设备

(一)离心式切割机

离心式切割机种类比较多,基本原理是靠离心力作用先使物料抛向并紧压在切割机的内壁表面上,在叶片驱使下,物料沿内壁表面移动,使物料与刀具产生相对运动而进行切割。

1. 通用离心切割机

通用离心切割机(图 9－1)适用于将各种瓜果、块根类蔬菜切成片状、丝状。主要由圆筒形机壳、回转叶轮和安装在机壳侧壁的定刀片组成。

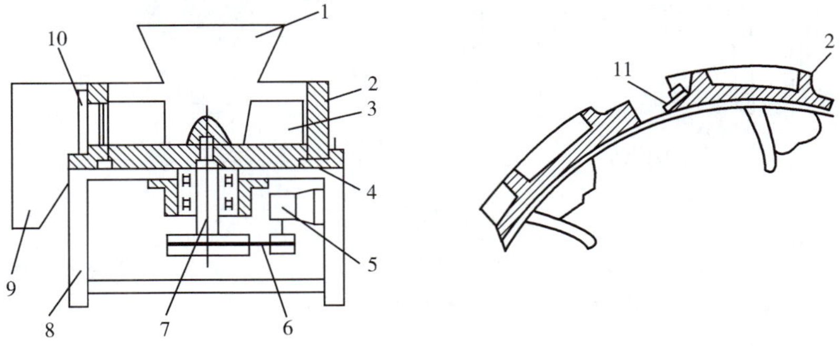

(1)结构原理　　(2)工作过程简图

图 9－1　离心切割机

1—进料斗　2—圆筒机壳　3—叶片　4—叶轮盘　5—电机　6—传动带　7—转轴　8—机架　9—出料槽　10—刀架　11—刀片

圆筒机壳固定在机架上,切割刀片装入刀架后固定在机壳侧壁的刀座上。在圆盘形回转叶轮盘上固定有 3 个叶片,电机驱动转轴带动叶轮盘以 262　r/min 回转时，叶片带着料块在离心力作用下抛向机壳内壁，此离心力可达到其自重的7倍，使原料紧压在机壳内壁并与定刀片做相对运动，在相对运动的过程中就将原料块切成厚度均匀的薄片，切下的薄片从排料槽卸出。调节定刀片和机壳内壁之间的相对间隙，即可获得所需的切片厚度。更换不同形状的刀片，即可切出平片、波纹片、V形丝、条形和椭圆形丝。

2. 切丁机

切丁机（图9－2）主要用于将各种瓜果、块根类蔬菜等切成正方形的“丁”状、块状或条状。切丁机主要部件包括回转叶轮、定刀、横切刀和圆盘刀等，它实际是将立式离心切片机制成卧式，再增加了横切和纵切即可。

工作时原料经喂料斗进入回转叶轮，离心力迫使原料紧靠机壳内壁表面，回转叶片带动原料在离心力作用下通过定刀刃先切成片料。片料经机壳顶部外壳出口通过定刀刃口向外移动。片料的厚度取决于定刀刃和相对应的机壳侧壁之间的距离，其厚度可以调节。片料一旦移出定刀刃口外，横切刀立即将片切成条料，条料继续沿着切片刀座向前移动，最后被圆盘刀切成立方块或者长方块，即所谓的“丁”。若去掉横切刀，将圆盘刀间距调整即可切出丝来。

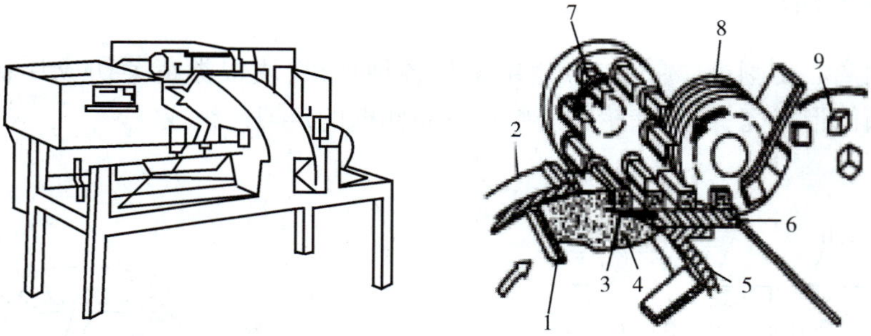

(1)外形　　(2)切丁过程

图9－2　果蔬切丁机

1—回转叶片　2—外机壳　3—定刀片　4—原料　5—内机壳　6—机座　7—横向切刀　8—纵向圆盘刀　9—切丁块

(二)水流喷射切割机

用转动叶片（垂直走向）或圆盘刀片把菊苣的叶子切成2～3cm的碎片。此过程会对植物组织造成伤害，但用锋利的刀片则可以减少这种伤害，刀片可以磨1～2次/d。修整时切的色拉叶子必须立即冲洗，清洗晚了将会使褐变增强。同修整时一样，切割后也必须冲洗叶子以防止褐变。在多数工艺中，产品切碎后就立即进入冲洗池。由于切割须在水中进行，法国试用了一种方法，即水喷射切割。因为采用此种方法能使受到伤害的细胞的内部液体被水冲走，因而与其他商业化的切割方法相比能显著减少褐变。机器工作原理如图9-3所示。

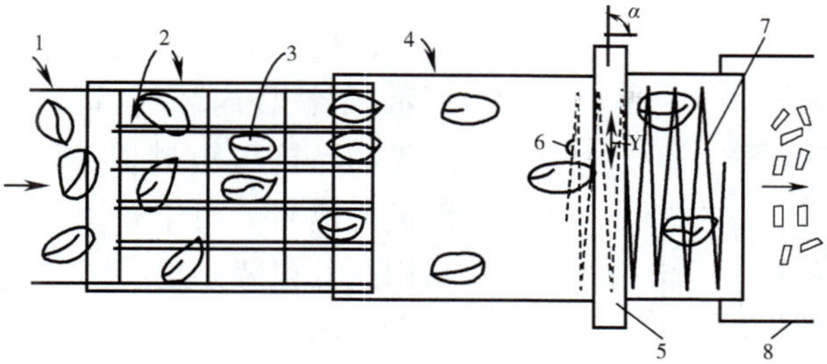

图9-3　水流喷射切割机

1—传送带　2—多U形凹槽条带　3—叶子　4—不锈钢架子传送器　5—横栏
6—水喷射器　7—产品传送装置　8—产品冲洗装置

叶子被传送到多U形凹槽条带中，使叶子主脉与流向平行，且不锈钢架子传送器可把产品的厚度限制在2~3片叶子/次。固定在横栏上的横向或交替变换的水喷射器把叶子切断。水喷射器的压力根据切割产品的不同在50~100MPa变换。切块的平均宽度为$P/2g$，这里P为水喷射器头交替周期，v为传送速度(cm/min)。切碎的产品进行冲洗。

二、鲜切果蔬包装设备

为适应鲜切果蔬加工工艺的需求，提高效率，应选择适宜的包装机械，如真空包装机、真空充气包装机等。此处仅介绍真空包装机和真空充气包装机。

1. 工作原理

抽真空的目的：①除去空气，以防止细菌繁衍导致食品腐败，或阻止金属的氧化生锈；②便于密封后加热杀菌，防止空气膨胀使包装件破裂；③缩小膨松物品的体积，便于保藏、运输，并节省费用；④防止食品氧化和变质。

为了保护内装鲜切果蔬和延长保存期，还可在抽真空后再充入其他惰性气体，如二氧化碳和氮气等，该处理称为真空充气包装。

真空包装和真空充气包装使用阻气性强的材料，有金属铝箔和非金属(如塑料薄膜、陶瓷等)的筒、罐、瓶和袋等容器。

2. 真空包装机和真空充气包装机的分类

按照包装材料的不同，可分为金属罐真空包装机(即真空封罐机)和塑料容器真空包装机两大类。

(1)真空封罐机　它将已经计量充真空后的金属罐送入真空腔进行抽气和封

口的设备。封罐时采用机械卷边挤压密封。

(2)塑料容器真空包装机　可分为机械挤压式和腔室式等形式的真空包装机。

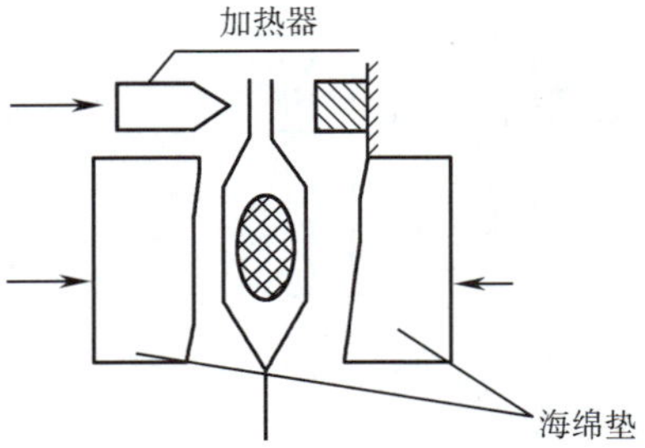

图9－4　机械挤压式真空包装机

①机械挤压式真空包装机：如图9－4所示，塑料袋内装料后留一个口，然后用海绵类物品挤压塑料袋，以排除袋内空气，随即进行热封。对于要求不高的真空包装可采用这种包装方法。真空包装蒸煮食品时，当食品温度在60℃以上时，袋内充满水蒸气，而不是空气，采用此法可以得到近乎真空的包装，故此法又称作热封真空包装。

②腔室式真空包装机：根据结构形式不同，分为如下几种。

a. 合式真空包装机：如图9－5所示，其工作过程为：将人工装好物料的塑料袋放在台面上的承受盘的腔室内，关闭真空槽盖后便由限位开关使继电器控制后面的真空包装工序自动连续地进行下去。各工序所需时间可由定时器任意调节。其真空回路的转换阀有由电磁阀单体组成的转换阀和复合转换阀。阀座应耐腐蚀。

加工包装体的封口宽度一般为3～10mm，长度可达700mm，生产率为12～30袋/min。

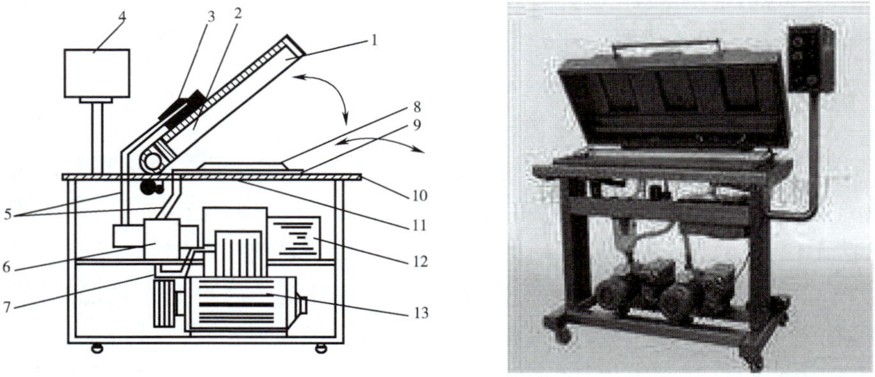

图9－5　合式真空包装机

1—真空槽盖　2—封口支承　3—加压部分　4—控制部分　5，7—真空回路　6—转换阀　8—包装体　9—包装体承受盘　10—台板　11—加热杆　12—变压器　13—真空泵

b. 传送带式真空包装机：这种包装机适于连续批量生产，真空室长宽尺寸为950mm×1010mm，高为200～300mm(图9－6)。

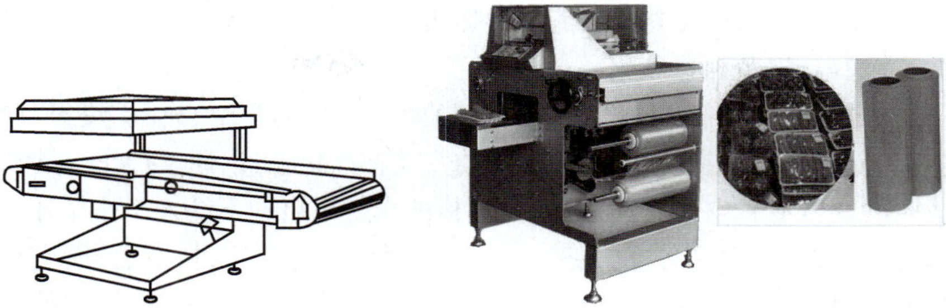

图 9－6　传送带式真空包装机

c. 真空收缩包装机：用于需要排除空气、缩小物料体积的收缩包装，包装物外形平整、美观、体积小，便于贮藏和运输（图 9－7）。

真空泵是真空包装机的主要工作部件，其性能好坏将直接影响到真空度的高低。真空包装机中采用的真空泵主要有两种类型：一种是油浴偏心转子式真空泵，也称滑阀式真空泵；另一种是油浴旋片式真空泵。转子式真空泵一般用于排气量为 500L/min 以上的真空包装机，而旋转片式真空泵通常用于最小排气量为 300L/min 的包装机。

图 9－7　真空收缩包装机

3. 真空包装设备的操作

使用前详细阅读并理解《使用说明书》中的各项内容，掌握操作程序和要领，各机型的使用方法大体相同，这里仅就一些有关的共性问题作出说明。

（1）操作面板　面板上一般有电源开关、指示灯、转换开关、电位器、按钮等，有时真空表也放在面板上。

①电源开关：常用钥匙开关接通或断开控制回路，停机时应取出以确保安全。对手动开闭真空室的机型，如要闭盖停止工作，应先切断电源，否则会因合盖压合行程开关，导致工作循环开始。

②指示灯：通常有电源、抽真空、充气、热封、冷却等各指示灯，进行到哪一工序，相应指示灯亮，其余不亮。

③转换开关：有“真空—充气”开关，需充气时要置于“充气”位置，此时按“两个抽真空—充气”的顺序进行。若置于“真空”位置时，则循环会跳过“充气”工序；热封电压选择开关一般有 3～8 挡，也有无级调整的，通过改变热封电压来变换热封温度。除此之外，对于有两个以上热封条的机型，还有封口“通—断”选择开关，

对不用的热封条断电，因热封条不能空载加热，试车不放置包装袋和真空泵不启动时也都不能通电，以免加速氧化。

④时间继电器的控制：当不用电接点式真空表时，抽真空、充气、热封、冷却等工序各用一时间继电器控制，其控制旋钮均安放在面板上，以便于操作人员掌握。

⑤按钮：通常有真空泵启动按钮（大规格的真空泵启动不纳入工作循环靠按钮控制时才有此按钮）；紧急停车按钮，在出现紧急情况时使用，按下后，所有程序中断，并向真空室导入大气，打开真空室盖，检查处理故障。重新启动前，需使紧急停车按钮复位，否则不能正常启动。

（2）工艺参数的选择与调整　主要有真空度、充气量、热封时间与温度、冷却时间等。

①真空度：根据包装工艺要求而定，一般使用1.3kPa即可。对粉状或含液汁的物品可降为20kPa左右。对充气包装或包装后还需进行杀菌处理的，亦可适当降低真空度。调整方法：若使用的为电接点式真空表，只需将上限指针拨至所需真空度即可；若使用时间继电器间接控制真空度，则应让时间稍微滞后一些，使包装袋的真空度能与真空室的真空度趋于一致。

②充气量：根据包装袋的大小和包装要求而定。因袋内充气量与充气时间、充气后真空室内的压力有较稳定的对应关系，故可通过调整充气时间，改变充气后真空室的压力来调整充气量。具体做法：在满足包装袋充气量的前提下，使充气后真空室压力尽量低些，通常将此压力值控制在不超过20kPa；若使用电接点式真空表，可直接把下限压力调至选定值；若使用时间继电器控制，则需反复调整几次，直至达到要求为止。

③热封时间与温度：常用包装材料的封口温度为90～230℃，通过改变热封电压来改变温度。热封时间一般为1～3s，不超过5s。对时间和温度这两个参数应配合调整。热封电压由电压选择开关控制，电压选择由低到高，时间选择由短到长，根据封口质量作最后判断。在保证封口质量的前提下，优先选择电压高一点、时间短一点的参数以提高工作效率。在工作一段时间之后，参数可能会有所变化，应再作相应的调整。

④冷却时间：电热带停止加热后需继续加压数秒，使封口处平整牢固，也就是说封口应在受压状态下冷却，这段时间即为冷却时间，一般为2～3s，最长不超过5s。时间过长会影响生产效率。冷却时间与季节、环境温度、热封条散热速度、冷却方式，以及包装材料性质等有关，亦需调整选择最佳值，通常可由时间继电器控制。封口质量测试应符合《真空、真空充气包装机通用技术条件》（GB/T 9177—2004）的有关规定。

（3）充气　可充单一气体，也可充混合气体，充气种类及配比根据包装物品的性质确定。

①气源：充单一气体可用瓶装气、管道气。氮气可用碳分子筛制氮机制取，也可将制氮装置与主机融为一体。充混合气体时需使用气体混合装置，按定比混合

后再充入包装袋。有时这种装置是作为整机的一部分,有时又是作为配套设备。注意混合气体种类一般不超过三种,如有多台机器同时使用同种混合气体,可集中混合后,再分别输入各包装机。

②纯度:不同包装物品对气体纯度有不同的要求。例如,茶叶包装,氮气纯度要求在99.9%以上,对食品包装要求符合食品卫生;氧气应为医用级;二氧化碳应为食品添加剂级。

③压力:输入气体的压力应在保证充气量的前提下尽量小,否则会使热封压力下降,影响热封质量。压力大小可通过减压阀调整,由压力表显示。压力一般为0.1~0.15MPa,最大不超过0.2MPa。

④节约气体:因充一种气体前需将管道中的混合气体抽掉,先充入的气体被抽出的次数就更多些,即损耗大些,故应将贵重气体后充入。此外,气嘴要插入包装袋,当充气嘴数多于包装袋数时,多余气嘴应关上或封堵,这样可节约气体。

(4)其余操作注意事项

①垫板的使用:腔室式真空包装机通常都带有许多垫板,其作用是将包装袋垫到便于封口的最佳高度。此外,垫板还可减少真空室体积。故在确保包装操作方便和质量可靠的前提下,可尽量多放一些垫块以缩短抽真空的时间。但对有液汁的,应注意袋口不能太低,否则液汁会溢出,应使包装袋封口处略高于包装物品。

②盖子轻度变形:真空室盖因种种原因可能有轻度翘曲变形,致使关闭不严,抽气时真空室压力不降低。这时可用手按一下翘起的部位,压力开始下降后即可松手。但若压力不下降,则表明变形太大,需修理或更换。

③手动阀的使用:若真空泵出口处有手动阀,可用于降低抽速,防止粉状、含液汁的物品溢出。

④及时清理:每操作一段时间后,要及时对真空室进行清理,一是可确保包装质量,二是可确保清洁卫生。因真空及充气包装只能抑制细菌的生长,并不能杀菌,严格注意清洁卫生对延长食品保存期是非常重要的。此外,包装袋内的封口处要防止黏上被包装物品,以保证封口质量。

⑤对操作人员的要求:操作人员要熟知设备性能、操作要求及程序,使用前应认真阅读《使用说明书》,最好经过培训取得合格证再上岗。另外,操作人员的身体要定期检查,必须健康方可上机;每次工作前,要洗手、消毒,严格注意清洁卫生;并保持工作环境的卫生整洁,减少污染。

学习单元四

鲜切果蔬常见的质量问题及预防措施

由于鲜切果蔬在操作过程中去皮、切分等工序,会对果蔬组织产生机械损伤,极易出现变色、变味、质地变软等质量问题，所以保证质量、延长保鲜期是鲜切果蔬加工技术的关键。

一、褐变

消费者常以产品的外观尤其是色泽的好坏作为品质优劣的标准。因此，发生褐变的鲜切产品不仅影响到产品的销售，也会降低人们在食用时的愉悦感。

1. 产生原因

鲜切果蔬的褐变主要是酶促褐变。它的发生必须同时有多酚类物质、多酚氧化酶和氧气。

2. 预防措施

目前，对于酶促褐变的控制方式主要有以下方法来控制。

(1)减少酚类物质含量　通过培育抗褐变的新品种，改善栽培管理技术，减少采收、贮运、加工过程中的机械损伤，降低对苯丙氨酸酶(PAL)活性的诱导，从而控制可被氧化的酚类底物形成，延缓鲜切产品的褐变。

(2)控制多酚氧化酶(PPO)、过氧化物酶(POD)活性　利用 PPO 活性可被热、有机酸、酚类物质、硫、整合剂、配偶联剂等物质抑制的特性，对褐变加以控制，或者通过基因工程的方法降低 PPO、POD 活性。

(3)加热处理　加热处理可改变果蔬内酶的活性，排出果蔬中的氧气，防止或降低酶促褐变和维生素的氧化。常用的加热方法是将果蔬在 90～100℃的热水中或高温高压蒸汽中漂烫几分钟，然后，再用 5～10℃的冷水冷却，冷水中加入少量的柠檬酸或亚硫酸钠。同时调整 pH，使酶远离等电点可以降低热稳定性、缩短加热时间。加热处理还可以杀死微生物及虫卵，去除蔬菜中的苦涩味。

(4)化学方法　可使用山梨酸钾、抗坏血酸、柠檬酸、亚硫酸盐、半胱氨酸、食盐、氯化钙、氯化锌、谷胱甘肽等物质抑制酶促褐变的发生。

化学物质可单一使用也可通过筛选形成多元复合褐变抑制剂使用，多元复合褐变抑制剂不仅可以增强抑制褐变的效果，而且能够降低每一种物质使用的剂量，减少化学物质的残留量，提高产品的安全性。研究表明，鲜切梨片用 0.5mg/L 抗坏血酸、柠檬酸、氯化钙、焦磷酸二钠保鲜液处理 1min，在 0～5℃条件下贮藏 7d 而不褐变。对于鲜切苹果片而言，采用 0.01%～0.05% 4－己基间苯二酚和 0.2%～0.5% 抗坏血酸处理，可有效控制其褐变的发生。4－己基间苯二酚是苹果、马铃薯、卷心莴苣和梨切片的良好酶促褐变抑制剂，可与多酚氧化酶反应而使其失去活性。几种果蔬防褐变护色剂配方见表 9－2。

表9－2　几种果蔬护色剂配方

果蔬种类	推荐护色配方
莲藕	0.3% L－CYS＋0.15% EDTA－2Na＋0.2% CA
苹果	0.1% GSH＋0.15% D－EA＋0.2%
山药	0.1% EDTA－2Na＋0.2% CA＋0.15% D－EA
荸荠	0.2% PA＋0.1% －CYS＋0.25% $Zn(AC)_2$
莴苣	0.2% GSH＋0.15% D－EA＋0.15EDTA－2Na
马铃薯	0.2% CA＋0.3% PA＋0.2% D－EA

注：CA：柠檬酸；EDTA－2Na：乙二胺四乙酸二钠；PA：植酸；D－EA：异抗坏血酸钠；L－CYS：L－半胱氨酸；GSH：谷胱甘肽；$Zn(AC)_2$：醋酸锌。

用亚硫酸及其钠盐配制成一定浓度的水溶液处理蔬菜，由于亚硫酸具有较高的还原性，因此能阻断过氧化氢的形成，防止单宁的氧化褐变。但是近年来发现亚硫酸盐的使用会对人体造成一些不良影响，特别是它对哮喘患者具有副作用。美国政府在净菜中不允许添加亚硫酸盐。因此，寻找亚硫酸盐的替代品成为控制鲜切果蔬褐变的研究热点。

研究表明，安息香酸及其衍生物类、半胱氨酸、间苯二酚、4－己基间苯二酚、EDTA、柠檬酸、抗坏血酸、抗坏血酸衍生物、异抗坏血酸等很可能成为亚硫酸盐的替代品；钙盐（如氯化钙和乳酸钙）对于减缓褐变也非常有效，并且能保存硬度。这些化学物质抑制褐变的作用机制各不相同，它们在鲜切果蔬生产上的应用效果与果蔬种类、环境条件等诸多因素有关。

（5）低温冷链技术　低温能降低多酚氧化酶（PPO）及其他酶活性，可减缓褐变进程；为了保持果蔬的优良品质，从采收到消费的整个过程需要维持一定的低温，即新鲜果蔬采收后在流通、贮藏、运输、销售一系列过程中实行低温贮藏，以防止新鲜度和品质下降。这种连贯体系的低温冷藏技术称为低温冷链技术。目前，低温冷链技术是保持鲜切果蔬色、香、味的重要手段，而且成本较低、保鲜时间较长。

（6）浸泡处理　将原料或工序间的原料热烫处理后浸泡在水溶液或食盐溶液中，可以防止氧气与原料的接触从而降低酶促褐变的概率；另外，食盐溶液的高渗透压，还可以使酶细胞脱水失活，一般随着浓度升高，抑制效果越好，但浓度过高会影响制品的风味，工序间护色食盐浓度常采用1%～2%。

（7）降低氧浓度　由于褐变是在氧存在下发生，可利用抽气、被膜、气调等方法降低环境中的氧浓度，从而控制褐变的发生。

（8）可食性涂膜　一般防褐变的化学处理，都要在包装前进行，在使用化学药剂的同时，可结合可食性涂膜处理，可食性涂膜对鲜切果蔬的酶促褐变有很好的控制作用。一方面，可减少鲜切果蔬水分的损失，限制氧气的摄入，减轻外界气体及微生物的影响,抑制呼吸,降低生理生化反应速度,防止芳香成分挥发并起到延迟变色抑制微生物生长的作用;另一方面利用可食性涂膜可抑制氧气的透性,使切分果蔬表面氧气浓度维持在较低的水平不但抑制酶褐变,还可以降低果蔬的衰老和腐烂变质,提高鲜切果蔬的质量与稳定性。常用的涂膜如用 2.0g/L 壳聚糖 + 1.5g/L 柠檬酸 +0.5g/L 甘油 +0.1g/L 苯甲酸钠可食性涂膜处理鲜切果蔬。

(9)避免接触金属用具　鲜切果蔬含有大量的花青素,为保持其原有的色泽,避免使用铁、铜、锡等金属用具,使用不锈钢材质的用具。

二、微生物污染导致的质地变软、腐烂变质

新鲜果蔬在去皮,切分等加工过程中,组织结构极易破坏,很容易受到空气、加工用水及机械设备中的各种微生物的侵染,由于大部分果蔬又属于低酸性食物,加之切割处理也容易造成营养物质的外流,为微生物的生长、繁殖提供了有利的环境条件,极易造成果蔬的腐烂变质。果蔬中的果胶物质随着果蔬的成熟也会在果胶酶的作用下逐步转变成果胶酸,从而使果蔬的质地变软,影响了果蔬原有的新鲜度和饱满度。

1. 产生原因(污染途径)

(1)田间污染　田间微生物的侵染的途径主要通过使用未经发酵的人畜粪便等粗农家肥、土壤和水传染。

(2)加工过程中的污染　果蔬在去皮、切分过程中,由于产品表面暴露在空气中,会受到细菌、霉菌、酵母菌等微生物的污染。不同蔬菜上的细菌群落差别很大,如新鲜叶菜类蔬菜上的主要微生物是假单胞菌属和欧文菌属,新鲜番茄上的微生物主要为黄杆菌属和假单胞菌属。

①加工过程的机械损伤:致使营养物质外流,给微生物的生长提供了有利的生存条件,从而促进微生物的繁殖和生长。

②去皮、切分过程中的污染:由于产品表面积增大并暴露在空气中,会受到细菌、霉菌、酵母菌等微生物的污染,通常是与乳酸菌共同存在,酵母菌能够以明显的优势在果蔬创伤部位生长繁殖。

③切割设备、工具的微生物污染:如切割机和工具,高湿与较大的切割表面为微生物提供了理想的生长条件。此外,鲜切果蔬在加工过程中发生的交叉污染也是引起产品腐烂变质的一个重要原因。

(3)贮运过程中的污染　主要是由于运输工具、贮藏空间等,贮藏仓库灭菌不彻底以及鲜切果蔬产品间的交叉污染导致二次污染。鲜切果蔬在贮运过程中,产品表面微生物数量会逐渐增加,会直接影响产品货架期,早期微生物数量越多,货架期就越短。

2. 预防措施

（1）创造低温条件　低温能降低切割果蔬的呼吸强度及各种生理反应速度，延缓衰老；抑制微生物的生长和繁殖，减少营养物质的消耗，防止腐败。为了保持果蔬的优良品质，从采收到消费的整个过程需要维持一定的低温，即新鲜果蔬采收后在流通、贮藏、运输、销售一系列过程中实行低温贮藏，以防止新鲜度和品质下降。因此，在鲜切果蔬的加工、贮藏和流通过程中应尽可能创造适宜的低温条件，一般在0～5℃贮藏，是鲜切果蔬质量保证的关键。

（2）冷杀菌技术　冷杀菌技术包括超声波杀菌、臭氧杀菌、辐射杀菌、超高压杀菌和气调保鲜技术等。

①超声波杀菌：超声波多用于鲜切蔬菜的清洗，该技术利用低频高能量的超声波空化效应在液体中产生瞬间高温高压，造成温度和压力变化，使液体中的某些细菌致死、病毒失活，甚至破坏体积较小的微生物细胞壁，从而延长果蔬的保鲜期。超声波消毒速度较快，对人无害，对物品无损害，但消毒不彻底。因此常考虑将其与其他冷杀菌技术联合使用，如超声波－磁化联合杀菌、超声波－激光联合杀菌、超声波－紫外线联合杀菌等。如用超声波气泡清洗鲜切西洋芹10min后再用浓度为0.4g/L的氯化钙溶液处理，微生物菌类可除掉80%，呼吸作用明显受到抑制，PPO活性一直处于较低水平，且对维生素C无明显的破坏作用，感官品质良好。

②臭氧杀菌：臭氧对各类微生物都有强烈的杀菌作用，而且能使乙烯氧化分解，缓解果蔬后熟及衰老，调节果蔬的生理代谢，降低果蔬的呼吸作用和代谢分解，延长贮藏保鲜期。但臭氧使用浓度过高会引起果蔬表面质膜损害，使其透性增大、细胞内物质外渗，品质下降，甚至加速果蔬的衰老和腐败等。

③辐射杀菌：辐射杀菌是利用射线照射果蔬，引起微生物发生物理化学反应，使微生物的新陈代谢、生长发育受到抑制或破坏，致使微生物被杀灭，果蔬的贮藏期得以延长的一种技术。在鲜切莴苣、芹菜、胡萝卜和柿子椒等应用上已经得到美国食品与药物管理局（FAD）认可的辐射剂量最大为1000Gy。据研究，用60Co－γ射线辐照处理鲜切西洋芹，得到辐照剂量为1000Gy时，可有效控制微生物繁殖，使细菌数降低2个数量级，明显抑制了酶活力，减少褐变和降低呼吸作用与失水率，提高了可溶性固形物含量，保持了鲜切西洋芹的商品品质。

④超高压杀菌：超高压杀菌技术又称高静压技术，是在常温或较低温条件下对鲜切果蔬进行100MPa以上的高压处理，达到杀菌、灭酶和改善食品功能特性的技术。超高压处理能让食品较好地保持原有的质地、营养、色泽和风味。超高压杀菌技术是一个纯物理过程，具有瞬间压缩、作用均匀、操作安全、温度升高值小、耗能低、污染少、利于环保且使果蔬成分得到很好保持等优点。据研究，鲜切果蔬以600MPa压力处理10min后，可抑制与褐变相关酶的活性，抑制微生物生长，在4℃条件下贮藏9d后，仍然具有较好的硬度和较高的维生素C含量。

（3）化学保鲜　化学保鲜是指采用涂膜处理、保鲜剂处理以及天然产物提取物保鲜技术等方法对于水果蔬菜进行护色保鲜处理。

①涂膜处理：涂膜保鲜就是将可食性膜涂于果蔬表面而形成涂层，达到改善产品质量的目的。近年来，涂膜处理是鲜切果蔬常用的保鲜措施之一，可有效阻止鲜切果蔬与氧气接触，防止褐变发生，改善鲜切果蔬的外观品质，达到保鲜效果。用于鲜切果蔬的涂膜包装材料主要有多聚糖、蛋白质及纤维素衍生物。壳聚糖是研究较多的涂膜材料之一，能抑制水分散失，延缓失水和萎蔫；降低呼吸强度，延缓衰老；抑制多酚氧化酶和过氧化物酶的活性；抑制微生物生长繁殖；另外，海藻酸钠、卡拉胶等也有利于鲜切果蔬的保鲜。经过研究对延长货架期明显有效的抗褐变剂载体膜有海藻酸钠和结冷胶复合膜、壳聚糖/纳米二氧化钛复合膜、壳聚糖和维生素 C 复合膜、卡拉胶和羧甲基纤维素（CMC）复合膜、海藻酸钠和柠檬草精油可食膜、微胶囊化的反式肉桂醛海藻酸钠膜等。

②保鲜剂处理：目前，在实际生产中，鲜切果蔬主要应用化学保鲜剂进行防腐保鲜处理，但为了保障食品的安全性，使用化学保鲜剂的浓度必须符合美国食品与药物管理局（FAD）规定的标准。抑制酶促褐变可用亚硫酸盐、柠檬酸、抗坏血酸、异构抗坏血酸钠、4－己基间苯二酚、钙盐等；抑制微生物的生长繁殖可用丙酸和丙酸盐、山梨酸及盐、苯甲酸及盐、对羟基苯甲酸、亚硫酸盐、环氧乙烷和环氧丙烷、二乙酸钠、脱氢醋酸、硝酸钠、甲酸乙酯等，另外乳酸菌素、游霉素、四环素、枯草菌素也具有良好的抗菌能力；防止鲜切果蔬营养成分（如维生素 C、多酚类）损失可用抗氧化剂，如 C12～C18 的中等长链脂肪酸脂［丁基羟基茴香醚（BHA）、2，6－二叔丁基－4－甲基苯酚（BHT）、叔丁基对苯二酚（TBHQ）］，柠檬酸，醋酸和其他的有机酸，抗坏血酸及盐、异抗坏血酸钠、EDTA 等。据研究，使用异抗坏血酸和柠檬酸处理鲜切苹果、菠萝、杧果，均可显著抑制变色；浓度为 20mmol/L 抗坏血酸钙在一定程度上能够抑制鲜切牛蒡的褐变，延缓衰老，保持其品质；以莴苣为试材，采用异维生素 C、柠檬酸对鲜切莴笋处理后，1g/L 异维生素 C＋0.5g/L 柠檬酸的复配处理对鲜切莴笋贮藏期间的褐变有良好的抑制作用，保持了较低的 PPO 活性，对其糖酸含量等无不良影响，若维生素 C、柠檬酸与 0.1g/L EDTA 进行复合处理，还可以有效地抑制丙二醛含量升高，减少细胞膜损伤。

一般在生产中，可在清洗和漂洗水中加入上述保鲜剂。需要注意的是，使用氯处理后的原料，必须进行漂洗，减少氯浓度至饮用水标准，否则会导致产品劣变及萎蔫，且有残留氯的臭气。

③天然产物提取物保鲜技术：目前，鲜切果蔬贮藏保鲜最有效的手段是冷藏结合化学杀菌剂处理，但由于人们对食品安全的重视，迫切需要加大研究无公害天然防腐保鲜剂产品及技术的力度，以取代化学杀菌剂。利用天然产物提取物的抗褐变和抗菌作用对鲜切果蔬进行保鲜，具有天然、安全的优势。天然产物提取物如柠檬草精油、肉桂精油是鲜切果蔬的有效抑菌剂，可显著地提高鲜切果蔬的货架寿命

与安全性。

(4)降低 pH　鲜切果蔬组织的 pH 一般为 4.5 ~ 7.0，正适合各种腐败菌和致病菌的生长。在鲜切果蔬中加入醋酸、柠檬酸、乳酸等，可以降低 pH、降低多酚氧化酶的活性、抑制微生物的活动，生产上多采用柠檬酸浸泡，浓度为 0.5 ~ 1g/L，一定要掌握好用量，否则，过多的酸会破坏新鲜果蔬本身的风味。一般 pH≤3.3。

(5)采用气调包装　鲜切果蔬经气调包装结合冷藏，能有效地降低呼吸，抑制乙烯产生，减少水分散失，延缓切分果蔬的衰老进程，延长贮藏期，同时可以抑制好气性微生物的生长，防止果蔬的腐烂变质。一般二氧化碳控制在 5% ~ 10%，氧气控制在 2% ~ 5%，可以明显的降低果蔬的呼吸速率，抑制酶活性。包装薄膜使用最多的是聚氯乙烯、氯乙烯、氯丙烯、低密度氯乙烯等。适度的真空包装（MVP）是一种新兴的气调包装形式，包装容器内的压力降到 40KPa 左右，其氧分压低有利于抑制产品的新陈代谢，抑制腐败微生物生长，使产品质量保持稳定状态。气调的同时必须注意缺氧环境，防止厌氧微生物的生长和产品本身的无氧酵解以免影响鲜切果蔬的品质。

三、延长鲜切果蔬保质期的途径

切割果蔬可按不同的生产需求来生产，这就涉及产品的保质期问题。如果产品今天生产供明天消费，那么可采用很简单的加工方法，如采用标准的厨房卫生条件和工具即可。大多数水果蔬菜都适合这种形式的生产。如果产品要求具备几天至一周甚至更长的保质期以利于零售（一般来说，切割果蔬的保质期应至少为 4 ~ 7d，当然根据市场要求，保鲜期延长至 21d 更为理想），那么，就需要更先进的加工方法及应用栅栏理论进行处理。此外，还要正确地选用适于半加工的原材料，同时结合不同处理来进行保藏。延长切割果蔬产品保质期及确保其安全的措施如下：

(1)选择优质的加工原料　采用适宜切割用途的水果、蔬菜品种及正确的栽培、采收与贮藏条件。

(2)采取严格的卫生要求及执行良好生产规范（GMP），运用危害分析与关键控制点（HACCP）管理技术方法管理。

(3)使用优质的加工用水（符合 GB 5749—2006）。

(4)为防止褐变或微生物污染，洗涤用水中可添加适量的添加剂。

(5)采用更先进的加工设备如去皮机，切片、切丝机，使之对产品造成的损害减少至最轻程度。

(6)使用正确的包装材料和包装方法，采用能更好适于水果、蔬菜呼吸活性的 AP 系统、可食性膜及透气性更好的塑料膜；

食品生产链包括原料、加工、贮藏、配送、销售等各环节要保持低温状态，实施冷链操作。

鲜切果蔬加工的根本点就是始终做到精细、严格和紧凑，工艺选择和控制是否合理取决于对果蔬生理变化、微生物侵染致腐的规律和特征的深刻了解，这是鲜切果蔬加工技术的理论基础。在鲜切果蔬生产中应该执行 GMP 和 HACCP 规范，置生产全过程于严格和量化的技术指标之下，并及时纠正偏差，解决问题，是生产合格鲜切果蔬的保证。实践证明食品冷链流通的普及和完善，是获得优良货架品质和实现商品价值的重要途径，发展鲜切果蔬加工与发展鲜切果蔬冷链流通有高度的一致性，当规范的鲜切果蔬加工企业和与之配套的配送、销售体系形成之时，鲜切果蔬的冷链流通也就实现了。

自测训练

1. 什么是鲜切果蔬？它有什么特点？
2. 鲜切果蔬加工的工艺流程是什么？各环节有何要求？
3. 影响鲜切果蔬加工效果的主要因素有哪些？
4. 如何预防鲜切果蔬褐变？
5. 鲜切果蔬由微生物污染导致的质地变软、腐烂变质都有什么预防措施？

实验实训

实训一 鲜切马铃薯制作

【工艺流程】

原料选择→清洗→去皮→切割→护色→包装→冷藏、销售

【工艺要点】

（1）原料选择　原料要求大小一致，芽眼小，淀粉含量适中，含糖少，无病虫害，不发芽。采收后马铃薯宜在 3～5℃冷库贮藏。

（2）去皮　可以采用化学去皮、机械去皮或人工去皮，去皮后应立即浸渍清水或 0.1～0.2g/L 焦亚硫酸钠溶液中护色。

（3）切割、护色　采用切割机切分成所需的形状，如片、块、丁、条等。切割后的马铃薯随即投入 0.2g/L 维生素 C、0.3g/L 植酸、0.1g/L 柠檬酸、0.2g/L 氯化钙混合溶液，浸泡 15～20min 进行护色处理。

(4)包装、预冷　护色后的原料捞起沥干溶液,立即用PA/PE复合袋抽真空包装,真空度0.07MPa。然后送预冷装置预冷至3~5℃。

(5)冷藏、运销　预冷后的产品再用塑料箱包装,送冷库冷藏或配送销售,温度控制在3~5℃。

实训二　鲜切菠萝制作

【工艺流程】

原料选择→清洗、分级→去皮、去心→修整→切分→保鲜液处理→包装→预冷→冷藏、销售

【工艺要点】

(1)原料选择　要求选择八九成熟、新鲜、无病虫害、无机械损伤及腐烂的菠萝。

(2)清洗、分级　用流动的清水洗去附着在果皮上的泥沙和污物等,沥干水分,按照果实大小进行分级。

(3)去皮、去心　可采用菠萝去皮机进行机械去皮、去心。

(4)修整、切分　去皮后的菠萝果实上可能还会残留有黑色的斑点,可辅以人工采用不锈钢刀去净残留的斑点,并冲洗干净。根据客户及市场要求,可将菠萝切成不同形状的产品,如片状、块状、粒状等。

(5)保鲜液处理　切分后的菠萝可浸渍于含0.5%柠檬酸、0.1%氯化钙和0.1%山梨酸钾的保鲜液中15~20min,捞出、沥干。

(6)包装、预冷　将鲜切菠萝产品平铺于包装盒中,采用PE包装,然后送至冷藏室,控制温度在3~5℃。

(7)冷藏、销售　预冷后的产品再用塑料箱包装,送冷藏库冷藏或配送销售,控制温度在0~4℃。

实训三　鲜切芹菜制作

【工艺流程】

原料选择→清洗、切分→护色→包装、预冷→冷藏、销售

【工艺要点】

(1)原料选择　应选择新鲜、无病虫害、无机械损伤的绿色无公害芹菜作为原料。

(2)清洗、切分　用清水冲洗干净,把芹菜切成4~6cm的长条。

(3)护色　将切分后的芹菜立即转入0.25g/L抗坏血酸、0.2g/L柠檬酸、0.2g/L氯化钙混合护色液中,浸渍15~20min。

(4)包装、预冷　将护色后的芹菜产品捞出,沥干水分,立即用PA/PE复合袋抽真空包装,真空度为0.07MPa,然后送至预冷装置预冷至3~5℃。

(5)冷藏、销售　预冷后的产品再用塑料箱包装,送至冷藏库冷藏或配送销售,温度保持在3~5℃。

知识拓展

拓展　鲜切果蔬为何一定需要冷链系统?

鲜切果蔬是极易遭受人为机械伤害的生命有机体,是一种保持原有果蔬特殊风味和品质的生鲜食品,具有较高的呼吸强度等新陈代谢作用,在加工、贮藏以及运销过程中极易腐烂变质。为此,要求在鲜切果蔬的加工、贮藏、运输及销售中有一个高度配合的冷链系统,使鲜切果蔬组织自身的呼吸代谢处于最低状态,同时,微生物的生长繁殖也最大限度地得到有效控制。

模块十 果蔬粉加工技术

任务 果蔬粉加工

学习目标

1. 知道果蔬粉特点，了解果蔬粉目前加工现状。
2. 能利用当地资源和实验实训条件，根据果蔬原料特性设计主要果蔬粉的加工工艺流程。
3. 会准备加工果蔬粉所需的试剂、材料和相关设备。
4. 会对果蔬粉原料进行选择及预处理、护色、制粉等处理。
5. 能针对果蔬粉加工中出现的功能因子损失多等问题采取措施。
6. 有一定自主学习的能力，具有较强的团队合作能力和交流表达能力。

任务描述

要求以当地典型果蔬为原料加工果蔬粉。主要技术指标要求：

(1)含水量即食型果蔬粉≤8%，水果粉、蔬菜粉、坚果粉≤6%，组织疏松、均匀一致，表面有光泽，色泽均匀一致；不允许有肉眼可见的杂质；具有本品种特有的滋味、气味、无焦煳、酸败味及其他异味。冲调后无结块，均匀一致。

(2)微生物指标符合《绿色食品　果蔬粉》(NY/T 1884—2010)要求。

知识链接

学习单元一

果蔬粉发展现状

水果和蔬菜是维生素、矿物质及膳食纤维等人们日常所需营养素的重要来源。果蔬具有较强的地域性和季节性，收获集中，上市期短，如不能得到及时销售、贮藏和加工，则因其高水分含量 >80% 而容易导致腐烂变质。我国新鲜水果的平均损耗率为 20% ~30%，而蔬菜损耗率为 30% ~40%，造成巨大的资源浪费和经济损失。

近年来，我国果蔬产业快速发展，已成为仅次于粮食作物的第二大农业产业。据农业部相关资料表明，我国 2017 年水果年产量 2.5242 亿 t（苹果、柑橘、香蕉），蔬菜产量 8.0 亿 t，均居世界第一位。目前，我国果蔬以鲜销、鲜食为主，深加工量仅占总产量的 10%，而发达国家则高达 60% 以上。降低果蔬采后损失，积极发展果蔬加工业，能够大幅度地提高产后附加值，增强出口创汇能力，提高经济效益。

传统的果蔬加工方法，如干制、腌制和罐藏等已难以满足市场需要和人们的消费需求。将新鲜果蔬直接加工成果蔬粉，是近几年来出现的一种新趋势。

一、果蔬粉分类及特点

（一）果蔬粉分类（按照 NY/T 1884—2010）

（1）按加工原料分类　可分为水果粉、蔬菜粉、坚果粉。

（2）按用途分类

①原料型果蔬粉：以水果、蔬菜或坚果为单一原料，经筛选（去壳）、清洗、打浆、均质、杀菌、干燥等工艺生产，提供食品工业作为配料使用的粉状果蔬产品。

②即食型果蔬粉：以一种或一种以上原料型果蔬粉为主要配料，添加或不添加食糖等辅料加工而成的可供直接食用的粉状冲调果蔬食品。

（3）按粒度分类：根据原料和成品颗粒的大小或粒度，又可分为粗粉碎、细粉碎、微粉碎和超微粉碎四种类型（表 10－1）。

表 10－1　　果蔬粉颗粒类型

粉碎类型	原料粒度	成品粒度
粗粉碎	10～100mm	5～10mm
细粉碎	5～50mm	0.1～5mm
微粉碎	5～10mm	<100μm
超微粉碎	0.5～5mm	<10～25μm

近几年，我国果蔬粉加工主要以细粉碎和微粉碎为主。果蔬粉的超微细化使其物理性能提高，营养成分更容易消化，口感更好，符合当今食品加工业的"高效、优质、环保"的发展方向。

（二）果蔬粉的特点

（1）贮藏稳定性好　果蔬粉水分含量一般低于7%，既可以有效抑制微生物的繁殖，又可以降低果蔬体内酶的活性，从而利于贮藏，延长保质期。

（2）运输成本低　果蔬干燥制粉后体积减小，质量减轻，节约了包装材料，同时也大大降低了运输费用。

（3）实现高效综合利用　果蔬制粉对原料的大小、形状等都没有要求，甚至部分果蔬的皮和核也可以得到有效的利用；同时可对加工中产生的大量富含活性因子的副产物进行制粉加工，大大提高了果蔬原料利用率。

（4）营养丰富　加工后的果蔬粉基本保持原有果蔬的营养成分及风味，且使一些营养和功能组分更利于消化吸收，是一种良好的全营养深加工产品。

（5）满足特殊消费需求　果蔬粉可作为新鲜果蔬的替代品用于一些特殊消费人群，如满足婴幼儿、老年人、病人、地质勘探人员和航天航海人员等特殊人群需要。

（6）丰富产品种类　果蔬粉可以复配成多功能营养粉，生产营养咀嚼片或作为配料添加到其他食品中，不仅丰富了产品种类，还改善了食品的色泽、风味和营养。果蔬粉独特性能够满足人们对果蔬多样化、高档化和新鲜化趋势的需求，具有广阔的开发前景。

二、国内外果蔬粉发展现状

目前，果蔬粉加工产业在美国、以色列、日本等发达国家得到了快速发展，产品种类繁多、层次分明。从食品添加剂到功能性保健品，从食品、饮料到医药，果蔬粉的应用范围非常广泛，尤其是富含功能因子的果蔬粉，因对人体健康有很大益处，故很受消费者的欢迎。

如美国 Artemis International 公司开发生产的"Phytosolutions"果蔬粉加工品，是

用具有强抗氧化性、抗炎性和抗癌作用的浆果作为原料加工而成，产品中含有大量花色素苷和多酚类化合物等功能性成分；美国的 Future Ceuticals 公司在市场上推出了各种以果蔬原料制成的营养功能性制品，其产品有蓝莓粉、热带浆果复合粉、红葡萄粉、樱桃粉等；以色列 Lycd Red Nature Products Industries 公司开发生产名为“Lyc－DMato”的天然番茄复合物等。

在我国，有一定规模的水果干制品企业有 2000 余家，蔬菜干制品企业有 200 多家，果蔬粉产品是这些企业的主要产品形式。国内果蔬粉加工产品主要有番茄粉、枣粉、南瓜粉、藕粉、苦瓜粉、草莓粉、百合粉、木瓜粉、蒜粉等。

目前市场上有针对不同人群的果蔬粉产品。针对婴幼儿开发的果蔬粉产品，可以补充维生素、微量元素和膳食纤维，以均衡婴幼儿膳食。如市面上出现的“童聪”果蔬粉，利用 12 种水果与蔬菜，经喷雾干燥后制得，是婴幼儿辅食的良好选择；针对中老年人开发的富硒果蔬粉、葡萄籽复合果蔬粉等产品可以改善中老年人免疫功能，有效防治心血管疾病的发生；针对病人开发的“调养康复果蔬餐粉”产品，以“流食”为诉求点，无刺激，易消化，保证了健康营养，促进病人更快康复。

三、果蔬粉主要研究方向

1. 深入开展果蔬粉结构与性质关系研究

不同制备方法和粒径的果蔬粉结构和性质不同。目前国内外有报道将果蔬粉作为辅食，利用动物模型或人体研究其降血糖、降血压及预防心血管疾病的功效，但其功效成分及作用机制还有待进一步研究。

2. 复合果蔬营养粉的研发与应用

将不同的果蔬粉根据其不同的理化性质，按照不同人群特殊的营养需求，进行新型复合果蔬营养粉的研发与生产，使更多的果蔬功能因子富集和配比，得到更营养健康，满足不同人群需求的新型果蔬粉及其加工产品。

3. 高效节能联合干燥及制粉技术与装备研发

能耗高一直是制约干燥及制粉业发展的瓶颈。单一的干燥模式显露出种种缺陷，已不能满足产业发展的需求。进一步优化和改进现有喷雾干燥制粉工艺及装备，开展低能耗、高品质的联合干燥，如热风－变温压差膨化联合干燥、渗透－热风联合干燥、渗透－热风－变温压差膨化联合干燥、真空冷冻节能联合干燥等干燥技术研究，研发新型高效、安全、卫生的制粉技术与装备将是未来研究重点。

4. 低温超微粉碎技术应用及装备研制

低温可以尽可能地保持果蔬原料中的营养成分和产品品质。超微粉碎则可以很好地促进有效成分的溶出,同时提高产品的分散性、水溶性和吸附性等物理性能,使用时更方便,应用范围更广。

5. 果蔬粉产品标准和质量控制体系研究

目前国内关于果蔬粉的标准很少,在实际生产过程中缺乏对行业的规范和指导。果蔬粉加工过程中添加其他有害物质的现象时有发生,如何长期保持果蔬粉的营养、功能和理化特性,如何建立果蔬粉加工过程中的质量安全控制体系等,急需深入研究。

学习单元二

果蔬粉加工工艺

(一)工艺流程

1. 湿法加工工艺

原料选择→清洗→切分→打浆→过滤、浓缩→干燥制粉→真空包装→成品

2. 干法加工工艺

原料选择→清洗→切分→干燥制粉→包装→成品

3. 超微果蔬粉加工工艺

原料选择→清洗→切分→护色或不护色→预干燥→变温压差膨化干燥→冷却→预破碎→超微粉碎→筛分→包装→成品

(二)工艺要点

1. 原料选择

原料要求新鲜,成熟适度,形状整齐,大小适当,组织致密,可食部分大,无损伤,营养丰富。

2. 清洗、去皮、切分

(1)清洗　除去原料表面附着的尘土、泥沙,叶菜类去除发黄茎叶。一般在水槽或水池中用流动水漂洗或用喷洗,也可用滚筒式清洗机清洗。有时为了较好地

去除附在果蔬表面的农药或有害化学药品，常在清洗用水内加入少量的洗涤剂。清洗用水必须清洁，符合 GB 5749—2006。

（2）去皮、切分　除去原料不可食部分，水果类去表皮，尽量保持削去的表皮厚度一致，并用不锈钢刀进行切片、切条或切块，尽量保持其大小、厚度均匀。

3. 打浆、过滤

单一原料或按配方要求的果蔬原料，在一定料液比（鲜果蔬质量：水质量）下，低温条件下打浆几分钟后过滤。

4. 干燥制粉

目前果蔬粉制备技术主要有喷雾干燥、热风干燥、真空冷冻干燥、微波干燥、变温压差膨化干燥及超微粉碎技术等。

（1）喷雾干燥制粉　果蔬粉加工中最常用的方法是喷雾干燥制粉。喷雾干燥制粉时物料温度较高，产品的营养成分、色泽和风味容易被破坏，严重时甚至产生焦煳味，同时由于干燥中加入大量助干剂，所得产品纯度低，使其市场应用范围受限。

（2）热风干燥制粉　热风干燥也是目前生产上常用的干燥方法之一。耐热性好的富含膳食纤维的原料，可用其来干燥制粉。热风干燥制粉是目前除喷雾干燥制粉外的主要生产方法。对于非热敏性或含糖分较低的果蔬原料，尤其是蔬菜原料，用该法能取得较好的效果。但传统热风干燥后粉碎得到的果蔬粉产品颗粒较大，风味较差，营养和功能成分损失较多，使用时影响口感，且产品加工、应用性能不佳。

（3）真空冷冻干燥制粉　真空冷冻干燥可以较好地保持食品原来的形状，减少食品色、香、味及营养成分的损失，所得产品品质较好，是目前高品质果蔬粉生产的主要方式。但冷冻干燥制粉成本高。

（4）微波干燥制粉

将微波干燥技术应用于果蔬粉加工中，其干燥速度快，可以大大缩减干燥时间。该方法的缺点是易出现过度加热现象，局部温度过高（$>100℃$），导致原料中的热敏性成分被破坏，营养风味损失等问题。同时，微波干燥制粉适合于含水量低（$<30\%$）果蔬的干燥。在选择微波干燥制粉时要充分考虑不同物料的特性。

（5）变温压差膨化干燥制粉　变温压差膨化干燥又称爆炸膨化干燥、气流膨化干燥或微膨化干燥等，属于一种新型、环保、节能的非油炸膨化干燥技术。它结合了热风干燥和真空冷冻干燥的优点，产品具有绿色天然、品质优良、营养丰富、质地酥脆等特点。目前，变温压差膨化干燥这一新型干燥技术正应用于果蔬脱水加工过程中，由于其产品具有良好的酥脆性，易于制备超微营养粉，因此变温压差膨化干燥联合超微粉碎技术将是果蔬粉制备的新发展方向。

(6)超微粉碎技术

①初步粉碎:超微粉碎前,先进行预破碎,也称初步粉碎。先将粉碎锅、切刀、粉碎盖等部件清洗干净,用棉布擦干后室温晾干,然后加入物料,控制好进料量;先采用低速挡处理后再调整为高速,处理时间大概为3~5min,即可取出物料。粉碎结束后将粉碎机各个部件清理干净,再将机器安装复原。

②超微粉碎:超微粉碎工艺中粉碎温度、进料量、粉碎时间等是影响粉碎效果和产品品质的关键工艺过程,其参数优化的考核指标包括产品水分含量、粒径大小、功效成分含量、色泽及电子显微镜扫描图等。部分超微粉碎实例参数优化指标如表10-2所示。

表10-2　部分超微粉碎实例

原料	原料粒度	方式	处理时间/min	制品粒度	处理量/(kg/h)
蚕丝	长丝	干式	15	200目96%	5
灵芝	1mm	干式	15	200目95%	15
珍珠	2mm	干式	15	300目	50
羚羊角	2mm	干式	15	200目	15
八珍丸	10目	干式	25	300目98%	5
灵芝孢子粉	孢子	干式	12	破壁率95%	10
蒜	1mm	湿式	5	400目95%	9.6
南极磷虾	5mm	湿式	5	300目	6

资料来源:陈跃文《食品产品开发实验技术》,2018。

5. 包装

将得到的果蔬粉迅速进行真空包装,密封保藏。

学习单元三

果蔬粉加工常用的设备及使用方法

果蔬粉在加工时,清洗、切分所用的设备已经在第二模块中介绍,打浆设备已经在第五模块中介绍。果蔬粉加工常用的干燥设备主要有:热风干燥设备、喷雾干燥设备、冷冻干燥设备。热风干燥设备、冷冻干燥设备也已经在第八模块中介绍,此处不再赘述。下面只介绍果蔬粉加工时常用的喷雾干燥设备、超微粉碎设备及包装设备。

一、喷雾干燥设备

是一种可以同时完成干燥和造粒的装置。按工艺要求可以调节料液泵的压力、流量、喷孔的大小，得到所需的按一定大小比例的球形颗粒。

1. 工作原理

空气经过滤和加热，进入干燥器顶部空气分配器，热空气呈螺旋状均匀地进入干燥室。料液经塔体顶部的高速离心雾化器，（旋转）喷雾成极细微的雾状液珠，与热空气并流接触在极短的时间内可干燥为成品。成品连续地由干燥塔底部和旋风分离器中输出，废气由引风机排空。

喷雾干燥机（图 10－1）为连续式常压干燥器的一种。高速离心喷雾干燥是液体工艺成形和干燥工业中最广泛应用的工艺。

图 10－1　喷雾干燥机

2. 性能特点

干燥速度快，料液经雾化后表面积大大增加，在热风气流中，瞬间就可蒸发 95%～98% 的水分，完成干燥时间仅需数秒钟，特别适用于热敏性物料的干燥。产品具有良好的均匀度、流动性和溶解性，产品纯度高，质量好。生产过程简化，操作控制方便。对于含湿量 40%～60%（特殊物料可达 90%）的液体能一次干燥成粉粒产品，控制和管理都很方便。

3. 开机工作程序

按下除湿机的开关，闭合喷雾干燥机的空继开关，调整空压机出气压力为 0.25MPa（拔出黑色按钮调整好后按下即可），顺时针旋转红色急停按钮，打开液晶操作画面，等待 15s 自动进入操作界面，设置工艺参数：设定温度 180℃，下限温度为 180℃，上限温度 192℃，温度介于设定和下限之间，加热打开时间 10s，加热关闭时间 3s，振击器设置振动 2s，停止 2 ~ 10s（参考物料在壁上的堆积情况），若喷水等固形物含量很低的物质时应该把设定温度调整至 185 ~ 190℃，下限改为 185℃。

开机先打开引风机、除湿机、电加热开关（电加热开自动按钮，否则温度到了设定温度不会跳掉还会继续加热），对系统进行预热，照明灯可以常开，待监测进风温度到达设定温度，出风温度达到 80 ~ 90℃并且温度比较稳定时，打开雾化器 30s，然后再打开界面中的蠕动泵开关，调整转速至 12 ~ 18 之间（根据物料调节），前期蠕动泵开慢点，切忌不要料管露空引入空气（雾化器温度高，缺乏新料冷却会使少量料液迅速干燥，堵塞雾化器），雾化器上方向箭头指向“→”，在雾化器上按下 Start 键，开始蠕动上料。待物料进入雾化器开始喷雾时，打开振击器（双气锤），观察雾化情况以及出风温度，若出风温度高于 90℃，则可以缓慢调节蠕动泵转速（每次 0.5 ~ 2），继续观察出风温度，看是否稳定，出风温度下降至 86 ~ 88℃稳定住既是正常喷雾流速（取决于物料黏稠度、固形物含量等因素），始终观察出风温度，调节最佳物料流速（经验值喷水在 17 ~ 8，辣椒水在 32，鸡膏用 1 : 2 的水溶解后是 28 左右）。

4. 关机程序

所有物料吸尽后立即把进料管头投入清洗水桶中，用水喷雾来清洗雾化器，调整蠕动泵转速至 15 左右（水无固形物，比较难喷干），5min 后观察上料管路是否被自来水清洗干净，再运转 2 ~ 3min 直至雾化器清洗干净为止。关掉蠕动泵，打开泵上的夹子使得里面的水倒流回桶内。等 3 ~ 5min，待雾化器喷完残余的水后，即可关闭雾化器，无雾出现的时候可以关闭电加热及振击器，等待自然冷却下来。进风温度到达 150℃以下时可以打开舱门，用空压枪头对准里面有料堆积的地方吹下，注意各个死角，对准底部管道弯头处喷气使料通过旋风分离器得以回收，吹干净粉料后关掉舱门吹料 1min 后关掉引风机及除湿机。关掉出料口蝶阀，取下集料器，倒出粉料装袋防潮。

二、低温超细粉碎设备

1. 工作原理

低温冷冻粉碎机是利用粉碎刀片高速旋转撞击并由空气气流旋风分离的形式来实现干性物料超细粉碎的设备。它由投料口、集料罐、粉碎室、高速电机等组成。物料由投料口进入粉碎室，被高速旋转的刀片撞击粉碎，刀片的高速旋转也引起了空气气流的流动，从而把粉碎后的物料带到粉碎罐中，气流经滤袋排出，完成粉碎。

图 10－2　低温超细粉碎机

2. 性能特点

低温超细粉碎机（图 10－2）粉碎细度高，植物性纤维的粉碎细度可达 40～100μm（D98）；硬性、脆性物料的粉碎细度可达 12～44μm（D98）；可充分满足用户对超细粉碎的需求；设备体积小，重量轻，与该级别的其他类型粉碎机相比，大大减小了体积降低了重量，可放置于台面使用，对实验室使用的用户尤为方便；该机为连续投料式，操控性好。

3. 低温冷冻粉碎的方式

针对热敏性物料、高韧性物料（如塑料），本机可选配液氮罐用液氮充注到粉碎室进行低温粉碎；液氮低温粉碎可以配合含有液氮泵的液氮容器。

（1）使用步骤　①液氮出口对准投料口，启动粉碎机；②开启液氮控制开关，液氮流入粉碎罐体后，再进行投料。

（2）停止步骤　①停止投料后 0.5～1min，关闭粉碎机电源；②关闭液氮控制开关；③移开液氮罐进行清理。

三、气流粉碎设备

1. 工作原理

压缩空气经过冷冻、过滤、干燥后，经喷嘴形成超音速气流射入粉碎室，使物料呈流态化，被加速的物料在数个喷嘴的喷射气流交汇点汇合，产生剧烈的碰撞、摩擦、剪切而达到颗粒的超细粉碎。粉碎后的物料被上升的气流输送至叶轮分级区内，在分级轮离心力和风机抽力的作用下，实现粗细粉的分离，粗粉根据自身的重力返回粉碎室继续粉碎，合格的细粉随气流进入旋风收集器，微细粉尘由袋式除尘器收集，净化的气体由引风机排出。低温超细粉碎机如图 10－3 所示。

图 10－3　低温超细粉碎机

适用于干性脆性物料，产品粒度 D97 为 2～5μm，粒形好，粒度分布窄，粒径可通过分级轮进行调节，若需要几种不同粒径的物料，后面可配置多级分级轮进行分级，被粉碎的随气流被吸入分级轮，进入出料系统，未达到粉碎粒径的物料被返回粉碎腔直到被粉碎至要求粒径才能进入分级轮。

设备拆装清洗方便，内壁光滑无死角，镜面抛光处理。整套系统密闭粉碎，粉尘少，噪声低，生产过程清洁环保。控制系统采用程序控制，操作简便。

2. 性能特点

(1)耐热敏性　整个粉碎空间是低温环境，颗粒的粉碎是在低温瞬间完成的，从而避免了某些物质在粉碎过程中产生热量而破坏其化学成分的现象发生，尤其适用于热敏性物料的粉碎。

(2)物理性　气流粉碎纯粹是物理行为，既没有其他物质掺入其中，也没有高温下的化学反应，因而保持物料的原有天然性质；物料之间相互碰摩擦剪切而达到粉碎效果。

(3)无污染性　因为超音速气流粉碎技术是根据物料的自磨原理而实现对物料的粉碎，粉碎的动力是空气。粉碎腔体对物料无污染，粉碎是在负压状态下进行的，颗粒在粉碎过程中不发生任何泄漏。本机为连续型生产，可以实现自动化生产工艺，方便操作。

四、全自动包装设备

全自动包装机(图10－4)配备安全防护，符合企业安全管理要求。采用PLC伺服系统、气动控制系统、超大显示触摸屏构成驱动控制核心，提高了整机的控制精度，可靠性和智能化程度。

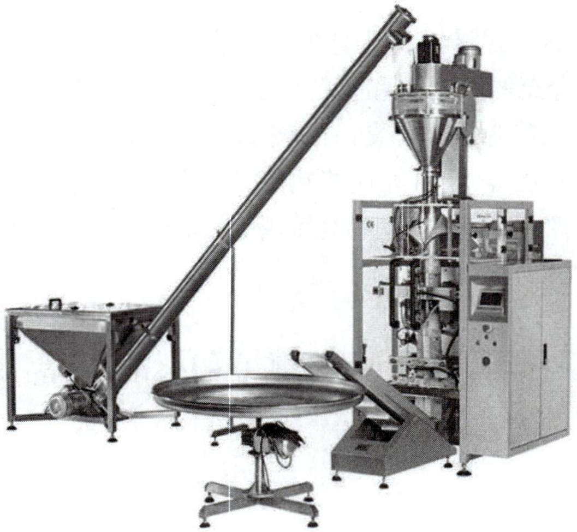

图10－4　全自动包装机

该机设有故障显示系统出现故障,帮助及时排除故障。设有充气、排气装置,可增设氮气、二氧化碳等充气装置,可与不同装置配套可自动完成送料、计量、日期打印、充气(排气)、充填制袋、成品输送的全部包装过程,并自动完成计数;触摸屏能储存多种不同产品的包装工艺参数,当更换产品时可随时使用,无须重新设定;纵封、横封采用高精度齿形设计,使封口严密不漏气;包装膜封口温度和动作完成时间为各自独立设置,能使产品达到最优化的包装效果。

学习单元四

果蔬粉常见的质量问题及预防措施

一、果蔬粉结块问题

1. 产生原因

果蔬粉结块现象较为普遍,特别是含糖量较高的果蔬粉,是长期困扰果蔬粉生产和发展的技术难题。

2. 预防措施

(1)果蔬粉加工过程中应尽量控制成品含水量在较低水平。

(2)根据实际情况添加适量的抗结剂　如二氧化硅、微晶纤维素 +0.6% 二氧化硅 +0.7% 磷酸三钙。

(3)选择合适的包装材料和适宜的贮藏条件　选择阻隔性能较好的 PE 铝箔双层包装袋,并结合充氮气处理和相对低温的 3℃冷藏环境,抗结效果最佳。

(4)提高玻璃化转变温度　食品的玻璃化温度与其相对分子质量呈正相关关系。研究表明,麦芽糊精、淀粉等这些物质具有较高的玻璃化温度,如果向果蔬粉中添加这些物质,产品综合的玻璃化温度会得到提高,果蔬粉结块的现象得以改善。

二、果蔬粉加工生产中缺乏相关规范和标准,产品质量参差不齐

1. 存在问题

目前,果蔬粉种类较少,产品品质标准化水平低,现行果蔬粉标准只有《藕粉》(GB/T 25733—2010)、《辣椒粉》(GB/T 23183—2009)和《绿色食品　果蔬粉》

(NY/T 1884—2010)3 个标准,主要是对卫生指标进行规范,对不同用途果蔬粉的分类品质规范较少。因而,对果蔬粉的品质评价方法也不统一,涉及的评价指标尚不全面;对粉具有固态、液态和气态的"三态"理论研究需不断深入;对粉的结构、性质与功能关系还需不断明晰。

2. 预防措施

从感官、理化、营养与功能、贮藏与安全等方面全面建立和规范果蔬粉品质评价标准体系,解决功能因子损失多问题,研究新型、高效、节能的制粉技术与装备,全面提高果蔬粉加工产业技术和装备水平将是果蔬粉今后研究的重点。

自测训练

1. 果蔬粉按用途可分为哪两类?
2. 果蔬粉干燥制粉有哪些方法?哪几种方法较好?
3. 为什么我国果蔬粉加工主要以细粉碎和微粉碎为主?
4. 果蔬粉今后的主要研究方向是什么?
5. 如何预防果蔬粉结块问题?果蔬粉加工中还有什么问题?

实验实训

实训一 雪莲果果粉制作

【工艺流程】

鲜果→分选→去皮→切片→护色→干燥→粉碎→包装→果粉

【工艺要点】

(1)原料选择　筛选无病虫侵害、无机械损伤、果实成熟程度大致相同的新鲜优质雪莲果。

(2)清洗、去皮和切片　在流动的自来水下洗去其表面上的泥土并擦干水滴,用去皮刀手工削去表皮,尽量保持削去的表皮厚度一致。用不锈钢刀进行切片,尽量保持其厚度均匀,约为 2mm 的薄片。

(3)护色　将切好的果片立即放入 0.5g/L 无水亚硫酸钠溶液中,使果片完全浸没于护色液中 15min,然后用去离子水清洗 3 次,洗净果片外面的护色液。护色液亚硫酸钠溶液必须现用现配,因为亚硫酸钠长时间暴露在空气中容易氧化,从而影响护色效果。将雪莲果果片浸泡护色时，护色液要足量，液面须高出果片层，保证护色均匀。

（4）干燥　采用真空冷冻干燥进行干燥处理。注意将护色好的鲜果果片均匀摆放在白瓷盘中，雪莲果果片摆放厚度要均匀，最好单层摆放，这样干燥的果片制备的果粉质地较均一。

（5）粉碎　用超微粉碎机粉碎已干燥完全的雪莲果果片，可进行反复多次粉碎，将粉末过40目分样筛进行过筛处理，除去一些大颗粒残渣。

（6）包装、成品　产品颜色为淡黄色，质感较细腻，而且无异味，香气浓郁，酸甜适宜。将获得的雪莲果果粉迅速装入自封袋，密封保存于保鲜盒中。

实训二　西瓜胡萝卜复合速溶果蔬粉制作

【工艺流程】

原料选择→清洗→切分成块→混合打浆→过滤→喷雾干燥→真空包装→成品

【工艺要点】

（1）原料清洗、切分成块、混合打浆　采用流动水清洗去除表面污垢；将西瓜和胡萝卜用流动水洗净；将洗好的西瓜切开，将瓤切成小块，体积为5cm×5cm×5cm，将胡萝卜人工去皮后切成小块，体积为3cm×3cm×3cm；将西瓜小块和胡萝卜小块按照质量比1.5∶1混合后打浆，过滤后进行喷雾干燥。

（2）过滤、喷雾干燥、成品　在物料含量20%，麦芽糊精添加量10%，β-环糊精添加量0.7%条件下，喷雾干燥参数为进料量15mL/min，进料温度35℃，进口热风温度190℃，干燥后水分含量控制在5%以下，真空包装得到成品。

实训三　纯天然柑橘（橙）果粉制作

【工艺流程】

柑橘（橙）→清洗→磨油→冲洗→皮肉分离
　→果肉→去籽→打浆胶磨
　→果皮→热烫、水漂→打浆胶磨→酶解
→按比例混合→配料→均质→热风喷雾干燥→果粉

【工艺要点】

（1）选果、清洗　选择成熟度达八成以上无虫害、霉烂的柑橘（橙）鲜果，洗尽表面泥沙。

（2）磨油、漂洗　在磨油机中摩擦表皮油层，使油囊破裂，用水冲洗掉逸出的橘油以减少果粉的辛辣味。

（3）果皮热烫、漂洗　热烫的目的有两个：一是要钝化酶的活性，阻断无苦味的柠碱酸芳香环内酯经酶转化为具有强烈苦味的柠碱；二是要将柠碱酸芳香环内酯及其他辛辣物质溶解出来，最后用清水漂洗除去。

（4）果皮酶解　果皮中的主要成分是纤维素、半纤维素和果胶质，它们可降低热风喷雾干燥料液中糖的含量，得到干燥的果粉。如果纤维素含量太高将影响果粉的复水性和细腻的口感；果胶含量过高会使热风喷雾干燥料液黏度大，造成雾化不好、堵喷头、黏壁等不良现象，使喷雾干燥无法进行。因此，必须添加适量的果胶酶和纤维素酶将喷雾料液适度降解，保证热风喷雾干燥的顺利进行。

（5）配料　为了更好地保留柑橘鲜果的风味物质，可加入约5%β－环糊精；同时，为改善果粉的速溶性，可在料液中加入一些能使果粉比表面积增大的物质，如多聚磷酸钠等。此外，还必须加入适量的抗氧化剂，防止果粉中的天然成分及其他天然成分的氧化和褐变。果皮、果肉混合比为1∶1.4～1∶1.6。

（6）热风喷雾干燥　干燥条件为进风温度170～180℃，喷头压力0.18MPa，可得到品质良好的纯天然柑橘（橙）果粉。

实训四　超微粉碎茶粉

【工艺流程】

原料选择→除杂→烘干→初粉→超微粉碎→真空包装→成品

【工艺要点】

（1）原料选择、除杂　龙井茶应符合卫生要求，符合原产地产品品质要求，挑选去除杂质、灰尘等不可食部分。

（2）烘干　采用热风烘干机进行烘干，烘箱温度60～70℃，干燥时间2～3h，干燥终点时原料的水分含量应小于或等于5%。

（3）初粉　采用干湿两用万能粉碎机进行初步粉碎，先将粉碎锅、切刀、粉碎盖等部件清洗干净，用棉布擦干后室温晾干；加入物料，单次进料量为0.5～1kg；先采用低速挡处理0.5～1min，然后调整为高速，处理时间为2～3min，即可取出物料；粉碎结束后将粉碎机各个部件清理干净，再将机器安装复原。

（4）超微粉碎　超微粉碎工艺中粉碎温度、进料量、粉碎时间等是影响粉碎效果和产品品质的关键工艺过程，其参数优化的考核指标包括产品水分含量、粒径大小、功效成分含量、色泽及电子显微镜扫描图等。

推荐的超微粉碎工艺参数为4℃冷水循环冷却，进料量0.3～0.6kg，粉碎时间40min。取出产品，清理设备。

（5）包装　产品进行真空包装。

（6）保藏　产品置于阴凉干燥处保藏。

知识拓展

拓展　一般果蔬粉和果蔬超微细粉哪个更好？

一般用喷雾干燥生产的果蔬粉，营养成分损失高，色、香、味差异大，废渣多。未达到植物生物体基本组织——细胞级的粉碎和纤维束的断离，食用中营养成分不能有效析出和吸收；而且加工后的果蔬粉纤维平均长度高，速溶率较低。

超微粉粉粒为 10～25μm 以下。由于颗粒的微细化导致表面积和孔隙率增加，超微粉体具有独特的物理化学性能，如良好的分散性、吸附性、溶解性、化学活性等，营养成分更易吸收，果蔬中的膳食纤维得到有效利用，实现了果蔬的全效利用，符合当今食品加工业的“高效、优质、环保”的发展方向。

附录

果蔬加工相关网站

1. 中国果蔬贮藏加工技术网 http://www.fruit.ac.cn/
2. 食品商务网 https://www.21food.cn/
3. 中国食品机械设备网 http://www.foodjx.com/Tech_news/Detail/3487.html
4. 食品伙伴网 http://www.foodmate.net/
5. 国家食品质量监督检验中心 http://www.cfda.com.cn/
6. 中国食品报网 http://www.cnfood.cn/
7. 金农网 https://www.jinnong.cn/
8. 食品频道中国网 http://food.china.com.cn/
9. 中国食品安全网——果蔬 http://www.cfsn.cn/front/web/site.hangye?hyid=11
10. 第一食品网 http://www.foods1.com/

参考文献

[1]王丽琼. 果蔬保鲜与加工[M].2版. 北京:中国农业大学出版社,2018.

[2]刘新社,易诚. 果蔬贮藏与加工技术[M]. 北京:化学工业出版社,2009.

[3]李祥. 特色酱腌菜加工工艺与技术[M]. 北京:化学工业出版社,2009.

[4]赵丽芹. 园艺产品贮藏加工学[M]. 北京:中国轻工业出版社,2009.

[5]赵晨霞. 园艺产品贮藏与加工[M]. 北京:中国农业出版社,2005.

[6]崔建云. 食品机械[M]. 北京:化学工业出版社,2007.

[7]刘一. 食品加工机械[M]. 北京:中国农业出版社,2006.

[8]张文叶. 冷冻方便食品加工技术及检验[M]. 北京:化学工业出版社,2005.

[9]王丽琼. 果蔬加工技术[M]. 北京:中国轻工业出版社,2012.

[10]祝战斌. 果蔬贮藏与加工技术[M].2版. 北京:科学出版社,2015.

[11]严佩峰. 果蔬加工与保鲜技术[M]. 北京:中国农业科学技术出版社,2013.

[12]魏强华. 食品加工技术[M]. 重庆:重庆大学出版社,2014.

[13]陈禹. 果蔬汁,每天只需一小杯[M]. 北京:中国轻工业出版社,2014.

[14]培博. 养颜养生饮品宝典[M]. 郑州:河南科学技术出版社,2013.

[15]陈跃文. 食品产品开发实验技术[M]. 杭州:浙江工商大学出版社,2018.

[16]胡文忠. 鲜切果蔬科学与技术[M]. 北京:化学工业出版社,2009.

[17]杨清香,于艳琴. 果蔬加工技术[M]. 北京:化学工业出版社,2006.

[18]魏庆葆. 食品机械与设备[M]. 北京:化学工业出版社,2008.

[19]邱礼平. 食品机械设备维修与保养[M]. 北京:化学工业出版社,2011.

[20]崔建云. 食品加工机械与设备[M]. 北京:中国轻工业出版社,2004.

[21]席会平. 食品加工机械与设备[M]. 北京:中国农业大学出版社,2010.

[22]刘会珍,刘桂芹. 果蔬贮藏与加工技术[M]. 北京:中国农业科学技术出版社,2015.

[23]李云飞,食品冷链技术与货架期预测研究[M]. 上海:上海交通大学出版社,2015.

[24]陈仪男. 果蔬罐藏加工技术[M]. 北京:中国轻工业出版社,2010.

[25]牛广财,姜桥．果蔬加工学[M]．北京:中国计量出版社,2010.

[26]范志红．我的健康厨房——范志红谈厨房里的饮食安全[M]．北京:化学工业出版社,2018.

[27]隋继学,张一鸣．速冻食品工艺学[M]．北京:中国农业大学出版社,2015.

[28]杨国伟．食品加工综合实训[M]．北京:中国轻工业出版社,2018.

[29]高翔．鲜切菜"冷杀菌"技术的研究[J]．微生物学杂志,2003,5(23):56－59.

[30]赵友兴,郁志芳,李宁．栅栏技术在鲜切果蔬质量控制中的应用[J]．食品科技,2001(5):20－22.

[31]金山,伍小红．我国果蔬加工产业现状与发展策略[J]．科技信息,2011(24):72－75.

[32]单杨．中国果蔬加工产业现状及发展战略思考[J]．北京:中国食品学报,2010(1):1－10.

[33]王春燕,赵长盛,袁惠．果蔬粉应用现状及存在问题研究[J]．中国果菜,2014,34(6):37.

[34]刘璇．真空冷冻干燥河套蜜瓜粉工艺技术研究[D]．呼和浩特:内蒙古农业大学,2015.

[35]李利霞,李国全,贾凤荣,等．果蔬粉结块原因及防止措施研究[J]．中国果菜,2017,37(3):17－19.

[36]毕金峰,陈芹芹,刘璇,等．国内外果蔬粉加工技术与产业现状及展望[J]．中国食品学报,2013,13(3):8－14.

[37]陈红,樊建林,吕海丹,等．雪莲果果粉的制备[J]．西北民族大学学报(自然科学版),2016,37(4):25－28.

[38]聂凌鸿,王娜．西瓜胡萝卜复合速溶果蔬粉[J]．中国食品添加剂,2018,(7):155－160.

[39]潘少香,郑晓冬,刘雪梅,等．热风干燥和喷雾干燥对果蔬粉品质的影响[J]．中国果菜,2019,39(2):6－14.

[40]熊曼萍,王训斌,周蓉．纯天然柑橘(橙)果粉的研制[J]．食品工业科技,2006,27(10):137－138.

[41]王华,沈艾彬．果蔬加工技术现状与发展[J]．农产品加工,2016,(2):71－73.

[42]叶其蓝．果蔬贮藏加工与质量控制的现状、问题和对策[J]．保鲜与加工,2012,12(6):48－53,56.

[43]庞坤,胡文忠,姜爱丽,等．鲜切苹果贮藏期间生理生化变化的影响[J]．食品与机械,2008,24(1):50－54.

[44]庞坤，胡文忠，王艳颖，等. 切割伤害对苹果营养成分及褐变相关酶活性变化的影响[J]. 食品科技，2008(4)：37－41.

[45]茅林春，方雪花. 净菜加工关键工艺及其保鲜技术应用现状与发展趋势[J]. 保鲜与加工，2003，3(4)：1－3.

[46]周玉波，郑美灵，张金会，等. 我国果蔬加工业现状浅析及趋势展[J]. 园艺与种苗，2017(2)：16－18.